新世纪电气自动化系列精品教材

自动控制原理

主　编　张燕红　谢成祥
副主编　高　敏　陈伦琼

东南大学出版社
SOUTHEAST UNIVERSITY PRESS

·南京·

内 容 简 介

本书是为了适应应用型高等院校工程教育改革而编写的控制类课程基础教材,主要介绍了经典控制理论的基本内容、控制系统的分析方法及系统校正设计方法。在讲解控制理论基础知识的同时,介绍了一些典型的控制系统,有利于读者更好地掌握经典控制理论的内容。全书共分 7 章,包括绪论、控制系统的数学模型、控制系统的时域分析、根轨迹法、频域分析法、控制系统的校正方法、非线性系统分析。为了能够使学生更有效地进行控制理论的学习和应用,本书在相关章节加入了基于 MATLAB 的计算机辅助分析和设计的内容。每章配有相应的习题。本书可作为高等院校自动化、电气工程及其自动化、测控技术及仪器、电子信息工程、机械、动力等专业的教科书,也可作为从事自动控制类的工程技术人员的参考用书。

图书在版编目(CIP)数据

自动控制原理/张燕红,谢成祥主编. —南京:东南大学出版社,2018.12(2023.8 重印)

新世纪电气自动化系列精品教材

ISBN 978-7-5641-8128-4

Ⅰ.①自… Ⅱ.①张… ②谢… Ⅲ.①自动控制理论—高等学校—教材 Ⅳ.①TP13

中国版本图书馆 CIP 数据核字(2018)第 266728 号

自动控制原理

出版发行	东南大学出版社
出 版 人	江建中
社　　址	南京市四牌楼 2 号
邮　　编	210096
经　　销	全国各地新华书店
印　　刷	广东虎彩云印刷有限公司
开　　本	787 mm×1092 mm　1/16
印　　张	16.75
字　　数	429 千字
版　　次	2018 年 12 月第 1 版
印　　次	2023 年 8 月第 2 次印刷
书　　号	ISBN 978-7-5641-8128-4
印　　数	2501—3200 册
定　　价	58.00 元

(本社图书若有印装质量问题,请直接与营销部联系。电话:025-83791830)

前　言

自动控制原理是自动化学科的重要基础理论,同时又是系统学科、信息学科、机械学科等相关学科的应用基础,在工业、军事、社会和经济等领域有着广泛的应用。随着计算机技术的迅猛发展,经典控制理论的许多分析、设计方法及实现手段也产生了很大的变化。在此背景下,根据应用型工科人才培养的需要,结合相关专业的教学大纲,编写了本书。旨在使读者通过学习,不仅能掌握经典控制理论基本的分析和设计方法,也能使用计算机辅助工具——MATLAB 对控制系统进行分析。

本书的编者都是"自动控制原理"课程教学的一线教师,从事该课程教学的平均教龄超 10 年,有丰富的教学经验,十分了解当前学生的需求及该课程的发展历程。本书定位于工程应用型人才培养,广泛参考国内外优秀教材内容和体系结构,结合编者教学经验而编写,在编写过程中,力求内容简练、概念清晰、循序渐进、深入浅出、联系实际,以符合教学规律;在保证系统理论的完整性和系统性的基础上,尽量避免繁杂的公式推导,使全书条理清晰、结构严谨;将目前使用最为广泛的控制系统分析和综合设计软件包——MATLAB 融入到教学内容中。另外,为了便于理解和巩固所学的内容,方便不同层次的学生和读者自学,各章都附有典型例题和习题。

教材主要内容简介如下:

第 1 章对自动控制理论的发展系统组成、系统分类等进行了简单介绍。

第 2 章介绍控制系统的数学描述方法,系统地介绍了控制系统的数学模型以及利用结构图等效化简和梅逊增益公式确定系统闭环传递函数的方法。

第 3 章介绍了线性系统的时域分析方法,引入了控制系统的性能指标及其计算方法,重点对系统的稳定性、快速性、准确性的分析方法进行了讨论。

第 4 章介绍了线性系统根轨迹分析方法,重点讨论了根轨迹的绘制法则、根轨迹的绘制步骤以及利用根轨迹分析系统性能的方法。

第 5 章介绍了系统频域分析方法,着重介绍奈奎斯特图和伯德图的绘制方法,以及如何利用奈奎斯特图和伯德图对控制系统的开环频率特性进行分析。

第 6 章介绍了控制系统的综合和校正方法,主要介绍了采用频率特性进行系统校正的方法,叙述了超前校正、滞后校正以及滞后-超前校正的设计方法。

第 7 章介绍非线性系统分析,主要有相平面法和描述函数法。

本书由张燕红、谢成祥担任主编,高敏、陈伦琼担任副主编。第 1 章由陈伦琼编写,第 2 章由高敏编写,第 3、4 章由张燕红编写,第 5、6、7 章由谢成祥编写,全书由张燕红统稿。

本书由张建生教授主审。张建生教授对教材提出了许多宝贵的意见和建议,再次表示诚挚的感谢。在本书编写过程中,参考了许多院校老师们编写的教材和习题集,在此表示由衷感谢,同时向引用文献的作者表示深深的谢意。

由于编者水平有限,书中难免有疏漏和不妥之处,恳请读者批评指教。

编　者

2018 年 8 月

目　录

1 绪论

本章你将学习
- 自动控制理论及应用
- 自动控制理论的基本内容
- 自动控制系统的分类
- 自动控制系统的基本组成
- 自动控制系统的基本要求

1.1 自动控制理论及应用

自动控制理论是自动控制学科的基础理论,是一门理论性较强的工程科学。本课程的主要任务是研究与讨论控制系统的一般规律,从而设计出合理的自动控制系统,实现自动控制。所谓自动控制,是指在没有人直接参与的情况下,利用自动控制装置使整个生产过程或工作机械自动地按预先规定的规律运行,或使它的某些物理量按预定的要求发生变化。

在工程和科学技术发展的过程中,自动控制发挥着重要的作用。例如在工业上,各种机器设备的速度控制、锅炉的温度和压力控制等;在军事上,雷达和火炮自动跟踪目标的随动控制;在航空航天方面,人造卫星及宇宙飞船准确地进入预定轨道并返回地面控制等;在日常生活方面,厨房中电冰箱的温度控制等,都是自动控制技术的具体应用。

自动控制理论的发展与应用,不仅保证了安全,提高了劳动生产率和产品质量,改善了劳动条件,而且在人类征服自然、探索新能源、发展空间技术和改善人民物质生活等方面都起到了极为重要的作用。自动控制理论是实现工业、农业、国防等方面科学技术现代化的有利工具。因此,大多数工程技术人员和科学工作者现在都必须具备一定的自动控制知识。

1.2 自动控制理论的基本内容

自动控制理论由经典控制理论、现代控制理论和智能控制理论组成。

经典控制理论:以传递函数为基础,研究单输入、单输出的自动控制系统的分析与设计问题。基本内容有:时域分析法、根轨迹法、频率特性法、相平面法、描述函数法等。

现代控制理论:以状态空间法为基础,研究多输入、多输出、时变、非线性等自动控制系统的分析和设计问题。基本内容有:线性系统基本理论、系统辨识、最优控制问题、自适应控制问题及最佳滤波问题等。

智能控制理论:以人工智能理论为基础,研究具有模糊性、不确定性、不完全性、偶然性的自动控制系统。基本内容有:模糊控制、专家系统和学习控制。

1.3 自动控制系统的分类

自动控制系统的形式是多种多样的,根据不同的分类方法可以分成不同的类型。实际系统可能是几种方式的组合。

1.3.1 按信号传递路径分类

1)开环控制系统

【例1.1】 考虑如图1.1所示的电加热炉炉温控制系统。

接通电源后,根据经验和实验数据,调节调压器的活动触点置于某一位置上,通过电热器给炉子加热,使炉温维持在期望值附近一定的范围内。当外界条件及元件参数发生变化时,炉内实际温度和期望的温度会出现误差,有时误差可能较大。但该系统不可能由于存在误差,自动调整调压器活动触点的位置,通过改变电热器的电流来消除温度误差,也就是说,输出量对系统本身没有控制作用。因此,该炉温控制系统是一个开环控制系统。

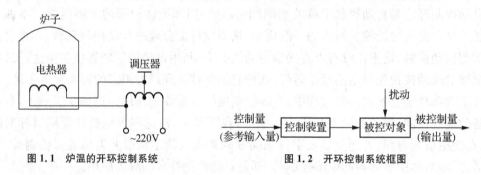

图1.1 炉温的开环控制系统　　　　图1.2 开环控制系统框图

开环控制系统的框图如图1.2所示:

开环控制系统的特点:

(1)控制信号由输入到输出单方向传递,不对输出量进行任何检测,或虽然进行检测,但对系统工作不起任何控制作用。

(2)外部条件和系统内部参数保持不变时,对于一个确定的控制量,总存在一个与之对应的被控制量(输出量)。

(3)控制精度取决于控制装置及被控对象的参数稳定性,若系统容易受干扰影响,则缺乏精确性和适应性,例如上面讲过的炉温控制,如果电源的波动、炉门开闭次数的不同或周围环境温度的变化,都会导致炉温偏离期望值。

2)闭环控制系统

【例1.2】 考虑如图1.3所示的炉温闭环控制系统。

电加热炉的温度要稳定在某一期望的温度值附近,炉温的期望值是由给定的电压信号反映的,热电偶是温度测量元件,测出炉内实际温度,其输出是电压。热电偶的输出量与给定电压比较产生电压差,经放大后使电机动作,通过减速器带动调压器活动触点,从而改变流过电热器的电流,消除温度误差,使炉内实际温度等于或接近期望的温度值。

在上述系统中,系统把实际的炉温转换为电压信号,由电压比较装置产生电压误差信号,然后根据误差信号进行控制,其系统的原理框图如图1.4所示。这种系统把输出量直接(或间接)地反馈到输入端形成闭环,使得输出量参与系统的控制,称为闭环控制系统。

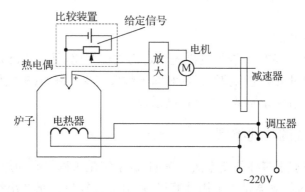

图1.3　炉温的闭环控制系统

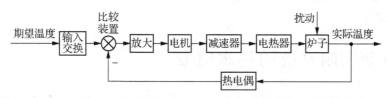

图1.4　炉温闭环控制系统的原理框图

闭环控制系统的特点:

(1)由负反馈构成闭环,利用误差信号进行控制。

(2)对于外界扰动和系统内参数的变化等引起的误差能够自动纠正。

(3)系统元件参数配合不当,容易产生振荡,使系统不能正常工作。因而存在稳定性问题。

闭环控制是最常用的一种控制方式,显然,有简单的闭环控制,也有复杂的闭环控制。闭环控制在工程系统和社会经济系统中正得到广泛的应用,在生命有机体的生长和进化过程中也普遍存在着这种闭环控制。生命有机体为适应环境的变化而做出有效的动作反应,主要是依靠这种反馈作用。人具有学习能力,能通过学习,积累学习经验,用过去的经验来调节未来行为的策略,并具有通过学习来适应环境和改造世界的能力,本质上也是一种闭环控制。

1.3.2　按控制作用的特点分类

1)恒值控制系统

若自动控制系统的任务是保持被控制量恒定不变,即使被控制量在控制过程结束时,被控制量仍等于控制量值,这是生产过程中用得最多的一种控制,例如电动机的转速控制和各种恒温、恒压、恒液位等控制都属于恒值控制系统。

2）随动控制系统

随动控制系统又简称随动系统,它的控制量随时间的变化规律事先是不能确定的,随动控制系统的任务是在各种情况下快速、准确地使被控制量跟踪控制量的变化。例如:自动跟踪卫星的雷达天线控制系统,工业控制中的位置控制系统,工业自动化仪表的显示记录等都属于随动控制系统。

3）程序控制系统

在程序控制系统中,它的控制量按事先预定的规律变化,是一个已知的时间函数,控制的目的是要求被控制量按确定的控制量的时间函数来改变。例如:机械加工中的数控机床,加热炉温度自动控制系统等都属于程序控制系统。

1.3.3　控制系统的其他类型

自动控制系统还有很多种分类方法。例如,按系统是否满足叠加原理可分为线性系统和非线性系统;按系统控制器是否采用计算机,可分为计算机控制系统和模拟系统;按被控对象的范畴可分为运动控制系统、过程控制系统等;按系统参数是否随时间变化可分为时变系统和定常系统。

1.4　自动控制系统的基本组成

自动控制系统的基本结构如图1.5所示。下面以图1.5为例介绍一些常用术语以及自动控制系统的组成。

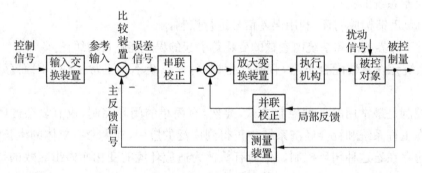

图 1.5　闭环控制系统框图

1）控制系统的一些常用术语

控制信号:它是控制着被控制量变化规律的指令信号。

被控制量:要控制其变化规律的信号。它应与控制信号间保持一定的函数关系。

主反馈信号:由输出端反馈到输入端的信号。正反馈信号有利于加强控制信号的作用,负反馈信号抵消控制信号的部分作用。

误差信号:它是指系统输出量的实际值与期望值之差。

扰动信号:简称扰动或干扰,它与控制作用相反,是一种不希望的、影响系统输出的不利因素。扰动信号可来自系统内部,也可来自系统外部,前者称内部扰动,后者称外部扰动。

前向通路:从输入端到输出端的单方向通路。

反馈通路:从输出端到输入端的反方向通路。对于一个复杂系统,前向通路和反馈通路都不止一条。

2) 控制系统的基本组成部分

虽然工程实践中的控制系统复杂多样,但是它们都是以典型的系统为基础。一个典型的反馈控制系统,通常由以下几个部分构成:

输入变换装置:或称参考输入传感器,有时也称给定装置。用于产生参考输入信号。通常称为参考输入或指令输入或设定值,它的作用是把控制信号变换为能和反馈信号相比较(同量纲)的信号。例如,用电位器设定的滑臂位置来表示需要的温度。

比较装置:它比较输入变换装置的输出信号和反馈信号。其输出为误差信号,作为串联校正的输入,以产生校正误差的控制作用。由于比较装置中是减去反馈信号,因此形成一个负反馈的系统。例如,反馈电位器与设定电位器组成的电路;有的系统以标准装置的方式配以专用的比较器等。

放大变换装置:把误差信号放大并进行能量形式转换,使之达到足够的幅值和功率的装置,例如电液伺服阀、功率放大器等。

执行机构:是能够根据控制信号直接对被控对象进行操作的装置或设备。有的控制信号可以直接驱动被控对象,但是大多数情况下被控对象都是大功率级的,控制信号与被控对象功率级别不等;另外控制信号一般是电信号,而被控对象的输入信号大多数是其他形式的非电物理量,物理量量纲不等,控制信号不能直接驱动被控对象,此时就需要执行机构,例如步进电动机、电磁阀、气动阀、各种驱动装置等。

被控对象:指自动控制系统根据需要进行控制的机器、设备或生产过程。而被控对象内要求实现自动控制的物理量称为被控量或系统输出量,例如恒温炉、电动机等。

测量装置:它感受或测量被控制量的实际值并把它变换为可以进行比较的信号的装置。测量装置的输出信号是反馈信号,例如测速发电机、压力、流量等各种传感器和测量仪表。

校正装置:是对系统的参数和结构进行调整,用于改善系统的控制性能,如图 1.5 中串联校正环节。

1.5 自动控制系统的基本要求

对于一个控制系统首要的要求是系统的绝对稳定性。否则系统无法正常工作,甚至毁坏设备,造成重大损失。直流电动机的失磁、导弹发射的失控、运动机械的增幅振荡等都属于系统不稳定。

在系统稳定的前提下,要求系统的动态性能和稳态性能要好。系统的动态性能和稳态性能是由相应的性能指标来描述的,这在后面的章节中再详细叙述。在此,对于系统的性能要求可以简要概括为:响应动作要快速、动态过程要平稳、最终跟踪要准确。

上述三条自动控制系统的基本要求如图 1.6 所示。

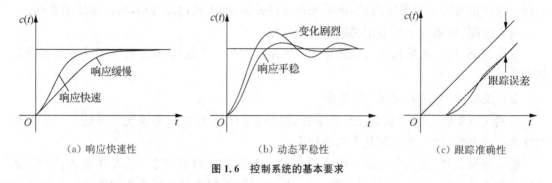

图 1.6　控制系统的基本要求

图 1.6(a)显示了给定恒值信号时,系统达到稳态值的快速性。图 1.6(b)说明了给定恒值信号时,系统的响应能够很快稳定在稳态值附近与在稳态值附近上下波动的两种情况比较。图 1.6(c)说明了跟踪等速率变化信号的系统,系统的响应能否准确地跟踪输入信号。能够准确地跟踪的系统,就没有跟踪误差或者跟踪误差很小,否则,跟踪误差就大。

对于同一系统,这三条基本要求是相互制约的。过分提高响应动作的快速性,可能会导致系统强烈的振荡;而过分追求稳定性,又可能使系统反应迟钝,最终导致控制准确度变坏。如何分析与解决这些矛盾便是本学科研究的重要内容。

小　结

自动控制是指在没有人直接参与的情况下,利用自动控制装置使整个生产过程或工作机械自动地按预先规定的规律运行,或使它的某些物理量按预定的要求发生变化。

根据信号传递路径,定义了两种类型的控制:开环控制和闭环控制。开环控制系统不测量系统的输出,从而系统的输出不影响输入。反之,闭环控制系统则测量系统的输出并将其反馈以影响系统的输入。闭环控制是反馈控制。实际生产过程中的自动控制系统,绝大部分都是闭环控制系统,自动控制理论主要是研究闭环控制系统。

典型的自动控制系统由下述部分构成:被控对象,指自动控制系统根据需要进行控制的机器、设备或生产过程,是自动控制系统的核心部分;执行机构,是能够根据控制信号直接对被控对象进行操作的装置或设备;输入变换装置,用于产生参考输入信号;测量装置,它感受或测量被控制量的实际值并把它变换为可以进行比较的信号;比较装置,它比较输入变换装置的输出信号和反馈信号,其输出为误差信号,作为串联校正的输入,以产生校正误差的控制作用。

自动控制系统的分类方法很多,其中最常见的按控制作用的特点进行分类,可分为恒值控制系统、随动控制系统和程序控制系统。

自动控制系统的基本要求,是在系统稳定的前提下,系统的稳态控制精度要高,系统的响应要快,这些要求可归纳成稳、准、快三个字。

习　题

1.1　解释下列名词术语:自动控制系统、被控对象、给定值、参考输入、反馈量。

1.2　试举出几个日常生活中的开环控制系统和闭环控制系统的实例,并说明它们的工作原理。

1.3　什么是自动控制? 对于人类活动有什么意义?

1.4　开环控制系统和闭环控制系统各有什么优缺点?

1.5　自动控制系统主要是由哪几大部分组成的? 各组成部分都有些什么功能?

1.6　对自动控制系统基本的性能要求是什么? 最主要的要求是什么?

1.7　行走机器人可以模仿人的行走,试大致解剖人的行走控制过程。

1.8　试大致叙述人在伸手取物时的运动与控制过程。

1.9　如题图 1.1 所示为一液位控制系统。图中 K 为放大器,SM 为伺服电动机。试分析该系统的工作原理,在系统中找出参考输入、扰动量、被控制量及被控对象,并画出系统的原理框图。

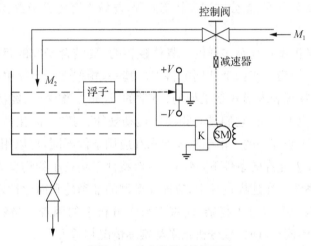

题图 1.1　液位控制系统原理图

1.10　如题图 1.2 所示为一个机床控制系统,用来控制切削刀具的位移。说明它属于什么类型的控制系统,指出它的控制装置、执行机构和被控制量。

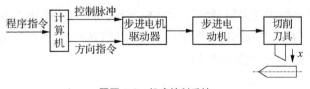

题图 1.2　机床控制系统

2 控制系统的数学模型

本章你将学习

- 控制系统数学模型的概念
- 控制系统的微分方程
- 控制系统的结构图和信号流图表示以及如何利用它们推导整个系统的传递函数

在自动控制系统的分析和设计中,首先要建立数学模型。描述自动控制系统输入/输出变量以及内部各变量之间关系的数学表达式称为数学模型。数学模型有多种形式,时域中常用的数学模型有微分方程、差分方程和状态方程;复域中有传递函数、动态结构图;频域中有频率特性等。

实际系统的数学模型是复杂多样的。具体建模时,要结合研究的目的、条件,合理地进行建模。系统的数学模型具有两个共同的特点。其一,相似性。实际中存在的许多工程控制系统,不管它们的物理表现形式是机械的、电学的、还是生物学的、经济学的,它们的数学模型可能是相同的,也就是说,它们具有相同的运动规律。其二,简化性和准确性。同一个物理系统,数学模型不是唯一的。由于精度要求和应用条件不同,可以用不同复杂程度的数学模型来表达。在误差允许的条件下,忽略一些对特性影响较小的物理因素,用简化的数学模型来表达实际的系统。在建模过程中,应该在模型的准确性和简化性之间折中考虑,无需盲目强调准确而使系统模型过于复杂,而带来数学分析上的困难。当然,也要考虑到准确性,不能片面强调模型简单,而导致分析结果与实际情况相差太大。

控制系统的数学模型可以通过解析法或者实验法获得。解析法,就是通过对系统内在机理的分析,运用各种物理定理、化学定律等,推导出描述系统的数学关系式。采用机理建模必须清楚地了解系统的内部结构,所以常称为"白箱"建模方法。而实验则是基于系统输入/输出的实验数据来构建数据模型的实验建模方法。因为系统建模方法只依赖于系统的输入/输出关系,即使对系统内部机理不了解,也可以建立模型,所以又常称为"黑箱"建模方法。本章研究采用分析法建立数学模型。

2.1 系统动态微分方程模型

描述自动控制系统的动态过程和动态特性最常用的方法是建立微分方程。建立微分方程的一般步骤如下:

(1) 确定系统和各元件或部件的输入量与输出量。输入量是外加到系统的变量,输出量是要研究的系统变量。

（2）从系统输入端开始，按信号传递顺序，依次写出系统各环节的微分方程。

（3）消去中间变量，写出只含输入量、输出量关系的微分方程。

（4）把微分方程整理成标准形式。即输出量在方程左边，输入量在方程右边，并按照变量导数的降阶次序排列。

下面举例来说明建立微分方程的方法。

【**例 2.1**】 如图 2.1 所示为 RLC 串联电路，试列写电路的微分方程。

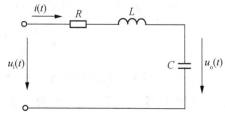

图 2.1 RLC 串联电路

解 （1）确定输入/输出量：$u_i(t)$ 为输入量，$u_o(t)$ 为输出量。

（2）列微分方程：根据电路原理有

$$Ri(t)+L\frac{di(t)}{dt}+u_o(t)=u_i(t) \tag{2.1}$$

$$i(t)=C\frac{du_o(t)}{dt} \tag{2.2}$$

（3）消去中间变量 $i(t)$，有

$$RC\frac{du_o(t)}{dt}+LC\frac{d^2u_o(t)}{dt^2}+u_o(t)=u_i(t) \tag{2.3}$$

（4）整理后得电路微分方程为

$$LC\frac{d^2u_o(t)}{dt^2}+RC\frac{du_o(t)}{dt}+u_o(t)=u_i(t) \tag{2.4}$$

该网络的数学模型是一个二阶线性常微分方程。

【**例 2.2**】 如图 2.2 所示为质量-弹簧-阻尼系统，试列写以位移 $y(t)$ 为输出量，以作用力 $F(t)$ 为输入量的微分方程。

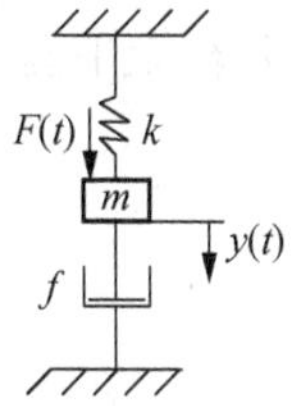

解 根据牛顿定律有

$$\sum F=ma \tag{2.5}$$

合力为

$$\sum F=F(t)-F_k(t)-F_f(t)$$

其中，弹性阻力

$$F_k(t)=ky(t)$$

粘滞阻力

$$F_f(t)=f\frac{dy(t)}{dt}$$

图 2.2 质量-弹簧-阻尼系统

k—弹性系数；f—阻尼系数；m—物体质量

代入式(2.5),有

$$F(t) - ky(t) - f\frac{dy(t)}{dt} = m\frac{d^2 y(t)}{dt^2} \tag{2.6}$$

经整理得质量-弹簧-阻尼系统微分方程为

$$m\frac{d^2 y(t)}{dt^2} + f\frac{dy(t)}{dt} + ky(t) = F(t) \tag{2.7}$$

该机械系统的数学模型是一个二阶线性微分方程。

【例 2.3】 如图 2.3 所示为直流电动机系统,试以电枢电压为输入量,以电机角速度为输出量,列出系统微分方程。

解 电枢回路电压平衡方程为

$$u_a(t) = i_a(t)R_a + L_a\frac{di_a(t)}{dt} + e_a(t) \tag{2.8}$$

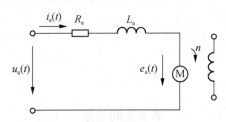

图 2.3 直流电动机系统

式中:u_a——电动机电枢电压(V);

i_a——电动机电枢电流(A);

R_a——电枢绕组的电阻(Ω);

L_a——电枢绕组的电感(H);

e_a——电枢绕组的感应电动势(V)。

电动势平衡方程:

$$e_a(t) = C_e\omega(t) \tag{2.9}$$

式中:C_e——电动机的电动势系数((V·s)/rad);

ω——电动机的电枢旋转角速度(rad/s)。

电磁转矩平衡方程:

$$T_e - T_L = J_a\frac{d\omega(t)}{dt} \tag{2.10}$$

$$T_e = C_m i_a(t) \tag{2.11}$$

式中:T_e——电动机轴上产生的电磁转矩(N·m);

T_L——负载转矩(N·m);

J_a——转动部分折算到电动机轴上的总转动惯量(N·m·s²);

C_m——电动机的转矩系数((N·m)/A)。

将式(2.8)~式(2.11)中的中间变量 $e_a(t)$、$i_a(t)$ 和 T_e 消去,整理得

$$\frac{L_a J_a}{C_m}\frac{d^2\omega(t)}{dt^2} + \frac{R_a J_a}{C_m}\frac{d\omega(t)}{dt} + C_e\omega(t) = u_a(t) - \left(\frac{R_a}{C_m}T_L + \frac{L_a}{C_m}\frac{dT_L}{dt}\right) \tag{2.12}$$

设 $T_a = \dfrac{L_a}{R_a}$——电动机电枢回路的电磁时间常数(s);

$$T_{\mathrm{m}} = \frac{R_{\mathrm{a}} J_{\mathrm{a}}}{C_{\mathrm{e}} C_{\mathrm{m}}} \text{——电动机的机电时间常数(s)},$$

则式(2.12)为

$$T_{\mathrm{a}} T_{\mathrm{m}} \frac{\mathrm{d}^2 \omega(t)}{\mathrm{d}t^2} + T_{\mathrm{m}} \frac{\mathrm{d}\omega(t)}{\mathrm{d}t} + \omega(t) = \frac{1}{C_{\mathrm{e}}} u_{\mathrm{a}}(t) - \frac{R_{\mathrm{a}}}{C_{\mathrm{e}} C_{\mathrm{m}}} \left(T_{\mathrm{L}} + T_{\mathrm{a}} \frac{\mathrm{d}T_{\mathrm{L}}}{\mathrm{d}t} \right) \tag{2.13}$$

若考虑到该系统处于空载状态,则微分方程为

$$T_{\mathrm{a}} T_{\mathrm{m}} \frac{\mathrm{d}^2 \omega(t)}{\mathrm{d}t^2} + T_{\mathrm{m}} \frac{\mathrm{d}\omega(t)}{\mathrm{d}t} + \omega(t) = \frac{1}{C_{\mathrm{e}}} u_{\mathrm{a}}(t) \tag{2.14}$$

此系统也是一个二阶微分线性微分方程。

从上面三个例子可以看出,虽然各系统物理形式表现不同,但是它们表现出相同的数学模型,说明它们具有相同的运动规律,这就是数学模型的相似特性。

2.2 非线性数学模型的线性化

严格来讲所有物理系统在本质上都是非线性的,实际见到的线性微分方程,也是在许多假定条件之下才得到的。工程上常对非线性系统进行线性化处理,把非线性系统处理成线性系统的过程称为非线性数学模型的线性化,常用的线性化方法有以下两种。

1) 忽略弱的非线性因素

如果元件的非线性因素较弱,或者不在系统的线性工作范围内,则它们对系统的影响很小,就可以忽略,将元件视为线性元件。例如,对于弹簧来说,当弹性疲乏时,形变和受力之间不是线性关系,我们在建模时,通常忽略这个次要因素,得到线性微分方程。

2) 小偏差法(切线法、增量线性化法)

这种方法是基于这样一种假设,就是在控制系统的工作过程中各个元部件的输入量和输出量只是在工作点(平衡点)附近作微小变化。这一假设是符合大多数控制系统的实际工作情况的。因为对于闭环控制系统而言,一有偏差就产生控制作用减小或消除偏差,因此,各元件只能在工作点附近工作。除了本质非线性系统外,在固定工作点领域非线性系统的运动过程可以由线性运动过程来代替。

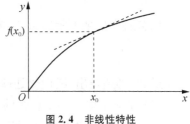

图 2.4 非线性特性

设某系统的非线性特性如图 2.4 所示,其运动方程为
$y = f(x)$ 在 x_0 处连续可导,则可将它在该点附近展开成泰勒级数,即

$$y = f(x) = f(x_0) + \frac{\mathrm{d}f(x)}{\mathrm{d}x}\bigg|_{x=x_0} (x - x_0) + \frac{1}{2!} \frac{\mathrm{d}^2 f(x)}{\mathrm{d}x^2}\bigg|_{x=x_0} (x - x_0)^2 + \cdots \tag{2.15}$$

当 $x - x_0$ 为微小增量时,可略去上式中二阶及以上各阶,写成

$$y \approx f(x_0) + \frac{\mathrm{d}f(x)}{\mathrm{d}x}\bigg|_{x=x_0} \cdot (x-x_0) \tag{2.16}$$

$$或 \ \Delta y \approx \frac{\mathrm{d}f(x)}{\mathrm{d}x}\bigg|_{x=x_0} \cdot \Delta x \tag{2.17}$$

令 $K = \dfrac{\mathrm{d}f(x)}{\mathrm{d}x}\bigg|_{x=x_0}$，即在工作点附近,将曲线斜率视为常数,写成增量方程为

$$\Delta y \approx K \Delta x \tag{2.18}$$

以普通变量来表示增量,可写成线性化方程为

$$y = Kx \tag{2.19}$$

【例 2.4】　图 2.5 中所示是一个可控硅三相桥式整流电路的特性曲线,图中输入为控制角 α,输出为整流电压 E_d,而正常的工作点则为 A 点,即 $(E_d)_0 = E_{d0}\cos\alpha_0$,其中 E_{d0} 为 $\alpha = 0$ 时的整流电压。试建立该可控硅整流电路的线性化数学模型。

解　由电力电子技术可知,E_d 和 α 之间的关系为

$$E_d = 2.34E_2\cos\alpha = E_{d0}\cos\alpha \tag{2.20}$$

式中:E_2——交流相电压的有效值。

写出增量式为

$$E_d - E_{d0}\cos\alpha_0 = K_s(\alpha - \alpha_0) \tag{2.21}$$

或者

$$\Delta E_d = K_s \Delta\alpha \tag{2.22}$$

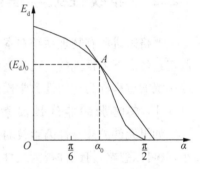

图 2.5　可控硅整流电路的特性

其中

$$K_s = \frac{\mathrm{d}E_d}{\mathrm{d}\alpha}\bigg|_{\alpha=\alpha_0} = -E_{d0}\sin\alpha_0$$

以普通变量来表示增量,写成线性化方程为

$$E_d = K_s\alpha \tag{2.23}$$

最后,必须指出,线性化处理应注意以下几点:

(1) 系统工作在一个正常的工作状态,有一个稳定的工作点。

(2) 在运行工作中偏离量满足最小偏差条件。

(3) 非线性函数在工作点处各阶导数或偏导数存在,即函数属于单值、连续、光滑的非本质非线性函数。

2.3　传递函数

传递函数是用拉普拉氏变换方法求解线性常微分方程过程中引出的一种外部描述系统

的数学模型,是以参数来表示系统结构的,因此又称为系统的参数模型。采用这种数学模型可以将系统在时域的微分方程描述变换为复数域的传递函数来描述,将时域的微分、积分运算简化为代数运算,方便分析与设计。

2.3.1 传递函数的定义

在线性控制系统中,零初始条件下,输出信号的拉氏变换与输入信号的拉氏变换之比,称为该系统的传递函数。用 $G(s)$ 表示传递函数,则

$$G(s) = \frac{L[c(t)]}{L[r(t)]} \tag{2.24}$$

设线性系统由下述 n 阶微分方程描述

$$
\begin{aligned}
& a_n \frac{\mathrm{d}^n c(t)}{\mathrm{d}t^n} + a_{n-1} \frac{\mathrm{d}^{n-1} c(t)}{\mathrm{d}t^{n-1}} + \cdots + a_1 \frac{\mathrm{d}c(t)}{\mathrm{d}t} + a_0 c(t) \\
& = b_m \frac{\mathrm{d}^m r(t)}{\mathrm{d}t^m} + b_{m-1} \frac{\mathrm{d}^{m-1} r(t)}{\mathrm{d}t^{m-1}} + \cdots + b_1 \frac{\mathrm{d}r(t)}{\mathrm{d}t} + b_0 r(t)
\end{aligned}
\tag{2.25}
$$

在零初始条件下,两边取拉氏变换得

$$
\begin{aligned}
& a_n s^n C(s) + a_{n-1} s^{n-1} C(s) + \cdots + a_1 s C(s) + a_0 C(s) \\
& = b_m s^m R(s) + b_{m-1} s^{m-1} R(s) + \cdots + b_1 s R(s) + b_0 R(s)
\end{aligned}
\tag{2.26}
$$

则线性系统的传递函数为

$$G(s) = \frac{C(s)}{R(s)} = \frac{b_m s^m + b_{m-1} s^{m-1} + \cdots + b_1 s + b_0}{a_n s^n + a_{n-1} s^{n-1} + \cdots + a_1 s + a_0}, n \geqslant m \tag{2.27}$$

则系统的输出可以表示为变换域中传递函数与输入的乘积

$$C(s) = G(s)R(s) \tag{2.28}$$

线性系统的传递函数有以下 3 种不同的表达形式。

(1) 一般表达式,如式(2.27)。

(2) 时间常数表达式。

$$G(s) = \frac{C(s)}{R(s)} = \frac{K \prod\limits_{i=1}^{m_1} (\tau_i s + 1) \prod\limits_{k=1}^{m_2} (T_k^2 s^2 + 2T_k \zeta s + 1)}{s^v \prod\limits_{j=1}^{n_1} (\tau_j s + 1) \prod\limits_{l=1}^{n_2} (T_l^2 s^2 + 2T_l \zeta s + 1)}, n \geqslant m \tag{2.29}$$

式中:$K = b_0/a_0$;$m_1 + 2m_2 = m$;$v + n_1 + 2n_2 = n$。

(3) 零极点表达式。

$$G(s) = \frac{B(s)}{A(s)} = \frac{k \prod\limits_{i=1}^{m} (s + z_i)}{\prod\limits_{j=1}^{n} (s + p_j)} \tag{2.30}$$

式中:k——增益。

$-z_i$——分子多项式的根,称为系统或传递函数的零点;

$-p_j$——分母多项式的根,称为系统或传递函数的极点;

$A(s)=(s+p_1)(s+p_2)\cdots(s+p_n)=0$ 又称为特征方程式,所以 $-p_1,-p_2,\cdots,-p_n$ 又称为特征根。

2.3.2 传递函数的性质

(1) 传递函数是一种数学模型,与系统的微分方程相对应。

(2) 传递函数只适用于线性定常系统。

(3) 传递函数是系统本身的一种固有属性,与系统本身的结构和参数有关,与输入量的大小和性质无关。

(4) 传递函数描述的是一对确定的变量之间的传递关系。

(5) 传递函数是在零初始条件下定义的,因而它不能反映在非零初始条件下系统的运动情况。

(6) 传递函数一般为复变量 s 的有理分式,它的分母多项式是系统的特征多项式,且阶次总是大于或等于分子多项式的阶次,即 $n \geqslant m$。并且所有的系数均为实数。

2.3.3 传递函数的求取

(1) 根据系统或元件的微分方程求解。如已知系统的微分方程及输入/输出变量。可分别对输入和输出变量求拉氏变换,再求出输出拉氏变换和输入变换的比值,即系统的传递函数。

【例 2.5】 已知 RC 串联电路的微分方程为

$$RC \frac{\mathrm{d}u_o(t)}{\mathrm{d}t} + u_o(t) = u_i(t) \tag{2.31}$$

试求电路的传递函数。

解 将式(2.31)两边取拉氏变换得

$$(RCs+1)U_o(s) = U_i(s)$$

则电路的传递函数为

$$G(s) = \frac{U_o(s)}{U_i(s)} = \frac{1}{RCs+1} \tag{2.32}$$

设 $T=RC$,则

$$G(s) = \frac{U_o(s)}{U_i(s)} = \frac{1}{RCs+1} = \frac{1}{Ts+1} \tag{2.33}$$

【例 2.6】 已知直流电动机以电枢电压为输入量、角速度为输出量的微分方程为

$$T_a T_m \frac{\mathrm{d}^2 \omega(t)}{\mathrm{d}t^2} + T_m \frac{\mathrm{d}\omega(t)}{\mathrm{d}t} + \omega(t) = \frac{u_a(t)}{C_e} \tag{2.34}$$

试求电机的传递函数。

解 将式(2.34)两边取拉氏变换得

$$(T_a T_m s^2 + T_m s + 1)\Omega(s) = \frac{U_a(s)}{C_e} \tag{2.35}$$

电动机的传递函数为

$$G(s) = \frac{\Omega(s)}{U_a(s)} = \frac{1/C_e}{T_a T_m s^2 + T_m s + 1} \tag{2.36}$$

(2)用复阻抗的概念求电学系统的传递函数。由电路理论可知,电阻的复阻抗仍为 R,电容的复阻抗为 $\frac{1}{Cs}$,电感复阻抗为 Ls。普通阻抗的串并联计算方法完全可以用于复阻抗网络等效复阻抗的计算。

【例 2.7】 已知图 2.1RLC 串联电路,求该系统的传递函数。

解 用复阻抗的概念和分压公式可以直接写出

$$G(s) = \frac{U_o(s)}{U_i(s)} = \frac{\dfrac{1}{Cs}}{R + Ls + \dfrac{1}{Cs}} = \frac{1}{LCs^2 + RCs + 1} \tag{2.37}$$

2.3.4　典型环节的传递函数

自动控制系统是由若干元件组成的,从结构及作用原理上来看,有各种不同的元件。但从动态性能或数学模型来看,却可以分成为数不多的基本环节,这就是典型环节。一般认为典型环节有 6 种,分述如下:

1)比例环节

这是一种最基本、最经常遇到的典型环节,如常见的杠杆,齿轮系统,电位器,变压器等。

比例环节的动态方程式为

$$c(t) = Kr(t) \tag{2.38}$$

传递函数为

$$G(s) = \frac{C(s)}{R(s)} = K \tag{2.39}$$

单位阶跃响应为

$$C(s) = G(s)R(s) = K/s \tag{2.40}$$

$$c(t) = K \cdot 1(t) \tag{2.41}$$

可见,当输入量 $r(t) = 1(t)$ 时,输出量 $c(t)$ 成比例变化。

2)惯性环节

惯性环节的动态方程式为

$$T \frac{dc(t)}{dt} + c(t) = r(t) \tag{2.42}$$

传递函数为

$$G(s) = \frac{C(s)}{R(s)} = \frac{1}{Ts+1} \tag{2.43}$$

式中：T——惯性环节的时间常数。惯性环节的传递函数有一个负实极点 $p = -1/T$，无零点。

单位阶跃响应为

$$C(s) = \frac{1}{Ts+1} R(s) = \frac{1}{Ts+1} \frac{1}{s} = \frac{1}{s} - \frac{1}{s+1/T} \tag{2.44}$$

$$c(t) = 1 - e^{-\frac{t}{T}} \qquad t \geqslant 0 \tag{2.45}$$

阶跃响应曲线是按指数上升的曲线。电路中 RC 滤波电路，温度控制系统等，都是常见的一阶惯性环节。此环节中含有一个独立的储能元件，以致对突变的输入来说，输出不能立即复现，存在时间上的延迟。

3）积分环节

积分环节的动态方程式为

$$c(t) = \frac{1}{T} \int_0^t r(\tau) d\tau \tag{2.46}$$

传递函数为

$$G(s) = \frac{C(s)}{R(s)} = \frac{1}{Ts} \tag{2.47}$$

单位阶跃响应为

$$C(s) = \frac{1}{Ts} \frac{1}{s} \tag{2.48}$$

$$c(t) = \frac{1}{T} t \tag{2.49}$$

当输入阶跃函数时，该环节的输出随时间直线增长，增长速度由 $1/T$ 决定。当输入突然去除，积分停止，输出维持不变，故有记忆功能。

4）微分环节

理想微分环节的动态方程式为

$$c(t) = T \frac{dr(t)}{dt} \tag{2.50}$$

传递函数为

$$G(s) = \frac{C(s)}{R(s)} = Ts \tag{2.51}$$

式中:T——微分环节的时间常数,它表示了微分速率大小。

单位阶跃响应为

$$C(s)=Ts\frac{1}{s}=T \tag{2.52}$$

$$c(t)=T\delta(t) \tag{2.53}$$

由于阶跃信号在时刻 $t=0$ 有一跃变,其他时刻均不变化,所以微分环节对阶跃输入的响应只在 $t=0$ 时刻产生一个响应脉冲。

理想的微分环节在物理系统中很少独立存在,常见的为带有惯性环节的微分特性,传递函数为

$$G(s)=\frac{T_1s}{T_2s+1} \tag{2.54}$$

5) 振荡环节

振荡环节的动态方程式为

$$T^2\frac{\mathrm{d}^2c(t)}{\mathrm{d}t^2}+2\zeta T\frac{\mathrm{d}c(t)}{\mathrm{d}t}+c(t)=r(t) \tag{2.55}$$

传递函数为

$$G(s)=\frac{1}{T^2s^2+2\zeta Ts+1} \tag{2.56}$$

或

$$G(s)=\frac{\omega_n^2}{s^2+2\zeta\omega_ns+\omega_n^2} \tag{2.57}$$

式中:$T>0,0<\zeta<1,\omega_n=1/T$,$T$——振荡环节的时间常数;

　　ζ——阻尼比;

ω_n——无阻尼振荡频率。

振荡环节有一对位于 s 左半平面的共轭极点:

$$s_{1,2}=-\zeta\omega_n\pm\mathrm{j}\omega_n\sqrt{1-\zeta^2}=-\zeta\omega_n\pm\mathrm{j}\omega_d$$

单位阶跃响应为

$$c(t)=1-\frac{1}{\sqrt{1-\zeta^2}}\mathrm{e}^{-\zeta\omega_nt}\sin(\omega_dt+\beta) \tag{2.58}$$

式中:$\beta=\arccos\zeta$。

响应曲线是按指数衰减振荡的,故称振荡环节,对于它的详细分析,将在下一章中介绍。前述的 RLC 串联电路就是二阶振荡环节。

6）延迟环节

延迟环节的动态方程式为

$$c(t) = r(t - \tau) \tag{2.59}$$

传递函数为

$$G(s) = \frac{C(s)}{R(s)} = e^{-\tau s} \tag{2.60}$$

单位阶跃响应为

$$C(s) = e^{-\tau s} \cdot \frac{1}{s} \tag{2.61}$$

$$c(t) = 1(t - \tau) \tag{2.62}$$

延迟环节出现在许多控制系统中，如传输时间延迟、检测时间延迟等纯时间延迟，可以给系统带来许多不良的影响。

2.3.5　控制系统的传递函数

图 2.6 为一个在参考输入与干扰共同作用下的动态结构图。作用在输入端的 $R(s)$ 称为参考输入或给定值。另外系统还受到了干扰 $N(s)$ 的作用，干扰一般作用在受控对象上，系统的输出 $C(s)$ 是参考输入和干扰对系统共同作用的结果。

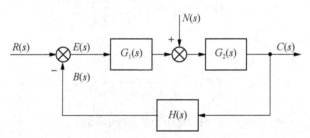

图 2.6　反馈控制系统典型结构图

1）前向通路传递函数

从参考输入到输出的通道称为前向通路，前向通路上的各环节传递函数之积称为前向通路传递函数。

$$G(s) = G_1(s)G_2(s) \tag{2.63}$$

2）开环传递函数

系统的开环传递函数定义为前向通路传递函数与反馈通路传递函数的乘积。

$$G_k(s) = G(s)H(s) = G_1(s)G_2(s)H(s) \tag{2.64}$$

3）在参考输入 $R(s)$ 作用下的闭环传递函数

当仅考虑 $R(s)$ 与输出关系时，可令 $N(s) = 0$

$$\frac{C_r(s)}{R(s)} = \frac{G_1(s)G_2(s)}{1+G_1(s)G_2(s)H(s)} \qquad (2.65)$$

即

$$\frac{C_r(s)}{R(s)} = \frac{G(s)}{1+G(s)H(s)} = \frac{\text{前向通路传递函数}}{1+\text{开环传递函数}} \qquad (2.66)$$

如果 $H(s)=1$,则图 2.22 所示的系统为单位反馈系统,它的闭环传递函数为

$$\frac{C_r(s)}{R(s)} = \frac{G_1(s)G_2(s)}{1+G_1(s)G_2(s)H(s)} = \frac{G(s)}{1+G(s)} \qquad (2.67)$$

式中:$G(s)=G_1(s)G_2(s)$。

4)在干扰 $N(s)$ 作用下的闭环传递函数

当仅考虑 $N(s)$ 与输出关系时,可令 $R(s)=0$。

$$\frac{C_n(s)}{N(s)} = \frac{G_2(s)}{1+G_1(s)G_2(s)H(s)} \qquad (2.68)$$

当系统同时受到 $R(s)$ 和 $N(s)$ 作用时,由叠加原理得系统总的输出为

$$C(s) = C_r(s) + C_n(s) = \frac{G_1(s)G_2(s)R(s)+G_2(s)N(s)}{1+G_1(s)G_2(s)H(s)} \qquad (2.69)$$

5)给定误差传递函数

误差量 $E_r(s)$ 与输入量 $R(s)$ 之比,把 $C(s)=E_r(s)G(s)$ 代入式(2.70)得

$$\frac{E_r(s)}{R(s)} = \frac{1}{1+G_1(s)G_2(s)H(s)} = \frac{1}{1+G(s)H(s)} \qquad (2.70)$$

6)误差对扰动传递函数

$$\frac{E_n(s)}{N(s)} = \frac{-G_2(s)H(s)}{1+G_1(s)G_2(s)H(s)} \qquad (2.71)$$

线性系统满足叠加定理,当输入量 $R(s)$ 与扰动量 $N(s)$ 同时作用于系统时,系统的误差可表示为

$$E(s) = E_r(s) + E_n(s) = \frac{R(s)-G_2(s)H(s)N(s)}{1+G_1(s)G_2(s)H(s)} \qquad (2.72)$$

注意:(1) 当系统结构形式和参数确定后,系统的特征方程($1+G_1(s)G_2(s)H(s)=0$)即确定,不随着输入端改变而改变。

(2) 由于扰动量 $N(s)$ 的不确定性,因而在求 $E(s)$ 时,不能认为利用 $N(s)$ 产生的误差可抵消 $R(s)$ 产生的误差。

2.4 系统结构图及其等效变换

前面介绍的微分方程、传递函数等数学模型,都是用纯数学表达式来描述系统特性,不

能反映系统中各元部件对整个系统性能的影响。为了表明每一个元部件在系统中的功能，我们采用动态结构图这种图解表示。动态结构图求系统传递函数非常方便，同时还能形象直观地表明输入信号及各中间变量在系统中的传递过程，因此，系统动态结构图作为一种数学模型在控制理论中得到了非常广泛的应用。

2.4.1　动态结构图的概念

系统结构图是描述系统各环节之间信号传递关系的一种图形化表示方法。如图2.7所示为一系统动态结构图，它由四部分组成。

信号线：表示信号传递路径与方向。

函数方块：表示对信号进行变换，方框中写入元件或系统的传递函数。

相加点：相加点又称为比较点，指信号求代数和的点，"＋"表示相加，"－"表示相减。

引出点：引出点又称为分支点，表示信号从该处流向不同支路，与引出点相连的各个信号量纲相同，大小相等。

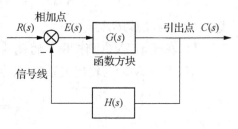

图 2.7　结构图的组成

2.4.2　动态结构图的绘制

绘制系统的动态结构图，一般按如下步骤进行：

（1）写出系统的各个环节的微分方程；

（2）在零初始条件下，对各方程进行拉氏变换，并整理成输入/输出关系

（3）根据各环节的输入/输出关系画出函数方块；

（4）按照信号流向将各函数方块连接起来。

【例 2.8】　求如图2.8所示电路的动态结构图。

解　列各环节微分方程

$$u_i = R_1 i_1 + u_1$$

$$u_1 = \frac{1}{C_1} \int (i_1 - i_2) \mathrm{d}t$$

$$u_1 = R_2 i_2 + u_o$$

$$u_o = \frac{1}{C_2} \int i_2 \mathrm{d}t$$

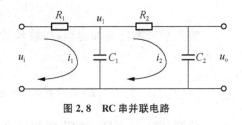

图 2.8　RC 串并联电路

求各环节传递函数

$$I_1(s) = \frac{1}{R_1}[U_i(s) - U_1(s)]$$

$$U_1(s) = \frac{1}{C_1 s}[I_1(s) - I_2(s)]$$

$$I_2(s) = \frac{1}{R_2}[U_1(s) - U_o(s)]$$

$$U_\mathrm{o}(s)=\frac{1}{C_2 s}I_2(s)$$

按信号流向将各函数方块连接起来,就得到如图 2.9 所示的系统动态结构图。

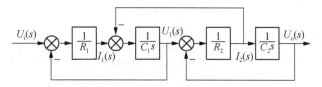

图 2.9 RC 串并联电路结构图

2.4.3 动态结构图的等效变换

为了分析控制系统的动态性能,需要对系统的动态结构图进行运算和变换,求出总的传递函数。动态结构图的运算和变换应按等效原则进行。所谓等效,即对动态结构图进行变换时,变换前后输入/输出的数学式应保持不变。

1) 串联变换规则

几个环节串联,即前一个环节的输出量是后一个环节的输入量,如图 2.10 所示为两个环节串联连接。

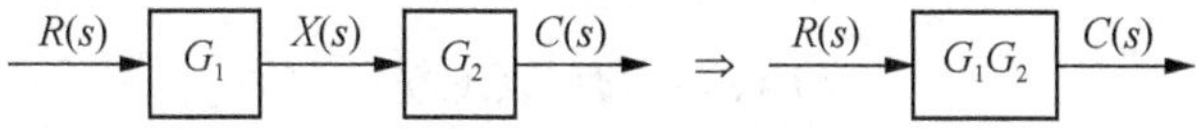

图 2.10 串联变换结构图

由图可知,$\dfrac{C(s)}{R(s)}=\dfrac{C(s)}{X(s)}\dfrac{X(s)}{R(s)}=G_1(s)G_2(s)$

由上式可知,两个环节串联后等效的传递函数等于各串联环节传递函数的乘积。推广到通式,即有

$$G(s)=\prod_{i=1}^{n}G_i(s) \tag{2.73}$$

式中:n——串联的环节数。

2) 并联变换规则

并联各环节有相同的输入量,而输出量等于各环节输出量之代数和。如图 2.11 所示为两个环节并联连接。

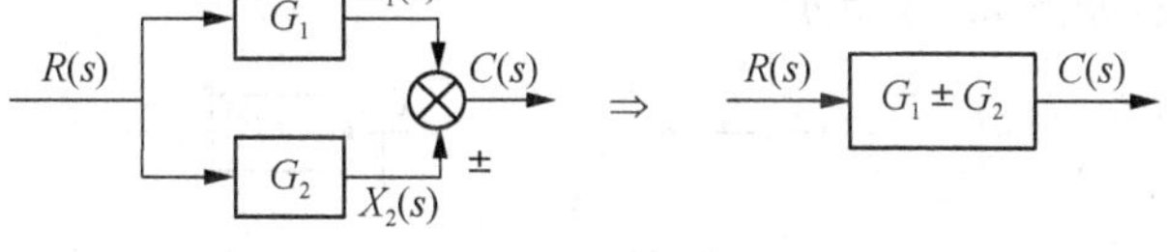

图 2.11 并联变换结构图

由图可知,$\dfrac{C(s)}{R(s)}=\dfrac{X_1(s)\pm X_2(s)}{R(s)}=G_1(s)\pm G_2(s)$。

由上式可知,两个环节并联后等效的传递函数等于各串联环节传递函数的总和。推广到通式,即有

$$G(s) = \sum_{i=1}^{n} G_i(s) \qquad (2.74)$$

3）反馈连接运算规则

反馈回路如图 2.12 所示,可以将带有反馈回路的结构图变换成一个方框。

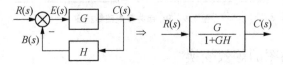

图 2.12　反馈连接回路变换

图示传递关系为

$$\frac{C(s)}{R(s)} = \frac{G(s)}{1 + G(s)H(s)} \qquad (2.75)$$

证明　设中间变量为 $B(s)$，$E(s)$，则有

$$C(s) = G(s)E(s)$$
$$B(s) = H(s)C(s)$$
$$E(s) = R(s) \pm B(s)$$

消去 $B(s)$ 和 $E(s)$，得

$$C(s) = G(s)[R(s) \pm H(s)C(s)]$$
$$\frac{C(s)}{R(s)} = \frac{G(s)}{1 + G(s)H(s)}$$

上式称为闭环传递函数,是反馈连接的等效传递函数。

对于正反馈连接,则闭环传递函数为

$$\frac{C(s)}{R(s)} = \frac{G(s)}{1 - G(s)H(s)} \qquad (2.76)$$

4）分支点移动

（1）若将分支点从某一函数方块后面移到前面时,则必须在分出支路中串入具有相同传递函数的函数方块,如图 2.13 所示。

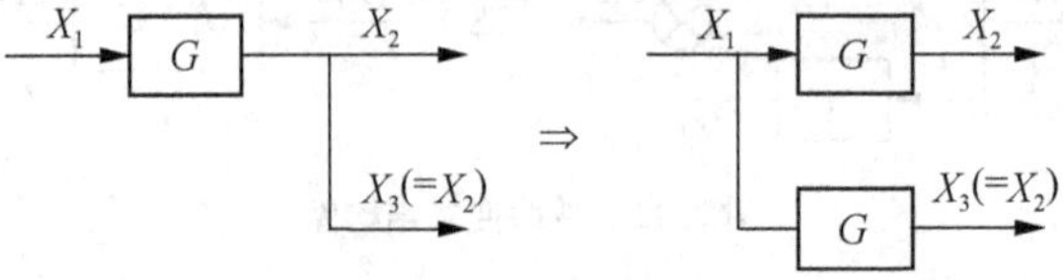

$$
\begin{array}{c}
X_1 \xrightarrow{\quad} \boxed{G} \xrightarrow{\quad X_2} \\
\Big\downarrow \\
X_3(=X_2)
\end{array}
\Rightarrow
\begin{array}{c}
X_1 \xrightarrow{\quad} \boxed{G} \xrightarrow{\quad X_2} \\
\Big\downarrow \\
\boxed{G} \xrightarrow{\quad X_3(=X_2)}
\end{array}
$$

图 2.13　分支点前移

（2）若将分支点从某一函数方块前面移到其后时,则必须在分出支路中串入具有相同

传递函数的倒数的函数方块,如图 2.14 所示。

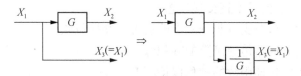

图 2.14　分支点后移

5) 相加点移动

(1) 若相加点从某一函数方块之前移至其后时,则必须在移动的相加支路中串入具有相同传递函数的函数方块,如图 2.15 所示。

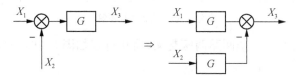

图 2.15　相加点后移

(2) 若相加点从某一函数方块之后移至其前时,则必须在移动的相加支路中串入具有相同传递函数的倒数的函数方块,如图 2.16 所示。

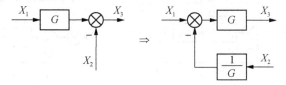

图 2.16　相加点前移

6) 相加点与分支点互异

相加点与相加点,分支点与分支点前后可以交换位置,分别如图 2.17 和图 2.18 所示。
图 2.17(a)和图 2.17(b)均满足 $X_4 = X_1 - X_2 - X_3$

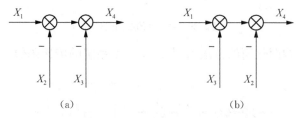

(a)　　　　　　　　　　　　(b)

图 2.17　相加点与相加点交换

图 2.18(a)和图 2.18(b)均满足 $X_3 = X_2 = X_1$

(a)　　　　　　　　　　　　(b)

图 2.18　分支点与分支点交换位置

系统的动态结构图进行等效变换时,应注意以下问题:

(1) 相加点与分支点前后不宜交换位置。

(2) 相加点与相加点,分支点与分支点前后可以交换位置。

(3) 化简前后,前向通路传递函数的乘积保持不变。

(4) 化简前后,回路传递函数的乘积保持不变。

【例 2.9】 简化图 2.19 中的系统结构图,并求系统的传递函数 $C(s)/R(s)$。

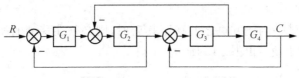

图 2.19　例 2.9 结构图

解　观察本例结构图,三个回路两两交叉,简化过程如图 2.20(a)(b)(c)(d)所示,最后获得传递函数为

$$\frac{C(s)}{R(s)} = \frac{G_1 G_2 G_3 G_4}{1 + G_1 G_2 + G_2 G_3 + G_3 G_4 + G_1 G_2 G_3 G_4}$$

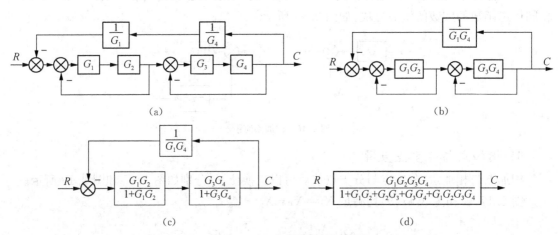

图 2.20　例 2.9 的结构图化简

【例 2.10】 用结构图化简的方法求图 2.21 所示系统的传递函数。

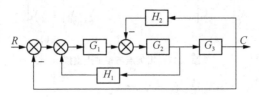

图 2.21　例 2.10 结构图

解　观察图 2.21 的结构图,有两个回路相互交叉,先向左移出相加点,如图 2.22(a)所示。然后再从内环逐步化简,如图 2.22(b)(c)(d),最后求得该系统的传递函数为

$$\frac{C(s)}{R(s)} = \frac{G_1 G_2 G_3}{1 - G_1 G_2 H_1 + G_2 G_3 H_2 + G_1 G_2 G_3}$$

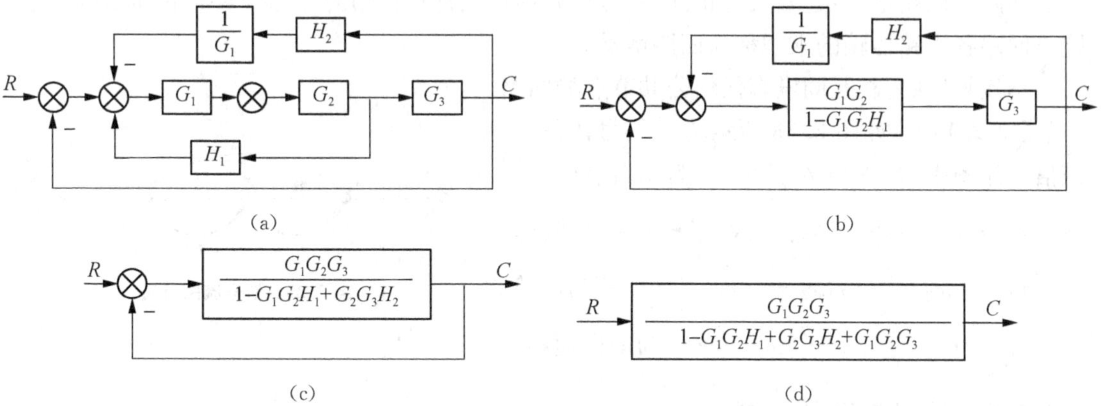

图 2.22　例 2.10 的结构图化简

2.5　信号流图与梅逊公式

　　由系统的结构图可以求出系统的传递函数,但是系统很复杂时,结构图简化很繁,采用信号流图,不必对信号流图简化,应用统一公式,便可求出系统的传递函数。

2.5.1　信号流图的组成要素及其术语

1) 组成

　　信号流图是一种表示线性代数方程组变量间关系的图示方法。当把信号流图应用于控制系统时,首先必须把线性微分方程组变换成以 s 为变量的代数方程。

　　信号流图是由节点和支路组成的,每一个节点表示系统的一个变量,而每两个节点之间的连接支路为这两个变量之间信号的传输关系。信号流的方向由支路上的箭头表示,而传输关系(增益、传递系数或传递函数)则标明在支路线上,信号流图包含了动态结构图所包含的信息,但它比动态结构图更加直观渐变,是分析控制系统的一种有效的方法。

2) 术语

　　节点:结构图中所有的分支点、相加点称为节点,用小的空心圆圈来表示。它表示变量或信号,其值等于所有进入该节点的信号之和。

　　支路:连接两个节点的定向线段,用支路增益(传递函数)表示方程式中两个变量的因果关系。支路相当于乘法器。信号在支路上沿箭头单向传递。

　　通路:沿支路箭头方向穿过各相连支路的路径。

　　输入节点:只有输出而无输入的节点。

　　输出节点:只有输入而无输出的节点。

　　混合节点:既有输入又有输出的节点。

　　前向通路和前向通路增益:从输入节点到输出节点的通路上通过任何节点不多于一次的通路称为前向通路。前向通路中各支路传输的乘积称为前向通路增益。

　　回路和回路增益:起始及终止同一节点,并通过其他任何节点不多于一次的通路称为回路。回路各支路传输的乘积称为回路增益。

　　不接触回路:相互间没有任何公共节点的回路。

　　【例 2.11】　如图 2.23 所示为一信号流图。在该信号流图中,x_1 为输入节点,x_5 为输出节点,

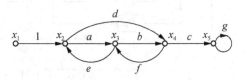

图 2.23　信号流图组成

x_2、x_3、x_4 为混合节点。$x_5 \xrightarrow{g} x_5$ 为自回路,

$x_2 \xrightarrow{a} x_3 \xrightarrow{e} x_2$,$x_3 \xrightarrow{b} x_4 \xrightarrow{f} x_3$ 等为回路。

$x_1 \xrightarrow{1} x_2 \xrightarrow{a} x_3 \xrightarrow{b} x_4 \xrightarrow{c} x_5$ 为前向通路。

2.5.2　信号流图的绘制

1) 根据微分方程绘制信号流图

(1) 将微分方程通过拉氏变换,得到复数 S 域的代数方程;

(2) 每个变量指定一个节点;

(3) 将方程按照变量的因果关系排列,绘制出每一个代数方程的局部信号流图;

(4) 连接各节点,并标明支路增益。

　　【例 2.12】　绘制如图 2.24(a)所示电路的信号流图。

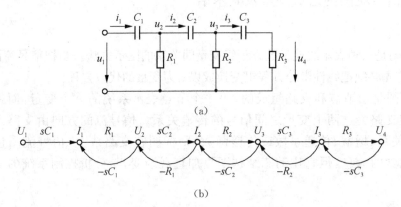

(a)

(b)

图 2.24　根据微分方程画信号流图

　　解　(1) 列电路微分方程

$$i_1 = C_1 \frac{\mathrm{d}(u_1 - u_2)}{\mathrm{d}t}$$

$$u_2 = (i_1 - i_2)R_1$$

$$i_2 = C_2 \frac{\mathrm{d}(u_2 - u_3)}{\mathrm{d}t}$$

$$u_3 = (i_2 - i_3)R_2$$

$$i_3 = C_3 \frac{\mathrm{d}(u_3 - u_4)}{\mathrm{d}t}$$

$$u_4 = i_3 R_3$$

(2) 求拉氏变换

$$I_1(s) = sC_1 U_1(s) - sC_1 U_2(s)$$

$$U_2(s) = R_1 I_1(s) - R_1 I_2(s)$$

$$I_2(s) = sC_2 U_2(s) - sC_2 U_3(s)$$

$$U_3(s) = R_2 I_2(s) - R_2 I_3(s)$$

$$I_3(s) = sC_3 U_3(s) - sC_3 U_4(s)$$

$$U_4(s) = R_3 I_3(s)$$

(3) 取 $U_1(s)$、$I_1(s)$、$U_2(s)$、$I_2(s)$、$U_3(s)$、$I_3(s)$、$U_4(s)$ 为节点，$U_1(s)$、$U_4(s)$ 分别为输入及输出节点，可画出如图 2.24(b) 所示信号流图。

2) 根据方框图绘制信号流图

(1) 用小圆圈标出传递的信号，得到节点。

(2) 用线段表示结构图中的方框，用传递函数代表支路增益。

【例 2.13】 将如图 2.25 所示系统动态结构图改画成信号流图。

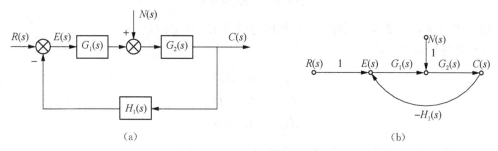

图 2.25　根据系统框图画信号流图

解　如图 2.25(a) 所示的系统结构图可改画成如图 2.25(b) 所示的信号流图。画信号流图时应注意信号流图的节点只表示变量的相加。

2.5.3　梅逊(Mason)公式

利用梅逊公式可以对复杂的信号流图直接求出系统输出与输入之间的总的传递函数，而不必像系统结构图求总的传递函数时需要进行繁琐的等效变换，这是很方便的。计算任意输入节点到输出节点之间传递函数(增益)的梅森公式为

$$G(s) = \frac{1}{\Delta} \sum_{k=1}^{n} P_k \Delta_k \tag{2.77}$$

$$\Delta = 1 - \sum L_{(1)} + \sum L_{(2)} - \sum L_{(3)} + \cdots + (-1)^m \sum L_{(m)}$$

式中：$G(s)$——系统总传递函数；

n——从输入节点到输出节点的前向通路数;

P_k——第 k 条前向通路的增益(传递函数);

Δ——信号流图特征式;

$\sum L_{(1)}$ ——所有不同回路的增益之和;

$\sum L_{(2)}$ ——每两个互不接触回路增益乘积之和;

$\sum L_{(3)}$ ——每三个互不接触回路增益乘积之和;

$\sum L_{(m)}$ ——任何 m 个互不接触回路增益乘积之和;

Δ_k——第 k 条前向通路特征式的余子式,即对于信号流图的特征式 Δ,将与第 k 条前向通路相接触的回路增益代以零值,剩下的 Δ 即为 Δ_k。

【例 2. 14】 试用梅逊公式求如图 2.26 所示系统传递函数。

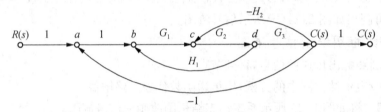

图 2.26　系统信号流图

解　该系统有一条前向通路 $n=1$,其传递函数 $P_1=G_1G_2G_3$

三个单独回路:

$$L_1=G_1G_2H_1$$
$$L_2=-G_2G_3H_2$$
$$L_3=-G_1G_2G_3$$

三个回路具有一条公共支路,相互接触

$$\Delta=1-(L_1+L_2+L_3)=1-G_1G_2H_1+G_2G_3H_2+G_1G_2G_3$$

前向通路 P_1,特征式的余因子

$$\Delta_1=1$$

则系统的总传递函数为

$$G(s)=\frac{P_1\Delta_1}{\Delta}=\frac{G_1G_2G_3}{1-G_1G_2H_1+G_2G_3H_2+G_1G_2G_3}$$

【例 2. 15】 已知系统的信号流图如图 2.27 所示,求输入 x_1 至输出 x_2 和 x_3 的传输。

解　x_1 到 x_2 有两条前向通路 $n=2$,其传递函数 $P_1=2ab,P_2=3gfab$

五个单独回路:

$$\sum L_{(1)} = ac + gi + abd + ghj + aegf$$

两两互不接触的回路有 4 组：

$$\sum L_{(2)} = ac \cdot gi + abd \cdot ghj + ac \cdot ghj + gi \cdot abd$$

得到特征式：

$$\Delta = 1 - \sum L_{(1)} + \sum L_{(2)}$$
$$= 1 - (ac + gi + abd + ghj + aegf) +$$
$$(ac \cdot gi + abd \cdot ghj + ac \cdot ghj + gi \cdot abd)$$

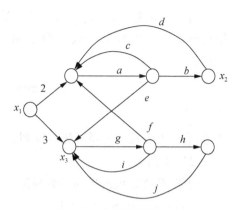

图 2.27　复杂的信号流图

与前向通路 P_1 不接触的回路有两个，即 gi，ghj，所以

$$\Delta_1 = 1 - (gi + ghj)$$

前向通路 P_2 与所有回路均接触，所以 $\Delta_2 = 1$

$$G_{12} = \frac{P_1 \Delta_1 + P_2 \Delta_2}{\Delta}$$

$$= \frac{2ab(1 - gi - ghj) + 3gfab}{1 - (ac + gi + abd + ghj + aefg) + (ac \cdot gi + abd \cdot ghj + ac \cdot ghj + gi \cdot abd)}$$

x_1 到 x_3 有两条前向通路 $n = 2$，其传递函数 $P_1 = 3$，$P_2 = 2ae$

与前向通路 P_1 不接触的回路有两个，即 ac，abd，所以

$$\Delta_1 = 1 - (ac + abd)$$

前向通路 P_2 与所有回路均接触，所以 $\Delta_2 = 1$

$$G_{13} = \frac{P_1 \Delta_1 + P_2 \Delta_2}{\Delta}$$

$$= \frac{3(1 - ac - abd) + 2ae}{1 - (ac + gi + abd + ghj + aefg) + (ac \cdot gi + abd \cdot ghj + ac \cdot ghj + gi \cdot abd)}$$

2.6　在 MATLAB 中系统数学模型的表示

在线性系统理论中，一般常用的数学模型形式有：传递函数模型（系统的外部模型）、状态方程模型（系统的内部模型）、零极点增益模型和部分分式模型等。在这些模型之间都有着内在的联系，使用 MATLAB 可以快速地进行相互转换。

2.6.1　传递函数模型

1）连续系统的传递函数模型

$$G(s) = \frac{C(s)}{R(s)} = \frac{b_m s^m + b_{m-1} s^{m-1} + \cdots + b_1 s + b_0}{a_n s^n + a_{n-1} s^{n-1} + \cdots + a_1 s + a_0} (a_n \neq 0) \tag{2.78}$$

对线性定常系统,式(2.78)中 s 的系数均为常数,这时系统在 MATLAB 中可以方便地由分子和分母系数构成的两个向量唯一地确定出来,这两个向量分别用 num 和 den 表示。

$$num=[b_m, b_{m-1}, \cdots, b_1, b_0]$$
$$den=[a_n, a_{n-1}, \cdots, a_1, a_0]$$

注意:它们都是按 s 的降幂进行排列的。

2) tf 函数

功能:建立系统的传递函数模型。

格式:sys=tf(num,den)

【例 2.16】 试应用 MATLAB 语言建立如下的传递函数模型。

$$G(s)=\frac{2s+9}{s^5+s^4+3s^3+2s^2+4s+10}$$

解 输入如下指令即可。

```
num=[2 9];den=[1 1 3 2 4 10];
G=tf(num,den);
```

或直接输入指令 >>G=tf([2 9], [1 1 3 2 4 10])

运行结果如下:

```
Transfer function:
           2 s + 9
s^5 + s^4 + 3 s^3 + 2 s^2 + 4 s + 10
```

【例 2.17】 试应用 MATLAB 语言建立如下的传递函数模型。

$$G(s)=\frac{7(2s+9)}{(3s+2)(s+2)^2(5s^3+3s+8)}$$

解 借助多项式乘法函数 conv 来处理,输入如下指令即可。

```
num=7*[2 9];
den=conv(conv(conv([3,2],[1,2]),[1,2]),[5 0 3 8]);
G=tf(num,den)
```

运行结果如下:

```
Transfer function:
                  14 s + 63
15 s^6 + 70 s^5 + 109 s^4 + 106 s^3 + 172 s^2 + 184 s + 64
```

2.6.2 零极点增益(ZPK)模型

1) 零极点增益模型

零极点增益模型实际上是传递函数模型的另一种表现形式,其原理是分别对原系统传递函数的分子、分母进行分解因式处理,以获得系统的零点和极点的表示形式。

$$G(s) = K \frac{(s+z_1)(s+z_2)\cdots(s+z_m)}{(s+p_1)(s+p_2)\cdots(s+p_n)} = \frac{k\prod_{i=1}^{m}(s+z_i)}{\prod_{j=1}^{n}(s+p_j)} \qquad (2.79)$$

式中:K——系统增益;

$-z_i$——零点;

$-p_j$——极点。

在 MATLAB 中零极点增益模型用$[z,p,K]$矢量组表示,即:$\boldsymbol{z}=[z_1,z_2,\cdots,z_m]$,$\boldsymbol{p}=[p_1,p_2,\cdots,p_n]$,$\boldsymbol{K}=[K]$。

2) zpk 函数

功能:建立系统的零极点增益模型。

格式:sys=zpk(z,p,k)

【例 2.18】 试应用 MATLAB 语言。建立如下的传递函数模型。

$$G(s) = \frac{4(s+1)(s+2)}{(s+3)(s+5)(s+6)}$$

解 输入如下指令

---

zg=[-1;-2];pg=[-3;-5;-6];k=4;
G=zpk(zg,pg,k)

或者直接输入指令:G=zpk([-1;-2],[-3;-5;-6],4)
运行结果为

Zero/pole/gain:
4 (s+1) (s+2)
- -
(s+3) (s+5) (s+6)

2.6.3 系统数学模型之间的转换

1) 传递函数与零极点增益模型之间的转换

(1) tf2zp 函数

功能:将系统的传递函数模型转换为零极点增益模型。

格式:[z,p,k]=tf2zp(num,den)

【例 2.19】 已知系统的传递函数为

$$G(s) = \frac{18s+36}{s^4+5s^3+3s^2+s+1}$$

应用 MATLAB 的模型转换将其转换成零极点的模型。

解 输入如下指令

```
num=[18 36];
den=[1 5 3 1 1];
[z,p,k]=tf2zp(num,den);
G=zpk(z,p,k)
```

运行结果为

```
Zero/pole/gain:
                18 (s+2)
(s+4.351) (s+0.7918) (s^2-0.143s + 0.2902)
```

（2）zp2tf 函数

功能：将系统的零极点增益模型转换为传递函数模型。

格式：[num,den]=zp2tf (z,p,k)

2）传递函数模型与部分分式模型之间的转换

residue 函数

功能：传递函数模型与部分分式模型之间的转换。

格式：[r,p,k]=residue(num, den)

　　　　 [num, den]=residue(r,p,k)

num、den 分别为传递函数的分子和分母降幂排列的多项式系数，部分分式展开后，留数返回到向量 r，极点返回到向量 p，常数返回到余项 k。

【例 2.20】 已知系统的传递函数为

$$G(s) = \frac{2s^3+9s+1}{s^3+s^2+4s+4}$$

应用 MATLAB 的模型转换将其转换成部分分式的模型。

解 输入如下指令

```
num=[2 0 9 1]; den=[1 1 4 4];
[r,p,k]=residue(num,den)
```

运行结果为

```
r=
  0.0000 - 0.2500i
  0.0000 + 0.2500i
 -2.0000
p=
 -0.0000 + 2.0000i
 -0.0000 - 2.0000i
 -1.0000
k=
  2
```

所以其部分分式表达式为

$$G(s) = 2 + \frac{-0.25\mathrm{j}}{s-2\mathrm{j}} + \frac{0.25\mathrm{j}}{s+2\mathrm{j}} + \frac{-2}{s+1}$$

若要将上例中的部分分式模型转换成传递函数模型，则输入以下指令即可。

```
r=[-0.25i,0.25i,-2];
p=[2i,-2i,-1]; k=2;
[num,den]=residue(r,p,k)
```

2.6.4　系统的连接

系统的连接方式主要有串联、并联、正（负）反馈等形式。MATLAB 具有一些方便的命令，用来求解串联、并联和反馈传递函数。

1）串联连接

功能：将两个线性模型串联成新的系统。

格式：$G = G_1 * G_2$

2）并联连接

功能：将两个线性模型并联成新的系统。

格式：$G = G_1 \pm G_2$

3）feedback 函数

功能：实现两个系统的反馈连接。

格式：$G = \mathrm{feedback}(G_1, G_2, \mathrm{sign})$

注意：$\mathrm{sign} = +1$，表示这是一个正反馈控制系统，而 $\mathrm{sign} = -1$ 时，表示这是一个负反馈系统；省略时，默认为是负反馈系统。

【例 2.21】 例 2.9 曾给出了一个多回路反馈系统。现使用 MATLAB 中指令来化简该图。

设

$$G_1(s) = \frac{1}{s+10} \qquad G_2(s) = \frac{1}{s+1}$$

$$G_3(s) = \frac{s^2+1}{s^2+4s+4} \qquad G_4 = \frac{s+1}{s+2}$$

解 计算过程分为以下三个步骤：

（1）将系统内各传递函数输入 MATLAB；

（2）将前向通路上方回路的比较点前移，分支点后移；

（3）分别消去三个回路；输入如下指令。

```
g1=tf(1,[1,10]);
g2=tf(1,[1,1]);
g3=tf([1,0,1],[1,4,4]);
g4=tf([1,1],[1,2]);
h1=1;h2=1;h3=1;
l1=feedback(g1*g2,h1);
l2=feedback(g3*g4,h2);
G=feedback(l1*l2,1/(g1*g4))
```

其运行结果如下：

Transfer function：

$$\frac{s\hat{\ }4 + 2\ s\hat{\ }3 + 2\ s\hat{\ }2 + 2\ s + 1}{2\ s\hat{\ }6 + 32\ s\hat{\ }5 + 154\ s\hat{\ }4 + 374\ s\hat{\ }3 + 504\ s\hat{\ }2 + 373\ s + 119}$$

说明：MATLAB 提供的 feedback() 函数只能用于 G_1 和 G_2 为具体参数给定的模型，通过适当的扩展就可以编写如下一个能够处理符号运算的 feedback() 函数。

function H=feedback(A,B,key)

if margin==2;key=−1;end

H=A/(sym(1)−key*A*B);H=simple(H)；

若将其放在 MATLAB 路径下某个目录的 @sym 子目录下，例如在 work 目录下建立一个 @sym 子目录，将该文件置于子目录下，则可以直接处理符号模型的化简问题。

小　结

(1) 描述系统动态特性的数学表达式称为数学模型。在分析系统性能之前必须建立系统的数学模型。

(2) 微分方程是系统的时域模型，对于一个系统微分方程的建立，一般是从输入端开始，依次列出各环节微分方程，然后消去中间变量，并将微分方程整理成标准形式。

(3) 传递函数是系统的复数 s 域模型，它等于系统输出与输入的拉氏变换之比，传递函数只与系统结构和元件参数有关，它反映了系统的固有特性。

(4) 动态结构图是传递函数的图形化，它能够直观地表示信号的传递关系。顺着信号的流向将系统各环节的函数方块连接起来就得到了系统动态结构图。对动态结构图进行等效变换时，要保持被变换部分的输入量和输出量之间的数学关系不变。

(5) 信号流图是一种用图形表示系统信号流向的数学模型，通过运用梅逊公式能够简便、快捷地求出系统的传递函数。

习　题

2.1 已知电网络如图 2.1 所示，输入为 $u_i(t)$，输出为 $u_o(t)$，试列出微分方程。

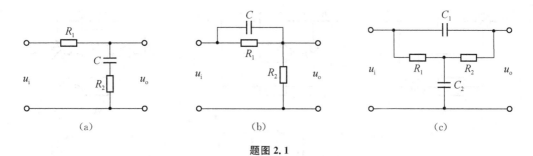

题图 2.1

2.2 已知线性定常系统的微分方程如下,其中 $r(t)$ 表示输入,$c(t)$ 表示输出,求各系统的传递函数。

(a) $\dfrac{\mathrm{d}^3 c(t)}{\mathrm{d}t^3} + 6\dfrac{\mathrm{d}^2 c(t)}{\mathrm{d}t^2} + 11\dfrac{\mathrm{d}c(t)}{\mathrm{d}t} + 6c(t) = r(t)$

(b) $\dfrac{\mathrm{d}^3 c(t)}{\mathrm{d}t^3} + 3\dfrac{\mathrm{d}^2 c(t)}{\mathrm{d}t^2} + 4\dfrac{\mathrm{d}c(t)}{\mathrm{d}t} + c(t) = 2\dfrac{\mathrm{d}r(t)}{\mathrm{d}t} + r(t)$

2.3 题图 2.2 所示是一个质量-弹簧-阻尼器系统。确定输入力 f 与输出位移 x 之间的微分方程。

题图 2.2   题图 2.3

2.4 确定题图 2.3 所示系统的传递函数 $X_2(s)/F(s)$。两个质量元件都在无摩擦的表面上滑动,且有 $K=1\ \mathrm{N/m}$。

2.5 求取题图 2.4 所示有源网络的传递函数 $U_o(s)/U_i(s)$。

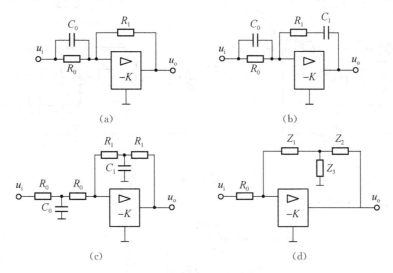

题图 2.4

2.6 电磁铁的磁拉力计算公式为 $F(x,i) = \dfrac{\mu_0 S(Ni)^2}{4x^2}(\mathrm{N})$,式中,$\mu_0$ 为空气磁导率,S 为磁极面积,N 为励磁绕组匝数,i 为励磁电流,x 为气隙大小,F 的单位为 N。求出 $F(x,i)$ 的线性化方程。

2.7 设单位反馈系统的开环传递函数为 $G(s) = \dfrac{4}{s(s+2)}$,试求闭环系统的单位阶跃响应表达式。

2.8 试用结构图等效化简题图 2.5 各系统的传递函数。

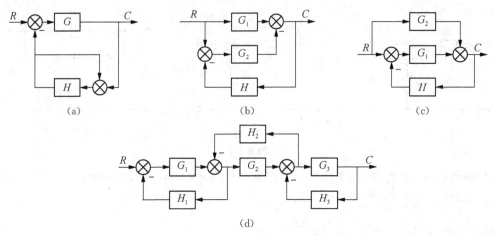

题图 **2.5**

2.9 应用梅逊公式求题图 2.6 各系统总的传递函数。

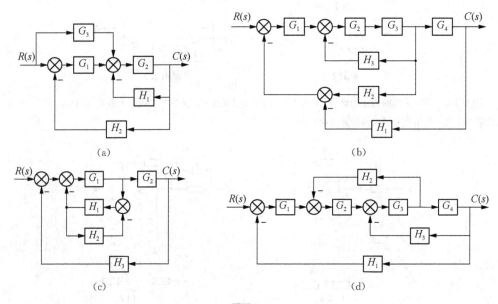

题图 **2.6**

2.10 绘制如题图 2.7 所示电路的信号流图。

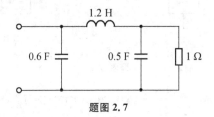

题图 **2.7**

2.11 系统的结构图如题图 2.8 所示,图中 $R(s)$ 为输入信号, $N(s)$ 为干扰信号,求传递函数 $C(s)/R(s)$ 和 $C(s)/N(s)$ 。

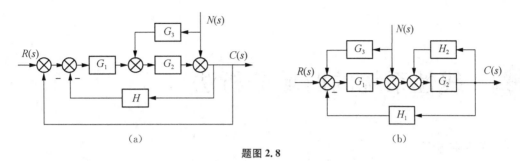

（a） （b）

题图 2.8

2.12 求题图 2.9 所示多回路交叉系统的传递函数。

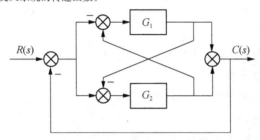

题图 2.9

2.13 应用梅逊公式求题图 2.10 各系统总的传递函数。

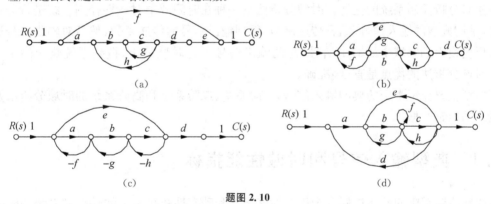

（a） （b）

（c） （d）

题图 2.10

2.14 已知系统的微分方程组描述如下，其中 x_0 为输入，x_6 为输出，试画出系统结构图，并化简求取传递函数。

$$x_0 - x_6 = x_1$$

$$x_1 - x_5 = x_2$$

$$x_1 - x_3 = x_4$$

$$2\frac{dx_3}{dt} + x_3 = x_2$$

$$0.5\frac{dx_5}{dt} + x_5 = x_4$$

$$x_3 + x_5 = x_6$$

2.15 已知某系统由以下方程组描述，试画出系统结构图，并化简求取传递函数。

$$X_1(s) = G_1(s)R(s) - G_1(s)[G_7(s) - G_8(s)]C(s)$$

$$X_2(s) = G_2(s)[X_1(s) - G_6(s)X_3(s)]$$

$$X_3(s) = G_3(s)[X_2(s) - G_5(s)C(s)]$$

$$Y(s) = G_4(s)X_3(s)$$

3 线性系统的时域分析法

本章你将学习
- 典型输入信号和时域性能指标
- 一阶系统的时域分析
- 二阶系统的时域分析
- 高阶系统的时域分析
- 线性系统的稳定性分析
- 线性系统的稳态性能分析
- 提高系统性能的方法
- 用 MATLAB 进行线性系统的时域分析

在线性控制系统中,当系统的传递函数确定后,可以采用时域分析法、根轨迹法和频率特性法来分析控制系统的性能。时域分析法是一种在时间域中对线性控制系统进行分析的方法,采用典型的输入信号,结合传递函数,得到输出信号的传递函数,然后对输出信号进行拉氏反变换得到时域中的输出信号,对此输出信号进行时域分析,得到系统响应的全部信息。时域分析法的优点是直观、准确。

本章主要介绍常用的典型输入信号,一阶系统、二阶系统和高阶系统的时域分析法及控制系统的稳定判据。

3.1 典型输入信号和时域性能指标

线性控制系统的性能指标分为稳态性能指标和动态性能指标。线性控制系统的时间响应通常分为稳态响应和瞬态响应。稳态响应是指当时间 t 趋于无穷大时系统的输出响应。瞬态响应是指系统从初始状态到最终状态的响应过程,即时间变为无穷大时,系统响应趋于 0 的部分。因此,线性控制系统的时间响应 $c(t)$ 可表示为:$c(t) = c_{tr}(t) + c_{ss}(t)$,其中 $c_{tr}(t)$ 为瞬态响应,$c_{ss}(t)$ 为稳态响应。

瞬态响应反映了系统在输入信号作用下其状态发生变化的过程,描述系统的动态性能;稳态响应则反映出系统在输入信号作用下最后到达的状态,描述了系统的稳态性能,它们都与输入信号有关。

为了便于对系统进行分析、设计和比较,根据系统常遇到的输入信号形式,在数学描述上加以理想化的一些基本输入函数,称为典型输入信号。这些典型输入信号是实际外作用的一种近似和抽象,同时具有方便的数学运算形式。

3.1.1　典型输入信号

控制系统中常用的典型输入信号有:脉冲函数、阶跃函数、斜坡函数,抛物线函数和正弦函数。

1) 脉冲函数

脉冲函数的数学表达式为

$$r(t)=\begin{cases} 0 & t<0 \text{ 或 } t>\varepsilon \\ \dfrac{A}{\varepsilon} & 0<t<\varepsilon \end{cases} \qquad (3.1)$$

脉冲函数的图形如图 3.1 所示,脉冲函数在理论上是一个脉宽时间 $t \rightarrow 0$,而幅度趋近于无穷大的脉冲,这是数学上的概念。实际上,它可以被看作是一个作用时间极短的脉冲或扰动,例如电源电压突然受到瞬间扰动。当 $A=1$ 时,称为单位脉冲函数,记作 $\delta(t)$,其拉普拉斯变换为:$R(s)=L[\delta(t)]=1$。

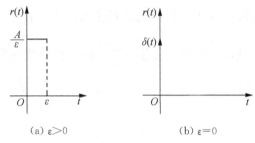

(a) $\varepsilon>0$　　　　　　(b) $\varepsilon=0$

图 3.1　单位脉冲函数

2) 阶跃函数

阶跃函数的数学表达式为

$$r(t)=\begin{cases} 0 & t<0 \\ A & t\geqslant 0 \end{cases} \qquad (3.2)$$

式中:A——常数,表示阶跃函数的幅值。

阶跃函数的图形表示如图 3.2 所示。在实际应用中,通常表示系统的恒值给定输入信号。当 $A=1$ 时,称为单位阶跃函数,记为 $1(t)$ (或 $u(t)$)。由 $1(t)$ 表示的阶跃函数为

$$r(t)=A \cdot 1(t)$$

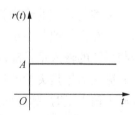

图 3.2　单位阶跃函数

阶跃函数在零初始条件下的拉氏变换为 $\dfrac{A}{s}$,单位阶跃函数在零初始条件下的拉氏变换为 $\dfrac{1}{s}$。

3) 斜坡函数

斜坡函数也称为速度函数,数学表达式为

$$r(t) = \begin{cases} 0 & t < 0 \\ At & t \geqslant 0 \end{cases} \tag{3.3}$$

式中：A ——常量。

图形表示如图 3.3 所示。当 $A=1$ 时，称为单位斜坡函数。

斜坡函数在零初始条件下的拉氏变换为 $\dfrac{A}{s^2}$，单位斜坡函数在

零初始条件下的拉氏变换为 $\dfrac{1}{s^2}$。

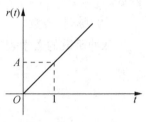

图 3.3　单位斜坡函数

4）抛物线函数

抛物线函数也称为加速度函数，数学表达式为

$$r(t) = \begin{cases} 0 & t < 0 \\ At^2 & t \geqslant 0 \end{cases} \tag{3.4}$$

式中：A ——常量。

图形表示如图 3.4 所示。当 $A=\dfrac{1}{2}$ 时，称为单位抛物线函数。

抛物线函数在零初始条件下的拉氏变换为 $\dfrac{2A}{s^3}$，单位抛物线函数

在零初始条件下的拉氏变换为 $\dfrac{1}{s^3}$。

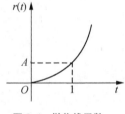

图 3.4　抛物线函数

5）正弦函数

正弦函数数学表达式为

$$r(t) = A\sin\omega t \tag{3.5}$$

式中：A ——振幅；

　　ω ——角频率。

正弦函数的拉氏变换为 $\dfrac{A\omega}{s^2+\omega^2}$，振幅为 1 的正弦函数的拉氏变换为 $\dfrac{\omega}{s^2+\omega^2}$。当输入信号是正弦函数或者类似于正弦函数的周期函数时，可以用幅值和频率适当的正弦函数来描述。研究控制系统的频率特性，输入信号用的便是频率可调的正弦信号。

在实际控制系统分析中，采用哪种输入信号，主要看系统的输入量的变化规律。如果控制系统的输入量是随时间逐渐变化的函数，则斜坡函数可能是比较好的试验信号；如果系统的输入信号是突然的扰动量，则阶跃函数可能是比较好的试验信号；而当系统的输入信号是冲击输入量时，脉冲函数可能是最好的试验信号。一旦控制系统在试验信号的基础上设计出来，那么系统对该实际输入信号的响应特性通常也能满足要求。

3.1.2　时域性能指标

控制系统的时域性能，主要以控制系统的稳定性、稳态性能、暂态性能来评价，这些性能与控制系统的结构、参数等有关。控制系统的时域性能指标通常是以零初始条件下的单位

阶跃响应曲线为依据。当控制系统受到输入信号或扰动信号的作用时,由于系统的惯性原因,系统不可能立刻产生输出响应,而是表现出一定的瞬态响应过程。一种情况是跟随得比较快,以至于超过稳态值后需要经过几次振荡衰减趋于稳态值,如图 3.5(a)所示。另一种情况是跟随得比较慢,整个过渡过程是单调的,如图 3.5(b)所示。

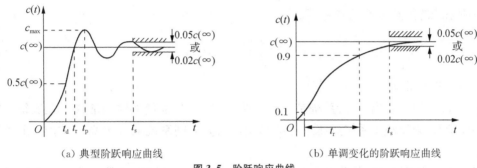

（a）典型阶跃响应曲线   （b）单调变化的阶跃响应曲线

图 3.5　阶跃响应曲线

几个规定的系统性能指标如下:

(1) 延迟时间 t_d:指输出响应第一次达到稳态值 50% 所需的时间。

(2) 上升时间 t_r:指输出响应第一次上升到稳态值所需要的时间。对于欠阻尼二阶系统,通常采用由 0 上升到稳态值的 100% 所需的时间;对于过阻尼系统,通常采用由稳态值的 10% 上升到稳态值的 90% 所需的时间。

(3) 峰值时间 t_p:指输出响应超过稳态值而达到第一个峰值 $c_{max}=c(t_p)$ 所需的时间。

(4) 调节时间(或称过渡过程时间)t_s:指当 $c(t)$ 和 $c(\infty)$ 之间误差达到规定允许范围 ($c(\infty)$ 的 ±5% 或 ±2%),并且以后不再超出此范围所需的最小时间。

(5) 最大超调量(简称超调量)σ_p:系统响应的最大值超过稳态值的百分比。即

$$\sigma_p = \frac{c_{max}-c(\infty)}{c(\infty)} \times 100\%$$

(6) 稳态误差 e_{ss}:当 $t\to\infty$ 时,输出响应期望的理论值与实际值之差称为稳态误差。

以上性能指标中,延迟时间 t_d、上升时间 t_r 和峰值时间 t_p 均表征系统响应初始阶段的快速性;调节时间 t_s 表示系统过渡过程的持续时间,从总体上反映了系统的快速性;最大超调量 M_p、振荡次数 N 反映了系统动态过程的平稳性。这些指标描述了瞬态响应过程,反映了系统的动态性能,所以又称之为动态性能指标。单调变化的阶跃响应曲线上有一些性能指标是不存在的,如上升时间、峰值时间、最大超调量等。

3.2　一阶系统的时域分析

当控制系统的数学模型是一阶微分方程时,称为一阶系统。一阶系统在控制工程中应用广泛,如 RC 电路、直流电动机控制电压和转矩的关系等。

3.2.1　一阶系统的结构图和数学模型

典型的闭环控制的一阶系统方框图如图 3.6 所示。

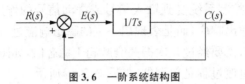

图 3.6　一阶系统结构图

一阶系统的闭环传递函数为

$$G(s)=\frac{C(s)}{R(s)}=\frac{1}{Ts+1} \tag{3.6}$$

式中：T——时间常数。

从式(3.6)可以看出，一阶系统是一个惯性环节。一阶系统的时间常数 T 是表征系统惯性的特征参数，它反映了系统过渡过程的品质，T 越小，则系统响应越快；T 越大，则系统响应越慢。

下面分析此系统对单位阶跃函数、单位斜坡函数和单位脉冲函数的响应。在分析过程中，假设初始条件为零。这里要注意的是，具有相同传递函数的所有系统，对同一输入信号的响应是相同的。

3.2.2　一阶系统的单位阶跃响应

系统的输入信号为单位阶跃函数时，它的输出就是单位阶跃响应，输出信号的拉氏变换为

$$C(s)=G(s)R(s)=\frac{1}{Ts+1}\;\frac{1}{s}=\frac{1}{s}-\frac{T}{Ts+1} \tag{3.7}$$

对式(3.7)进行拉氏反变换，得到

$$c(t)=1-\mathrm{e}^{-\frac{t}{T}},t\geqslant0 \tag{3.8}$$

由式(3.8)可以得到：

(1) 输出量 $c(t)$ 的初始值为零，终值为 1，即输出的稳态值为 1。

(2) 当 $t=T$ 时，输出 $c(t)=0.632$，即响应 $c(t)$ 达到了其变化总量的 63.2%。

(3) 该响应曲线在 $t=0$ 那一点上，切线的斜率等于 $1/T$，因为

$$\frac{\mathrm{d}c}{\mathrm{d}t}\Big|_{t=0}=\frac{1}{T}\mathrm{e}^{-t/T}\Big|_{t=0}=\frac{1}{T} \tag{3.9}$$

如果系统能保持其初始响应速度不变，则当 $t=T$ 时，输出量将达到其稳态值。

根据式(3.8)得到一阶系统的单位阶跃响应曲线如图 3.7 所示。

从图中可知：

(1) 当 $t=T$ 时，$c(t)=0.632$；$t=3T$ 时，$c(t)=0.95$；当 $t\geqslant4T$ 时，响应曲线将保持在稳态值的 98%

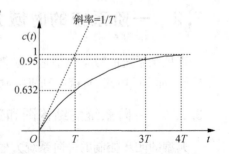

图 3.7　一阶系统的单位阶跃响应曲线图

以内。

(2) 调节时间 $t_s = 3T(\Delta = 5\%)$，$t_s = 4T(\Delta = 2\%)$。

由上述分析可知，一阶系统的单位阶跃响应是单调上升的指数曲线，特性由 T 确定，T 越小，过渡时间就越小，即系统的快速性越好。

3.2.3　一阶系统的单位斜坡响应

系统的输入信号为单位斜坡函数时，它的输出就是单位斜坡响应，系统的输出信号的拉氏变换为：

$$C(s) = G(s)R(s) = \frac{1}{Ts+1}\frac{1}{s^2}$$

将其展开成部分分式，得到

$$C(s) = \frac{1}{s^2} - \frac{T}{s} + \frac{T^2}{Ts+1} \tag{3.10}$$

对式(3.10)进行拉氏反变换，得到

$$c(t) = t - T + Te^{-t/T},\ t \geqslant 0 \tag{3.11}$$

此时误差信号 $e(t)$ 为

$$\begin{aligned} e(t) &= r(t) - c(t) \\ &= t - (t - T + Te^{-t/T}) \\ &= T(1 - e^{-t/T}) \end{aligned} \tag{3.12}$$

当 $t \to \infty$ 时，$e^{-t/T} \to 0$，$e(t) \to T$，即

$$e(\infty) = T \tag{3.13}$$

由式(3.13)可知，当 $t \to \infty$，系统跟踪单位斜坡输入信号的误差等于 T，显然，时间常数 T 越小，系统跟踪斜坡输入信号的误差也越小。

3.2.4　一阶系统的单位脉冲响应

系统的输入信号为单位脉冲函数时，它的输出就是单位脉冲响应，一阶系统的输出信号的拉氏变换为

$$C(s) = G(s)R(s) = \frac{1}{Ts+1} \tag{3.14}$$

其拉氏反变换为

$$c(t) = \frac{1}{T}e^{-t/T}, t \geqslant 0 \tag{3.15}$$

一阶系统的单位脉冲响应曲线如图 3.8 所示。

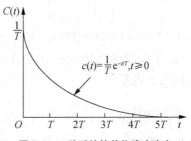

图 3.8　一阶系统的单位脉冲响应

从图中可以看出,一阶系统的单位脉冲响应在 $t=0$ 时等于 $1/T$,它与单位阶跃响应在 $t=0$ 时的变化率相等,这也证明了单位脉冲响应是单位阶跃响应的导数,而单位阶跃响应是单位脉冲响应的积分。一阶控制系统的三种典型输入信号的响应如表 3.1 所示。

表 3.1　三种典型输入信号的响应

序号	输入信号 $r(t)$	输入信号 $R(s)$	一阶系统响应 $c(t)$
1	$\delta(t)$	1	$c(t)=\dfrac{1}{T}e^{-t/T}$
2	$1(t)$	$\dfrac{1}{s}$	$c(t)=1-e^{-\frac{t}{T}}$
3	t	$\dfrac{1}{s^2}$	$c(t)=t-T+Te^{-t/T}$

3.3　二阶系统的时域分析

当控制系统的数学模型是二阶微分方程时,称为二阶系统。在控制系统中,二阶系统及高阶系统比较多,而高阶系统在一定条件下也可以近似为二阶系统。因此,研究二阶系统的时域分析具有一定的代表性。

3.3.1　二阶系统的结构图和数学模型

典型的二阶系统的方框图如图 3.9 所示,它由比例、积分和惯性环节串联而成。系统的闭环传递函数为

$$G(s)=\frac{C(s)}{R(s)}=\frac{1}{T^2s^2+2\zeta Ts+1}=\frac{\omega_n^2}{s^2+2\zeta\omega_n s+\omega_n^2} \tag{3.16}$$

式中:ζ——阻尼比;

$\omega_n=\dfrac{1}{T}$——无阻尼自然振荡频率,单位:弧度/秒,记为:rad/s 或 s^{-1}。

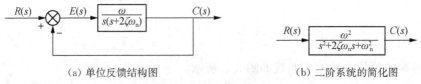

（a）单位反馈结构图　　　　　　　　　　　　　　（b）二阶系统的简化图

图 3.9　二阶系统结构图

二阶系统的特征方程为

$$s^2 + 2\zeta\omega_n s + \omega_n^2 = 0 \tag{3.17}$$

系统的特征根为

$$s_{1,2} = -\zeta\omega_n \pm \omega_n \sqrt{\zeta^2 - 1} \tag{3.18}$$

由于控制系统的特性与特征根有直接关系。因此,二阶系统的动态特性取决于两个参数:阻尼比 ζ 和无阻尼自然振荡频率 ω_n。

3.3.2 二阶系统的单位阶跃响应

二阶系统的特征根在 s 平面的分布与阻尼比 ζ 有关,因此,根据阻尼比 ζ 取值不同,系统的单位阶跃响应有 3 种不同的情况,下面以 ζ 的不同取值情况来讨论。

(1) 欠阻尼($0 < \zeta < 1$)时的二阶系统单位阶跃响应

此时系统具有一对共轭复数极点,其值为

$$s_{1,2} = -\zeta\omega_n \pm j\omega_n \sqrt{1 - \zeta^2}$$

则式(3.16)可以写成

$$\frac{C(s)}{R(s)} = \frac{\omega_n^2}{(s + \zeta\omega_n + j\omega_d)(s + \zeta\omega_n - j\omega_d)} \tag{3.19}$$

式中:$\omega_d = \omega_n \sqrt{1 - \zeta^2}$,频率 ω_d 称为阻尼振荡频率。

对于单位阶跃输入信号,$R(s) = 1/s$,因此,$C(s)$ 可以表示成:

$$C(s) = \frac{\omega_n^2}{(s^2 + 2\zeta\omega_n s + \omega_n^2)s}$$

将 $C(s)$ 展开得:

$$\begin{aligned}
C(s) &= \frac{1}{s} - \frac{s + 2\zeta\omega_n}{s^2 + 2\zeta\omega_n s + \omega_n^2} \\
&= \frac{1}{s} - \frac{s + \zeta\omega_n}{(s + \zeta\omega_n)^2 + \omega_d^2} - \frac{\zeta\omega_n}{(s + \zeta\omega_n)^2 + \omega_d^2}
\end{aligned} \tag{3.20}$$

由于

$$L^{-1}\left[\frac{s + \zeta\omega_n}{(s + \zeta\omega_n)^2 + \omega_d^2}\right] = e^{-\zeta\omega_n t}\cos\omega_d t$$

$$L^{-1}\left[\frac{\omega_d}{(s + \zeta\omega_n)^2 + \omega_d^2}\right] = e^{-\zeta\omega_n t}\sin\omega_d t$$

将式(3.20)拉氏反变换得:

$$c(t) = L^{-1}[C(s)]$$

$$= 1 - e^{-\zeta\omega_n t}\left(\cos\omega_d t + \frac{\zeta}{\sqrt{1-\zeta^2}}\sin\omega_d t\right) \tag{3.21}$$

$$= 1 - \frac{1}{\sqrt{1-\zeta^2}}e^{-\zeta\omega_n t}\sin(\omega_d t + \beta), \quad t \geq 0$$

式中：$\beta = \arccos\zeta = \arctan\dfrac{\sqrt{1-\zeta^2}}{\zeta}$ 为阻尼角。

由式(3.21)可见，欠阻尼二阶系统的单位阶跃响应由两部分组成：稳态响应分量 $c_{ss}(t)$ 和瞬态响应分量 $c_{tr}(t)$。

稳态响应分量 $c_{ss}(t)$ 为

$$c_{ss}(t) = 1$$

瞬态响应分量 $c_{tr}(t)$ 为

$$c_{tr}(t) = -\frac{1}{\sqrt{1-\zeta^2}}e^{-\zeta\omega_n t}\sin(\omega_d t + \beta)$$

因此，瞬态响应分量 $c_{tr}(t)$ 是阻尼正弦振荡项，振荡频率为 ω_d。显然，瞬态响应分量衰减的速度随 $\zeta\omega_n$ 的增大而加快。

当 $\omega_n = 1$，ζ 分别取 $0.2, 0.4, 0.6, 0.8$ 时的单位阶跃响应曲线如图 3.10 所示。

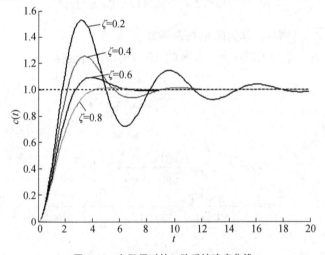

图 3.10　欠阻尼时的二阶系统响应曲线

从图中可以看出，二阶系统欠阻尼时的单位阶跃响应曲线是衰减振荡的，系统出现超调，并且 ζ 越小，超调量越大，输出的上升速度越快。

(2) 无阻尼($\zeta = 0$)时的二阶系统单位阶跃响应

此时，系统的闭环极点为一对共轭虚根，$s_{1,2} = \pm j\omega_n$。

对于单位阶跃输入信号，$R(s) = 1/s$，因此，$C(s)$ 可以表示为：

$$C(s) = \frac{\omega_n^2}{s(s^2 + \omega_n^2)}$$

对 $C(s)$ 进行拉氏反变换,可以得到:

$$c(t)=1-\cos\omega_n t,\ t>0 \qquad\qquad (3.22)$$

无阻尼二阶系统的单位阶跃响应的稳态响应分量 $c_{ss}(t)$ 为

$$c_{ss}(t)=1$$

瞬态响应分量 $c_{tr}(t)$ 为

$$c_{tr}(t)=-\cos\omega_n t$$

因此瞬态响应分量 $c_{tr}(t)$ 是无衰减的周期振荡,振荡频率为 ω_n,系统不能稳定工作。当 $\omega_n=1,\zeta=0$ 时的单位阶跃响应曲线如图 3.11 所示。

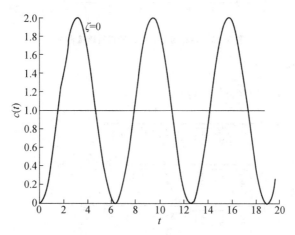

图 3.11　无阻尼时的二阶系统响应曲线

(3) 临界阻尼($\zeta=1$)时的二阶系统单位阶跃响应

此时,系统的特征根为:$s_{1,2}=-\zeta\omega_n=-\omega_n$,为一对重负实根。

对于单位阶跃输入信号,$R(s)=1/s$,因而 $C(s)$ 可以表示成

$$C(s)=\frac{\omega_n^2}{(s^2+\omega_n^2)s}$$

其拉氏反变换为

$$c(t)=1-e^{-\omega_n t}(1+\omega_n t) \qquad\qquad (3.23)$$

式(3.23)表明,临界阻尼系统的单位阶跃响应稳态响应分量 $c_{ss}(t)$ 为 1,瞬态响应分量 $c_{tr}(t)$ 为 $c_{tr}(t)=-e^{-\omega_n t}(1+\omega_n t)$,因此,瞬态响应分量 $c_{tr}(t)$ 是一个衰减的过程。

当 $\omega_n=1,\zeta=1$ 时的单位阶跃响应曲线如图 3.12 所示。

(4) 过阻尼($\zeta>1$)时的二阶系统单位阶跃响应

此时,系统的特征根为:$s_{1,2}=-\zeta\omega_n\pm\omega_n\sqrt{\zeta^2-1}$,为一对不相等的负实根。

因而 $C(s)$ 可以表示为

$$C(s)=\frac{\omega_n^2}{(s+\zeta\omega_n+\omega_n\sqrt{\zeta^2-1})(s+\zeta\omega_n-\omega_n\sqrt{\zeta^2-1})s}$$

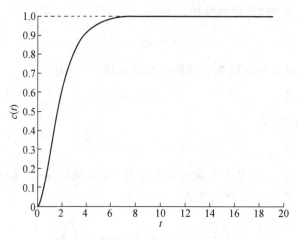

图 3.12　临界阻尼时的二阶系统响应曲线

将其拉氏反变换为

$$L^{-1}[C(s)] = c(t)$$

$$= 1 + \frac{1}{2\sqrt{\zeta^2-1}(\zeta+\sqrt{\zeta^2-1})} e^{-(\zeta+\sqrt{\zeta^2-1})\omega_n t} -$$

$$\frac{1}{2\sqrt{\zeta^2-1}(\zeta-\sqrt{\zeta^2-1})} e^{-(\zeta-\sqrt{\zeta^2-1})\omega_n t} \tag{3.24}$$

$$= 1 + \frac{\omega_n}{2\sqrt{\zeta^2-1}} \left(\frac{e^{-s_1 t}}{s_1} - \frac{e^{-s_2 t}}{s_2} \right), \quad t \geqslant 0$$

式中：$s_1 = (\zeta+\sqrt{\zeta^2-1})\omega_n$，$s_2 = (\zeta-\sqrt{\zeta^2-1})\omega_n$

式(3.24)表明,过阻尼系统的单位阶跃响应的稳态分量 $c_{ss}(t)$ 为

$$c_{ss}(t) = 1$$

瞬态响应分量 $c_{tr}(t)$ 为

$$c_{tr}(t) = \frac{\omega_n}{2\sqrt{\zeta^2-1}} \left(\frac{e^{-s_1 t}}{s_1} - \frac{e^{-s_2 t}}{s_2} \right)$$

因此瞬态响应分量 $c_{tr}(t)$ 是两个指数衰减过程的叠加,瞬态响应是单调的衰减过程。

当 $\omega_n = 1$，$\zeta > 1$ 时的单位阶跃响应曲线如图 3.13 所示。

从图中可知,过阻尼的二阶系统响应曲线无超调。若 $\zeta \gg 1$ 时,系统近似为一阶系统。

当二阶系统的阻尼比 ζ 为不同值时,

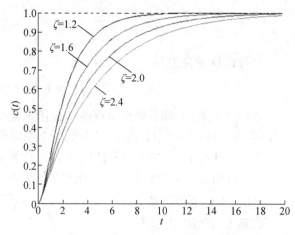

图 3.13　过阻尼时的二阶系统响应曲线

其相应系统极点的数值与阶跃响应的曲线如表 3.2 所示。

表 3.2 二阶系统的单位阶跃响应曲线

阻尼系数	特征方程根	单位阶跃响应
$\zeta=0$ 无阻尼	$s_{1,2}=\pm j\omega_n$	
$0<\zeta<1$ 欠阻尼	$s_{1,2}=-\zeta\omega_n\pm j\omega_n\sqrt{1-\zeta^2}$	
$\zeta=1$ 临界阻尼	$s_{1,2}=-\zeta\omega_n$	
$\zeta>1$ 过阻尼	$s_{1,2}=-\zeta\omega_n\pm\omega_n\sqrt{\zeta^2-1}$	

3.3.3 二阶系统的动态性能指标

在控制系统中,通常要求系统既具有较快的瞬态响应,又具有足够的阻尼。因此,为了获得满意的二阶系统的瞬态响应特性,阻尼比 ζ 应该选择在 0.4~0.8 之间。如果 ζ 比较小,会使系统的超调量较大;如果 ζ 比较大,则会使系统的响应变得缓慢。因此,从性能指标角度看,最大超调量和上升时间这两个指标是相互矛盾的,即最大超调量和上升时间两者不能同时达到比较小的数值。所以选择阻尼比 ζ 在 0.4~0.8 之间时,兼顾了二阶系统的平稳性和快速性,使得系统具有较好的动态性能。

二阶系统的动态性能指标是以系统对单位阶跃输入量的瞬态响应形式给出的。

假设系统为欠阻尼系统,即 $0<\zeta<1$,此时系统的单位阶跃响应为

$$c(t) = 1 - e^{-\zeta \omega_n t}\left(\cos \omega_d t + \frac{\zeta}{\sqrt{1-\zeta^2}}\sin \omega_d t\right) \tag{3.25}$$

$$= 1 - \frac{1}{\sqrt{1-\zeta^2}} e^{-\zeta \omega_n t}\sin(\omega_d t + \beta), t \geqslant 0$$

(1) 上升时间 t_r

根据定义，$c(t_r) = 1$，可得到

$$c(t_r) = 1 - \frac{1}{\sqrt{1-\zeta^2}} e^{-\zeta \omega_n t_r}\sin(\omega_d t_r + \beta) = 1$$

$$\frac{1}{\sqrt{1-\zeta^2}} e^{-\zeta \omega_n t_r}\sin(\omega_d t_r + \beta) = 0$$

因为　　　　　　　　　　　　　　$e^{-\zeta \omega_n t_r} \neq 0$

所以　　　　　　　　　　　　　　$\omega_d t_r + \beta = \pi$

因此，上升时间 t_r 为

$$t_r = \frac{\pi - \beta}{\omega_d} = \frac{\pi - \arccos \zeta}{\omega_n \sqrt{1-\zeta^2}} \tag{3.26}$$

式中：β 的定义如图 3.14 所示。

β 为共轭复数对负实轴的张角，称为阻尼角。其中，$\beta =$ arccosζ。由图中可以看出，为了得到一个小的上升时间 t_r，ω_n 必须要求很大。

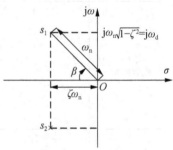

图 3.14　β 的定义

(2) 峰值时间 t_p

根据定义，将式(3.25)对时间求导，并令该导数为零，即可得到峰值时间。

$$\left.\frac{dc}{dt}\right|_{t=t_p} = \frac{\omega_n}{\sqrt{1-\zeta^2}} e^{-\zeta \omega_n t_p}\sin(\omega_d t_p) = 0$$

最后可得：$\sin \omega_d t_p = 0$，即 $\omega_d t_p = 0, \pi, 2\pi, 3\pi, \cdots$。

因峰值时间对应第一个峰值的时间，所以

$$t_p = \frac{\pi}{\omega_d} = \frac{\pi}{\omega_n \sqrt{1-\zeta^2}} \tag{3.27}$$

式(3.27)表明，t_p 与阻尼振荡频率 ω_d 成反比，当阻尼比一定时，ω_d 越大，t_p 越短。

(3) 最大超调量 σ_p

当 $t = t_p$ 时，$c(t)$ 有最大值 $c_{max} = c(t_p)$，因为单位阶跃响应的稳态值为 $c(\infty) = 1$，所以最大超调量为：$c_{max} = 1 - \frac{1}{\sqrt{1-\zeta^2}} e^{\frac{\pi \zeta}{\sqrt{1-\zeta^2}}}\sin(\pi + \beta) = 1 + e^{\frac{\pi \zeta}{\sqrt{1-\zeta^2}}}$

所以

$$\sigma_p = e^{-\zeta\pi/\sqrt{1-\zeta^2}} \times 100\% \tag{3.28}$$

可见，σ_p 仅由 ζ 决定，σ_p 和 ζ 的关系如图 3.15 所示，阻尼比 ζ 越大，超调量越小。几个典型阻尼比值对应的 σ_p 如表 3.3 所示。

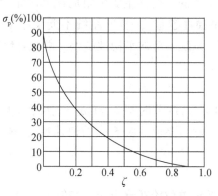

图 3.15 σ_p 和 ζ 的关系曲线

表 3.3 典型阻尼比值对应的超调量 σ_p

ζ	0.2	0.4	0.5	0.6	0.68	0.707	0.8	0.9
σ_p	37.2%	25%	16.3%	9%	5%	4.3%	1.5%	0.2%

（4）调节时间 t_s

从调节时间的定义来看，调节时间的表达式很难确定。为了简便起见，可以忽略正弦函数的影响，用下式近似求得调节时间。

$$\frac{1}{\sqrt{1-\zeta^2}} e^{-\zeta\omega_n t} \Big|_{t=t_s} = 0.05 \text{ 或 } 0.02$$

由此求得

$$t_s = \frac{1}{\zeta\omega_n}\left[3 - \frac{1}{2}\ln(1-\zeta^2)\right] \approx \frac{3}{\zeta\omega_n} \quad （5\%误差标准） \tag{3.29}$$

$$t_s = \frac{1}{\zeta\omega_n}\left[4 - \frac{1}{2}\ln(1-\zeta^2)\right] \approx \frac{4}{\zeta\omega_n} \quad （2\%误差标准） \tag{3.30}$$

调节时间与系统的阻尼比 ζ 和无阻尼自然频率 ω_n 的乘积是成反比的。因为 ζ 值通常根据对最大允许超调量的要求来确定，所以调节时间主要由无阻尼自然频率 ω_n 确定。这表明，在不改变最大超调量的情况下，通过调整无阻尼自然频率 ω_n，可以改变瞬态响应的持续时间。

（5）振荡次数 N

在过渡过程中，响应的振荡次数 N 可以用在 t_s 期间阶跃响应曲线穿越稳态值次数之半来计算。即用 t_s 被振荡周期除的商取整值得到。系统的振荡周期为 $\frac{2\pi}{\omega_d}$，所以

$$N = \frac{t_s}{\dfrac{2\pi}{\omega_d}} = \frac{\sqrt{1-\zeta^2}\,\omega_n t_s}{2\pi}$$

计算结果取整即为振荡次数。

综上所述,二阶系统的性能完全取决于系统参数 ζ 和 ω_n,具体归纳如下:

(1) 平稳性

从式(3.28)可知,二阶系统的平稳性主要由阻尼比 ζ 决定,ζ 越大,超调量越小,系统的平稳性越好;相反,ζ 越小,平稳性越差,$\zeta=0$ 时系统不能稳定工作。当阻尼比一定时,ω_n 值越大,阻尼振荡频率 ω_d 越高,系统响应的平稳性越差。总之,要使系统响应平稳性好,希望 ζ 相对较大,ω_n 相对较小。

(2) 快速性

由式(3.29)、式(3.30)可知,调节时间 t_s 与 $\omega_n\zeta$ 成反比,无阻尼自然频率 ω_n 一定时,ζ 越小,t_s 越大,快速性越差。因此,要使系统响应的快速性好,阻尼比不宜太大,无阻尼自然频率 ω_n 值应尽可能选大。

(3) 稳态精度

二阶系统稳定工作时,系统单位阶跃响应的稳态值 $c(\infty)=1$。

从各性能与参数间的关系看出,系统的平稳性和快速性不可能同时达到最佳状态。为限制超调量,并使调节时间较短,阻尼比一般应取 $0.4\sim0.8$ 之间,这时超调量 σ_p 约在 25% $\sim1.5\%$ 之间,而调节时间很短。

工程上常取 $\zeta=0.707$ 作为设计依据,称之为二阶工程最佳。此时,超调量为 4.3%,而调节时间 t_s 最小(5% 的误差标准)。

【例 3.1】 已知某控制系统结构图如图 3.16 所示,其中,$T_m=0.2$,$K=5$,求系统单位阶跃响应指标。

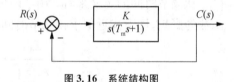

图 3.16 系统结构图

解 由系统的结构图可得系统的闭环传递函数为

$$G(s)=\frac{G_0(s)}{1+G_0(s)}=\frac{K}{s(T_m s+1)+K}$$

化为标准形式

$$G(s)=\frac{K/T_m}{s^2+s/T_m+K/T_m}=\frac{\omega_n^2}{s^2+2\zeta\omega_n s+\omega_n^2}$$

即有

$$2\zeta\omega_n=1/T_m=5,\quad \omega_n^2=K/T_m=25$$

解得

$$\omega_n=5,\ \zeta=0.5,\ \omega_d=\omega_n\sqrt{1-\zeta^2}=4.33$$

$$\sigma_p=e^{-\pi\zeta/\sqrt{1-\zeta^2}}\times100\%=16.3\%$$

$$t_s=\frac{3}{\zeta\omega_n}=1.2\ \text{s}\qquad (5\%\text{误差标准})$$

$$t_p = \frac{\pi}{\omega_d} = \frac{\pi}{\omega_n \sqrt{1-\zeta^2}} = 0.73 \text{ s}$$

$$t_r = \frac{\pi - \beta}{\omega_d} = 0.483 \text{ s}$$

【例 3.2】 已知某控制系统结构图如图 3.17 所示,要求该系统的单位阶跃响应 $c(t)$ 具有超调量 $\sigma_p = 16.3\%$ 和峰值时间 $t_p = 1$ s,试确定前置放大器的放大系数 K 及内反馈系数 τ 之值。

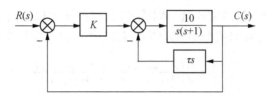

图 3.17 系统结构图

解 (1) 由已知的 $\sigma_p = 16.3\%$ 与 $t_p = 1$ s,计算二阶系统参数 ζ 及 τ 之值。

$$\begin{cases} \sigma_p = e^{-\pi\zeta/\sqrt{1-\zeta^2}} \times 100\% = 16.3\% \\ t_p = \frac{\pi}{\omega_d} = \frac{\pi}{\omega_n \sqrt{1-\zeta^2}} = 1 \end{cases}$$

分别计算出 $\zeta = 0.5, \omega_n = 3.63$ rad/s

(2) 由图 3.17 中可得系统的开环传递函数及闭环传递函数为

$$G_0(s) = \frac{10K}{s^2 + (1+10\tau)s}$$

$$\frac{C(s)}{R(s)} = \frac{10K}{s^2 + (1+10\tau)s + 10K}$$

(3) 二阶系统的标准形式为

$$\frac{C(s)}{R(s)} = \frac{\omega_n^2}{s^2 + 2\zeta\omega_n s + \omega_n^2}$$

与(2)中的相比较得

$$\begin{cases} 10K = \omega_n^2 \\ 1 + 10\tau = 2\zeta\omega_n \end{cases}$$

解得 $K = 1.32, \tau = 0.263$。

3.4 高阶系统的时域分析

实际系统的运动方程多数是高阶微分方程,用解析法是非常困难的,一般只能作近似分析,即先找出对系统性能起主要作用的闭环极点——主导极点,这样可以把高阶系统进行降阶,比较方便地分析系统的时域响应。

3.4.1　高阶系统的瞬态响应

高阶系统的闭环传递函数一般表达式为

$$\frac{C(s)}{R(s)} = \frac{b_m s^m + b_{m-1} s^{m-1} + \cdots + b_1 s + b_0}{a_n s^n + a_{n-1} s^{n-1} + \cdots + a_1 s + a_0} \quad (m < n) \tag{3.31}$$

该系统对任意给定输入信号的瞬态响应,可以用 MATLAB 仿真实现。如果需要瞬态响应的解析表达式,则需要对分母多项式进行因式分解,这同样可以通过 MATLAB 求得系统的零极点。一旦分子和分母被因式分解,则 $C(s)/R(s)$ 就可以写成如下形式

$$\frac{C(s)}{R(s)} = \frac{K(s+z_1)(s+z_2)\cdots(s+z_m)}{(s+p_1)(s+p_2)\cdots(s+p_n)} \tag{3.32}$$

现研究该系统在单位阶跃信号下 $R(s) = 1/s$ 作用的响应。

情形 1:闭环极点互不相同

此时式(3.31)可写成

$$C(s) = \frac{a_0}{s} + \sum_{j=1}^{n} \frac{a_j}{s+p_j} \tag{3.33}$$

式中:a_0——极点 $s=0$ 处的留数;

　a_j——极点 $s=-p_j$ 处的留数。

系统的阶跃响应为

$$c(t) = a_0 + \sum_{j=1}^{n} a_j e^{-p_j t} \tag{3.34}$$

可见系统的阶跃响应 $c(t)$ 是一些函数项的和,而每项在 $c(t)$ 中所占的“比重”就取决于 $|a_j|$ 的大小。

(1) 如果式(3.34)中的一个闭环零点靠近某一个闭环极点,则这个极点上的留数就比较小,因而对应于这个极点的瞬态响应项的系数也变得比较小。一对靠得很近的极点和零点,彼此将互相抵消。

(2) 如果一个极点的位置距离原点很远,那么这个极点上的留数将会很小。因此,对应于如此遥远的极点的瞬态响应项将会很小,而且持续时间也很短。在 $C(s)$ 的展开项中,具有很小的留数的项,对瞬态响应的影响很小,因而可以忽略这些项。

这样高阶系统就可以用低阶系统来近似表示,也就可以利用简化的低阶系统的响应来评估高阶系统的响应特性。

情形 2:$C(s)$ 的极点由实数极点和成对的共轭复数极点组成

一对共轭复数极点可以形成一个 s 的二次项。因为高阶特征方程的因式包括一些一次项和二次项,所以式(3.33)可以改写成

$$C(s) = \frac{a_0}{s} + \sum_{j=1}^{q} \frac{a_j}{s+p_j} + \sum_{k=1}^{r} \frac{b_k(s+\zeta_k \omega_k) + c_k \omega_k \sqrt{1-\zeta_k^2}}{s^2 + 2\zeta_k \omega_k s + \omega_k^2} \quad (q + 2r = n) \tag{3.35}$$

式中:a_0 是极点 $s=0$ 处的留数,a_j 是极点 $s=-p_j$ 处的留数。$C(s)$ 在共轭复数极点 $-\zeta_k\omega_k\pm$ jω_k $\sqrt{1-\zeta_k^2}$ 处的留数,是一对共轭复数 $\frac{1}{2}(b_k\pm jc_k)$。

将式(3.35)进行拉氏反变换,得到:

$$c(t) = a_0 + \sum_{j=1}^{q} a_j \mathrm{e}^{-p_j t} + \sum_{k=1}^{r} b_k \mathrm{e}^{-\zeta_k\omega_k t} \cos\omega_k \sqrt{1-\zeta_k^2}\, t +$$

$$\sum_{k=1}^{r} \mathrm{e}^{-\zeta_k\omega_k t} \sin\omega_k \sqrt{1-\zeta_k^2}\, t \, (t\geqslant 0) \tag{3.36}$$

从式(3.36)可以看出,高阶系统的响应是由一些简单的函数项组成的,这些函数项是一阶系统和二阶系统($0<\zeta<1$)的瞬态响应。因此,稳定的高阶系统的响应曲线是一些指数曲线和阻尼正弦曲线之和。

如果所有闭环极点都位于左半 s 平面内,则随着时间 t 的增加,式(3.36)中指数项和阻尼指数项将趋近于零,于是系统的稳态输出为 $c(\infty)=a_0$。

假设高阶系统是稳定的。于是,远离虚轴的闭环极点将具有很大的负实部。这时,与这些极点相对应的指数项将会迅速地衰减到零。注意的是,从闭环极点到虚轴的水平距离,决定了由这个极点引起的瞬态过程的调节时间。这个水平距离越小,调节时间就越长。

另外,瞬态响应的类型由闭环极点确定,而瞬态响应的形状则由闭环零点确定。比如前面所研究的,$R(s)$ 输入量的极点,产生了解中的稳态响应项,而 $C(s)/R(s)$ 的极点,则包含在指数瞬态响应项和(或)阻尼正弦瞬态响应项中。$C(s)/R(s)$ 的零点,不影响指数项中的指数,但影响留数的大小和符号。

3.4.2　闭环主导极点

控制系统的闭环极点的相对主导作用主要取决于闭环极点距离虚轴的相对距离,即闭环极点的实部的比值。

如果系统左半 s 平面上离虚轴最近的极点是一对共轭复极点,而不是实极点,它们的附近没有零点;系统的其他极点,有的有临近的零点与之相消,或有的又在上述这对极点左方很远(实部比值大于 5),这时,系统的动态特性主要就由这一对极点所决定,这对极点被称为闭环主导极点。

对具有高阶传递函数的复杂系统通常用低阶系统来近似模拟,这是一种非常有效的处理方法。一种相对简单的方法是删除传递函数中不太显著的极点。它与其他极点相比,这样的极点具有绝对值很大的负实部,它们对瞬态响应不会产生太明显的影响,而保留原主导极点。

3.5　线性系统的稳定性分析

3.5.1　稳定性的概念

线性控制系统正常工作的必要条件是系统必须稳定。如果一个不稳定的控制系统,当受到内部或外界扰动,如负载或能源的波动、系统参数变化等,系统中各物理量偏离原平衡工作点,并随着时间的推移而发散,即使在干扰消失后也不可能再恢复到原平衡状态。

控制系统稳定性定义为:线性系统处于某一初始平衡状态下,在外作用影响下而偏离了原来的平衡状态,当外作用消失后,若经过足够长的时间系统能够回到原状态或者回到原平衡点附近,称该系统是稳定的,或称系统具有稳定性,否则,是不稳定的或不具有稳定性。

稳定性是系统去掉外作用后,自身的一种恢复能力,所以是系统的一种固有特性,它只取决于系统的结构与参数,与初始条件及外作用力无关。

系统的稳定性分为绝对稳定性和相对稳定性两种。绝对稳定性是指系统是否稳定。相对稳定性是指一个稳定的系统稳定的程度,稳定程度越高,相对稳定性就越高。

3.5.2 线性系统稳定的充要条件

根据稳定性的定义,选用只在瞬间出现的单位脉冲信号作为系统的输入信号,让系统离开其平衡状态,若经过足够长的时间,系统能回到原来的平衡状态,则系统是稳定的。

设系统的闭环传递函数 $G(s)$ 为

$$G(s) = \frac{C(s)}{R(s)} = \frac{K \prod_{i=1}^{m}(s+z_i)}{\prod_{j=1}^{n}(s+p_j)}$$

则

$$C(s) = G(s)R(s) \tag{3.37}$$

此时 $R(s)=1$,得

$$C(s) = G(s) = \frac{K \prod_{i=1}^{m}(s+z_i)}{\prod_{j=1}^{n}(s+p_j)}$$

则

$$c(t) = L^{-1}[G(s)] = L^{-1}\left[\frac{K \prod_{i=1}^{m}(s+z_i)}{\prod_{j=1}^{n}(s+p_j)}\right] = \sum_{j=1}^{n}\alpha_j e^{-p_j t} \tag{3.38}$$

式中:α_j——$s=-p_j$ 极点处的留数。

由稳定性的定义可知,当 $t \to \infty$ 时,$c(t) \to 0$,则系统稳定。从式(3.38)可得,$c(t)$ 在 $t \to \infty$ 时趋于 0 的充分必要条件是 $-p_j$ 具有负实部。

综上所述,线性系统稳定的充要条件是:系统特征方程的根(即系统的闭环极点)均为具有负的实部(即系统的全部闭环极点都在 s 平面的左半平面)。只要有一个闭环极点分布在右半平面上,则系统是不稳定的;如果没有右半平面上的根,但在虚轴上有根(即纯虚根),则系统是临界稳定的。在工程上,线性系统处于临界稳定和处于不稳定一样,是不能被应用的。由此可见,求取系统的微分方程的特征根或确定特征根在 s 平面上的分布,就完全可以判定系统的稳定性。

从系统稳定的充要条件可见,稳定性是系统的固有特性,与系统的结构和参数有关,而与初始条件和外作用力无关。

（1）若一阶系统的特征方程为

$$a_1 s + a_0 = 0$$

其特征根为

$$s = -\frac{a_0}{a_1}$$

当元素 $a_0 > 0$、$a_1 > 0$ 时,特征根为负数,系统是稳定的。

（2）若二阶系统的特征方程为

$$a_2 s^2 + a_1 s + a_0 = 0$$

其特征根为

$$s_{1,2} = \frac{-a_1 \pm \sqrt{a_1^2 - 4a_2 a_0}}{2a_2}$$

当元素 $a_0 > 0$、$a_1 > 0$ 且 $a_2 > 0$ 时,特征根为负数或具有负实部的共轭复数,系统是稳定的。

3.5.3　劳斯判据

从上节分析可知,只要确定系统的所有特征根就可以判断系统的稳定性。对于一阶和二阶控制系统,比较容易求出系统的特征根,也比较容易判断系统的稳定性,但是对于高阶系统,采用解析法求解非常困难,因此要采用各种间接判断方法。对于已知的特征方程式,它的特征根是由特征方程式的各项系数确定的,那么有没有可能不求解具体的特征根,而仅从特征方程的已知系数的情况来确定特征根的分布特点,从而判断系统的稳定性呢? 这正是代数稳定判据的基本思想,即劳斯判据。劳斯判据是劳斯(E. J. Routh)于 1877 年提出的稳定判据,根据代数方程的各项元素,来确定方程中有几个极点位于右半 s 平面。

设系统的特征方程为

$$a_n s^n + a_{n-1} s^{n-1} + a_{n-2} s^{n-2} + a_{n-3} s^{n-3} + \cdots + a_1 s + a_0 = 0 \tag{3.39}$$

（1）若此闭环特征方程中 a_i 不是全部同号或元素有等于零的项(缺项),则系统不稳定;

（2）若元素都是正值,将其元素排列成如下劳斯表:

s^n	a_n	a_{n-2}	a_{n-4}	a_{n-6}　……
s^{n-1}	a_{n-1}	a_{n-3}	a_{n-5}	a_{n-7}　……
s^{n-2}	b_1	b_2	b_3　……	
s^{n-3}	c_1	c_2　……		
……	……			
s^2	e_1	e_2		
s^1	f_1			
s^0	g_1			

表中的有关元素为

$$b_1 = \frac{a_{n-1}a_{n-2} - a_n a_{n-3}}{a_{n-1}} \qquad b_2 = \frac{a_{n-1}a_{n-4} - a_n a_{n-5}}{a_{n-1}} \qquad b_3 = \frac{a_{n-1}a_{n-6} - a_n a_{n-7}}{a_{n-1}}$$

$$c_1 = \frac{b_1 a_{n-3} - a_{n-1} b_2}{b_1} \qquad c_2 = \frac{b_1 a_{n-5} - a_{n-1} b_3}{b_1}$$

……　　　　　　　　　　……

n 阶系统的劳斯表共有 $n+1$ 行元素,一直计算到 $n-1$ 行为止。为了简化数值计算,可以用一个正整数去除或乘某一行的各项,并不改变稳定性的结论。

劳斯判据指出,特征方程的正实部根的数目同劳斯表中第一列(a_n、a_{n-1}、b_1、c_1、…、e_1、f_1、g_1)中符号变化的次数相同。这个判据表明,对稳定系统而言,在相应的劳斯表的第一列中,应该没有符号变化,这是系统稳定的充分必要条件。

劳斯表第一列的构成,需考虑三种情形。其中每种情形都需分别对待,并且在必要时,需改变劳斯表中的计算程序。

情形1:第一列中没有元素为零。

这时,劳斯判据指出,系统极点实部为正实数根的数目等于劳斯表中第一列元素符号改变的次数。因此,系统极点全部在左半 s 平面的充分必要条件是方程的各项元素全部为正值,并且劳斯表的第一列都具有正号。

【例 3.3】 某系统的特征方程为

$$2s^6 + s^5 + 3s^4 + s^3 + 4s^2 + s + 5 = 0$$

试判定系统的稳定性。

解　由特征方程构成的劳斯表为

s^6	2	3	4	5
s^5	1	1	1	
s^4	1	2	5	
s^3	-1	-4		
s^2	-2	5		
s^1	-6.5			
s^0	5			

由劳斯表第一列的三个小于零的项可知系统不稳定,并且符号改变两次,系统有两个不稳定的根。

【例 3.4】 设已知线性系统的特征方程为

$$s^4 + 3s^3 + 4s^2 + 2s + 5 = 0$$

试判定系统的稳定性。

解　由特征方程构成的劳斯表为

$$
\begin{array}{llll}
s^4 & 1 & 4 & 5 \\
s^3 & 3 & 2 & \\
s^2 & \dfrac{10}{3} & 5 & \\
s^1 & -2.5 & & \\
s^0 & 5 & &
\end{array}
$$

因为第一列中元素符号改变了 2 次，这表明系统不稳定并且系统有 2 个根位于右半 s 平面。

情形 2：第一列中出现零元素，且零元素所在的行中存在非零元素。

如果第一列中出现 0，则可以用一个小的正数 ε 代替 0 元素参与计算，在完成劳斯表的计算之后，再令 $\varepsilon \rightarrow 0$ 即可得到代替的劳斯表。

【例 3.5】 设已知线性系统的特征方程为

$$s^5 + 2s^4 + 2s^3 + 4s^2 + 11s + 10 = 0$$

试判定系统的稳定性。

解 由特征方程构成的劳斯表为

$$
\begin{array}{llll}
s^5 & 1 & 2 & 11 \\
s^4 & 2 & 4 & 10 \\
s^3 & \varepsilon & 6 & \\
s^2 & a_1 & 10 & \\
s^1 & a_2 & & \\
s^0 & 10 & &
\end{array}
$$

其中

$$a_1 = \frac{4\varepsilon - 12}{\varepsilon} = \frac{-12}{\varepsilon} \qquad a_2 = \frac{6a_1 - 10\varepsilon}{a_1} \rightarrow 6$$

因为 $a_1 = -12/\varepsilon$ 是一个很大的负数，它导致了第一列元素符号改变 2 次，所以，系统不稳定，并且有 2 个特征根位于右半 s 平面。

【例 3.6】 设已知线性系统的特征方程为

$$s^4 + s^3 + s^2 + s + K = 0$$

试确定放大系数 K 的取值，以使系统至少达到临界稳定。

解 由特征方程构成的劳斯表为

$$
\begin{array}{lll}
s^4 & 1 & 1 & K \\
s^3 & 1 & 1 & \\
s^2 & \varepsilon & K & \\
s^1 & a_1 & & \\
s^0 & K & &
\end{array}
$$

其中

$$a_1 = \frac{\varepsilon - K}{\varepsilon} = \frac{-K}{\varepsilon}$$

于是当 $K \geqslant 0$ 时,系统是不稳定的。同时,因为第一列的最后一行为 K,K 为负值时也会使系统不稳定,或者因为系统稳定,要求系统所有元素都必须为正数,所以对任何 K 值,系统都是不稳定的。

情形 3:劳斯表的某一行中,所有元素都为零。

这表明方程有一些关于原点对称的根。此时,可利用全 0 行的上一行构造一个辅助多项式,并以此辅助多项式 $P(s)$ 的导函数代替劳斯表中的全 0 行,然后继续计算。

【例 3.7】 设已知线性系统的特征方程为

$$s^5 + s^4 + 3s^3 + 3s^2 + 2s + 2 = 0$$

试判定系统的稳定性。

解　由特征方程构成的劳斯表为

$$
\begin{array}{ccc}
s^5 & 1 & 3 & 2 \\
s^4 & 1 & 3 & 2 \\
s^3 & 0 & 0 &
\end{array}
$$

s^3 行中各元素全等于 0,于是由 s^4 行构成辅助多项式 $P(s)$ 为

$$P(s) = s^4 + 3s^2 + 2$$

这表明,有两对大小相等符号相反的特征根存在。辅助多项式 $P(s)$ 的导函数为

$$\frac{\mathrm{d}P(s)}{\mathrm{d}s} = 4s^3 + 6s$$

s^3 行中各项元素用 4 和 6 来取代。于是劳斯表变为

$$
\begin{array}{ccc}
s^5 & 1 & 3 & 2 \\
s^4 & 1 & 3 & 2 \\
s^3 & 4 & 6 & \\
s^2 & 3/2 & 2 & \\
s^1 & 2/3 & & \\
s^0 & 2 & &
\end{array}
$$

可以看出,虽然劳斯表第一列元素符号没有改变,系统没有正实根,但系统仍然不稳定。通过辅助多项式可以得到关于原点对称的特征根。

$$P(s) = s^4 + 3s^2 + 2 = (s^2 + 1)(s^2 + 2)$$

$s_{1,2} = \pm \mathrm{j}$,$s_{3,4} = \pm\sqrt{2}\,\mathrm{j}$,系统另一个特征根为 -1。原方程可以写成以下因式乘积的形式:

$$(s+1)(s+j)(s-j)(s+\sqrt{2}j)(s-\sqrt{2}j)=0$$

从以上可以看出,利用劳斯稳定判据可以判定系统的稳定性,另外,还可以利用劳斯判据确定系统的个别参数变化对稳定性的影响,以及为使系统稳定,确定这些参数的取值范围。下面举例说明。

【例 3.8】 已知单位反馈系统的开环传递函数为

$$G_0(s)=\frac{K}{s(s^2+s+1)(s+2)}$$

试确定 K 值的稳定范围。

解 系统的特征方程为 $s^4+3s^3+3s^2+2s+K=0$
由系统的特征方程构成的劳斯表

s^4	1	3	K
s^3	3	2	
s^2	7/3	K	
s^1	$2-9K/7$		
s^0	K		

为了使系统稳定,K 必须为正值,并且劳斯表的第一列中的所有元素都必须为正值。因此有

$$0<K<14/9$$

3.5.4 控制系统的相对稳定性

用代数稳定判据判断出系统的稳定性,并不表示系统一定能正常工作,如果有的闭环极点离虚轴很近,则受到工作条件改变、元器件老化等影响,这些极点可能会穿过虚轴进入 s 平面的右半平面,系统就变得不稳定了。因此,为了保证系统能稳定工作,所有特征根不但一定要在 s 平面的虚轴左边,还必须与虚轴保持一定的距离,以便当系统参数变化时,即使特征根向右移动,也不至于到达虚轴上或虚轴的右边,从而保证系统在允许的变化范围内始终是稳定的,这就是相对稳定性的概念,用来说明系统的稳定程度。由于一个稳定系统的特征方程的根都落在 s 平面的左半平面,而虚轴是系统的临界稳定边界,因此,以特征方程最靠近虚轴的根与虚轴的距离 σ 表示系统的相对稳定性或稳定裕度,如图 3.18 所示。通常,σ 越大,稳定裕度就越大,相对稳定性就越高。

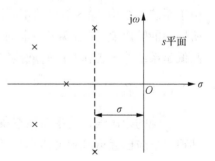

图 3.18 系统的稳定裕度 σ

利用劳斯判据可以确定系统的稳定裕度。方法为:以 $s=z-\sigma$ 代入原系统的特征方程,得出以 z 为变量的方程,然后,对新的方程应用劳斯判据。若满足稳定的充要条件,则该系统的特征根都落在 s 平面中 $s=-\sigma$ 直线的左半部分,即具有 σ 以上的稳定

裕度。

【例 3.9】 用劳斯判据检验下列特征方程 $2s^3+10s^2+13s+4=0$ 是否有根在右半 s 平面上,并检验有几个根在垂线 $s=-1$ 的右方。

解 由系统的特征方程构成的劳斯表

$$
\begin{array}{ccc}
s^3 & 2 & 13 \\
s^2 & 10 & 4 \\
s^1 & 12.2 & \\
s^0 & 4 &
\end{array}
$$

第一列元素全为正,所有的特征根均位于左半 s 平面,系统稳定。

令 $s=z-1$ 代入特征方程:$2(z-1)^3+10(z-1)^2+13(z-1)+4=0$

整理后得

$$2z^3+4z^2-z-1=0$$

式中有负号,显然有根在 $s=-1$ 的右方。

列劳斯表

$$
\begin{array}{ccc}
z^3 & 2 & -1 \\
z^2 & 4 & -1 \\
z^1 & -0.5 & \\
z^0 & -1 &
\end{array}
$$

第一列的元素符号变化了一次,表示原方程有一个根在垂直直线 $s=-1$ 的右方。

由于闭环极点在 s 平面上的位置确定了系统的性能,因此,研究每个根的相对稳定性显然是很必要的。

3.6　线性系统的稳态性能分析

在控制系统加上一定的输入信号之后,希望系统在稳定运行时有对应的输出值。但是由于系统的结构、输入信号的不同以及参数变化等原因,系统的实际输出值往往不一定等于所期望的输出值,即出现了一定的偏差,即稳态误差。稳态误差的大小,即系统稳态精度的高低是系统稳态工作时的时域性能指标。

3.6.1　稳态误差定义

系统的稳态误差是指在稳态条件下(即对于稳定系统)加入输入后经过足够长的时间,其瞬态响应已经衰减到足够小时,稳态响应的期望值与实际值之间的误差。即

$$e_{ss}=\lim_{t\to\infty}e(t) \tag{3.40}$$

稳态误差可以分为两种:一种是当系统仅仅受到输入量的作用而没有任何扰动时的稳

态误差,称为给定稳态误差 $e_{sr}(t)$;另一种是输入信号为零,而有扰动量作用于系统上时所引起的稳态误差,称为扰动稳态误差 $e_{sn}(t)$。当线性系统既受到输入信号作用,同时又受到扰动作用时,系统的稳态误差是这两项误差之和。

对于如图 3.19 所示的单位反馈控制系统,当 $N(s)=0$ 时,给定误差传递函数为

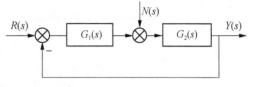

$$\frac{E_r(s)}{R(s)}=\frac{1}{1+G_1(s)G_2(s)}=\frac{1}{1+G_k(s)}$$

因此,系统的给定误差函数为

图 3.19 单位反馈控制系统图

$$E_r(s)=\frac{1}{1+G_k(s)}R(s) \tag{3.41}$$

式(3.41)表明,系统的给定稳态误差取决于输入信号和系统的结构类型和参量(系统的开环传递函数)。

而扰动误差传递函数

$$\frac{E_n(s)}{N(s)}=\frac{-G_2(s)}{1+G_k(s)}$$

因此,系统的扰动误差函数为

$$E_n(s)=\frac{-G_2(s)}{1+G_k(s)}N(s) \tag{3.42}$$

式(3.42)表明,系统的扰动误差取决于扰动量的性质和系统的结构类型和参量。

3.6.2 控制系统的类型

对于反馈控制系统,具有如下的开环传递函数

$$G_k(s)=\frac{K(\tau_1 s+1)(\tau_2 s+1)\cdots(\tau_m s+1)}{s^v(T_1 s+1)(T_2 s+1)\cdots(T_{n-v} s+1)}=\frac{K\prod_{i=1}^{m}(\tau_i s+1)}{s^v\prod_{j=1}^{n-v}(T_j s+1)} \tag{3.43}$$

式中,K——系统开环放大系数;

v——串联积分环节的数目,或者说它表示在原点处有 v 重极点。

以开环传递函数中包含的积分环节数目为基础,将系统称为:

当 $v=0$ 时,不含积分环节,为 0 型系统;

当 $v=1$ 时,含一个积分环节,为 Ⅰ 型系统;

当 $v=2$ 时,含两个积分环节,为 Ⅱ 型系统。

随着 v 的数值的增大,系统的控制精度将得到改善,但增加类型号会使系统的稳定性恶化。因此 $v>2$ 的系统一般不作研究。

3.6.3　给定稳态误差的计算

如果 $e_{sr}(t)$ 是有终值的,根据拉氏变换的终值定理有:

$$e_{sr}=\lim_{t\to\infty}e_{sr}(t)=\lim_{s\to0}sE_r(s)=\lim_{s\to0}sR(s)\frac{1}{1+G_k(s)}$$

$$=\lim_{s\to0}sR(s)\frac{s^\nu\prod_{j=1}^{n-\nu}(T_js+1)}{s^\nu\prod_{j=1}^{n-\nu}(T_js+1)+K\prod_{i=1}^{m}(\tau_is+1)}=\frac{\lim_{s\to0}[s^{\nu+1}R(s)]}{K+\lim_{s\to0}s^\nu}$$

$$(3.44)$$

式中:e_{sr}——给定稳态误差终值。

由式(3.44)可见,系统的给定稳态误差的终值由系统的结构类型、开环放大系数 K 及输入量形式有关。

使用拉氏变换终值定理计算稳态误差的条件是:$sE_r(s)$ 在右半 s 平面及虚轴上除了坐标原点是孤立奇点外必须解析,即 $sE_r(s)$ 的全部极点均位于左半 s 平面。当 $sE_r(s)$ 在坐标原点具有极点时,虽不满足虚轴上解析的条件,但使用后所得无穷大的结果正巧与实际应有的结果一致,因此实际应用时也可用此公式。

【例 3.10】 设单位反馈系统开环传递函数为 $G(s)=1/Ts$,输入信号分别为

① $r(t)=t$;② $r(t)=t^2/2$;③ $r(t)=\sin\omega t$。

分别求系统稳态误差。

解　给定误差传递函数为

$$\frac{E_r(s)}{R(s)}=\frac{1}{1+G(s)H(s)}=\frac{Ts}{Ts+1}$$

(1) $r(t)=t$ 时,$R(s)=\frac{1}{s^2}$,$E_r(s)=\frac{T}{s(Ts+1)}$

$$e_{sr}=\lim_{s\to0}sE_r(s)=\lim_{s\to0}s\frac{T}{s(Ts+1)}=T$$

(2) $r(t)=t^2/2$ 时,$R(s)=\frac{1}{s^3}$,$E_r(s)=\frac{T}{s^2(Ts+1)}$

$$e_{sr}=\lim_{s\to0}sE_r(s)=\lim_{s\to0}\frac{1}{s^2(Ts+1)}=\infty$$

(3) $r(t)=\sin\omega t$ 时,$R(s)=\frac{\omega}{s^2+\omega^2}$,$E_r(s)=\frac{Ts}{Ts+1}\frac{\omega}{s^2+\omega^2}$

$$e_{sr}=\lim_{s\to0}sE_r(s)=\lim_{s\to0}\frac{Ts^2}{Ts+1}\frac{\omega}{s^2+\omega^2}=0$$

因为 $r(t)=\sin\omega t$ 时不符合终值定理条件,使用终值定理将得出错误结论。

因此,在使用终值定理时,应注意:

(1) 使用终值定理的条件;

（2）稳态误差与输入有关。

下面分析不同给定输入信号作用下的稳态误差。

1）单位阶跃函数

由式（3.44）可得出给定稳态误差为

$$e_{sr}=\lim_{s\to0}sE_r(s)=\lim_{s\to0}\frac{s\dfrac{1}{s}}{1+G_k(s)}=\lim_{s\to0}\frac{1}{1+G_k(s)}=\frac{1}{1+\lim_{s\to0}G_k(s)}=\frac{1}{1+K_p} \quad (3.45)$$

式中：K_p——系统的位置误差系数，且

$$K_p=\lim_{s\to0}G_k(s)=\lim_{s\to0}\frac{K}{s^\nu} \quad (3.46)$$

因此，对于 0 型系统，$K_p=K$，$e_{sr}=\dfrac{1}{1+K}$；

对于 Ⅰ 型或高于 Ⅰ 型的系统，$K_p=\infty$，$e_{sr}=0$。

如果在反馈控制系统的前向通道中没有积分环节，则系统对阶跃输入信号的响应将包含稳态误差。如果对阶跃输入信号的微小误差是允许的，则当放大倍数 K 足够大时，0 型系统是可采用的。但是，如果 K 取得太大，要获得适当的相对稳定性就很困难。若要求阶跃输入信号的稳态误差等于零，则系统必须是 Ⅰ 型或高于 Ⅰ 型的。

2）单位斜坡函数

由式（3.44）可得出给定稳态误差为

$$e_{sr}=\lim_{s\to0}sE_r(s)=\lim_{s\to0}s\frac{1}{1+G_k(s)}\frac{1}{s^2}=\lim_{s\to0}\frac{1}{sG_k(s)}=\frac{1}{K_v} \quad (3.47)$$

式中：K_v——系统的速度误差系数，且

$$K_v=\lim_{s\to0}sG_k(s)=\lim_{s\to0}\frac{K}{s^{\nu-1}}$$

因此，对 0 型系统，$K_v=0$，$e_{sr}=\infty$；

对 Ⅰ 型系统，$K_v=K$，$e_{sr}=\dfrac{1}{K}$；

对 Ⅱ 型或高于 Ⅱ 型系统，$K_v=\infty$，$e_{sr}=0$。

以上表明，0 型系统不能跟随斜坡输入信号；Ⅰ 型系统可以跟随，但是存在稳态误差，增大开环放大倍数 K 可以减小误差；而 Ⅱ 型系统能够很好地跟随，无稳态误差。

3）单位抛物线函数

由式（3.44）可得出给定稳态误差为：

$$e_{sr}=\lim_{s\to0}sE_r(s)=\lim_{s\to0}s\frac{1}{1+G_k(s)}\frac{1}{s^3}=\lim_{s\to0}\frac{1}{s^2G_k(s)}=\frac{1}{K_a} \quad (3.48)$$

式中：K_a——加速度误差系数，且

$$K_a = \lim_{s \to 0} s^2 G_k(s) = \lim_{s \to 0} \frac{K}{s^{\nu-2}}$$

因此，对 0、Ⅰ型系统，$K_a = 0$，$e_{sr} = \infty$；

对Ⅱ型系统，$K_a = K$，$e_{sr} = \dfrac{1}{K}$；

对Ⅲ型以上系统，$K_a = \infty$，$e_{sr} = 0$。

综上所述，当输入为单位抛物线信号时，0型、Ⅰ型系统的稳态误差均为无穷大，说明 0型、Ⅰ型系统均不能跟踪加速度信号。Ⅱ型系统能跟踪加速度信号，但是，也开始出现误差，且 K 越大，稳态误差越小。

通过以上分析可知，控制系统的稳态精度首先取决于开环传递函数中积分环节的个数，一个积分环节，对单位阶跃输入无误差；两个积分环节，对单位斜坡输入无误差，以此类推，积分环节越多，系统无差度越高，系统稳态精度越高。另外，当积分环节个数一定时，控制系统的稳态精度则取决于开环放大倍数，开环放大倍数越大，稳态精度越高。同样，开环放大倍数过大，也会使系统的稳定性变差，因此，系统的稳态精度与系统的稳定性、平稳性是矛盾的，在分析稳态误差时应检验其稳定性。表 3.4 列出了不同典型输入量作用时各类系统的稳态误差和稳态误差系数。

表 3.4　给定信号作用下的稳态误差和稳态误差系数

系统类型	稳态误差系数			典型输入信号作用下的稳态误差		
	K_p	K_v	K_a	阶跃输入	斜坡输入	抛物线输入
0 型系统	K	0	0	$\dfrac{A}{1+K}$	∞	∞
Ⅰ型系统	∞	K	0	0	$\dfrac{A}{K}$	∞
Ⅱ型系统	∞	∞	K	0	0	$\dfrac{A}{K}$

【例 3.11】　设某控制系统如图 3.20 所示，欲保证阻尼比 $\zeta = 0.7$ 和单位斜坡函数响应的稳态误差 $e_{sr} = 0.25$，试确定系统参数 K、τ 值。

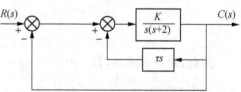

图 3.20　控制系统结构图

解　由图求得系统的开环传递函数 $G(s)$ 为

$$G(s) = \frac{\dfrac{K}{2+K\tau}}{s\left(\dfrac{1}{2+K\tau}s+1\right)}$$

应用终值定理计算 $r(t) = t$ 作用下系统的稳态误差为

$$e_{sr} = \lim_{t \to \infty} e_{sr}(t) = \lim_{s \to 0} s E_r(s) = \lim_{s \to 0} s R(s) \frac{1}{1+G_k(s)} \qquad (3.49)$$

$$= \lim_{s \to 0} s \frac{s\left(\dfrac{1}{2+K\tau}s+1\right)}{s\left(\dfrac{1}{2+K\tau}s+1\right)+\dfrac{K}{2+K\tau}} \frac{1}{s^2} = \frac{2+K\tau}{K}$$

据题意,式(3.49)为

$$\frac{2+K\tau}{K}=0.25 \tag{3.50}$$

求得给定系统的闭环传递函数为

$$\frac{C(s)}{R(s)}=\frac{K}{s^2+(2+K\tau)s+K} \tag{3.51}$$

由式(3.51)求得

$$\omega_n=\sqrt{K},2\zeta\omega_n=2+K\tau$$

据题意 $\zeta=0.7$,求得

$$1.4\sqrt{K}=2+K\tau$$

最终解出待确定参数

$$K=31.36,\tau=0.186$$

3.6.4　扰动稳态误差的计算

一个实际系统,往往处于各种扰动信号作用之下,如负载的改变、供电电源的波动等,都可能影响系统的输出,使系统出现误差。扰动作用下误差的大小,反映了系统的抗干扰能力。

由前面已经得知,系统扰动误差函数为

$$E_n(s)=\frac{-G_2(s)}{1+G_k(s)}N(s) \tag{3.52}$$

根据终值定理,可得系统的扰动误差为

$$e_{sn}=\lim_{t\to\infty}e_{sn}(t)=\lim_{s\to0}sE_n(s)=\lim_{s\to0}sN(s)\frac{-G_2(s)}{1+G_k(s)} \tag{3.53}$$

扰动稳态误差终值就是扰动输入所产生的输出在稳态时的值,一般先计算系统扰动误差传递函数 $M_n(s)$,然后再根据扰动输入计算系统扰动误差函数 $E_n(s)$,最后使用终值定理得出系统的扰动误差 e_{sn}。

下面分析不同扰动信号作用下的稳态误差。

1) 单位阶跃扰动作用

$$n(t)=1,N(s)=\frac{1}{s}$$

这时扰动稳态误差终值为

$$e_{sn}=\lim_{s\to0}sN(s)M_n(s)=\lim_{s\to0}M_n(s) \tag{3.54}$$

2）单位斜坡扰动作用

$$n(t)=t, N(s)=\frac{1}{s^2}$$

这时扰动稳态误差终值为

$$e_{sn}=\lim_{s\to0}sN(s)M_n(s)=\lim_{s\to0}\frac{1}{s}M_n(s) \tag{3.55}$$

3）单位抛物线扰动作用

$$n(t)=\frac{1}{2}t^2, N(s)=\frac{1}{s^3}$$

这时扰动稳态误差终值为

$$e_{sn}=\lim_{s\to0}sN(s)M_n(s)=\lim_{s\to0}\frac{1}{s^2}M_n(s) \tag{3.56}$$

【例 3.12】　某单位反馈系统结构如图 3.21 所示，其中，$r(t)=t, n(t)=0.5$。试计算该系统的稳态误差。

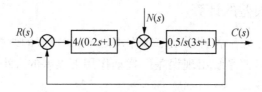

图 3.21　反馈系统结构图

解　（1）判断系统的稳定性

系统的开环传递函数为

$$G_k(s)=\frac{2}{s(0.2s+1)(3s+1)}$$

由系统的传递函数得系统的特征方程为

$$0.6s^3+3.2s^2+s+2=0$$

三阶系统各元素为正，利用劳斯判据判断系统稳定。

由开环传递函数可知系统为Ⅰ型系统。

（2）当系统的给定输入信号为 $r(t)=t$ 时，$R(s)=\dfrac{1}{s^2}$

$$e_{sr}=\lim_{t\to\infty}e_{sr}(t)=\lim_{s\to0}sE_r(s)=\lim_{s\to0}sR(s)\frac{1}{1+G_k(s)}$$

$$=\lim_{s\to0}s\frac{1}{1+\dfrac{2}{s(0.2s+1)(3s+1)}}\frac{1}{s^2}=0.5$$

（3）当系统在扰动输入信号 $n(t)=0.5$ 作用下时，$N(s)=0.5/s$。

系统的扰动误差传递函数 $M_n(s)$ 为

$$M_n(s)=\frac{-0.5/s(3s+1)}{1+\dfrac{2}{s(0.2s+1)(3s+1)}}$$

所以系统的扰动误差为

$$e_{sn}=\lim_{s\to0}sN(s)M_n(s)=\lim_{s\to0}s\times\frac{0.5}{s}\times\frac{-0.5/s(3s+1)}{1+\dfrac{2}{s(0.2s+1)(3s+1)}}=-0.125$$

因此，系统总的误差为

$$e_s=e_{ss}+e_{sn}=0.5-0.125=0.375$$

若系统同时受到给定输入信号作用和扰动输入作用，则系统总的稳态误差等于给定输入信号和扰动输入信号分别单独作用下所产生的稳态误差相叠加。

3.7　提高系统性能的方法

通常自动控制系统由被控对象和控制器两大部分组成。控制器按实际要求向被控对象以某种规律发出控制信号，以达到控制要求。当前使用较为广泛的控制器有比例（P）、积分（I）和微分（D）控制，它们被称之为线性系统的基本控制规律。

3.7.1　比例（P）控制

控制器的输出量 $u(t)$ 与输入量 $e(t)$ 成正比，则称这种控制器为比例控制器，简称 P 控制器。其作用是调整系统的开环比例系数，以提高系统的稳态精度，加速响应速度。一个典型的比例控制系统结构如图 3.22 所示。

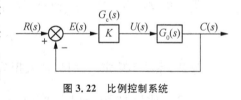

图 3.22　比例控制系统

由定义可知，比例控制器的时域方程为

$$u(t)=K_p e(t) \tag{3.57}$$

将式（3.57）进行拉氏变换，得比例控制器的传递函数为

$$G_c(s)=K_p \tag{3.58}$$

由此可见，比例控制器实际是一个具有可调放大系数的放大器。由前面讨论的稳态误差可知，若 $K_p>1$，则加入比例控制器后可增大整个系统的开环放大系数，从而有能减小系统的稳态误差、提高控制精度的作用。但过大的 K_p 值会导致系统的相对稳定性降低，甚至造成不稳定。因此，在实际应用中，一般不单独使用比例控制器，而与微分控制、积分控制共同使用，但比例控制器必不可少。

3.7.2　积分（Ⅰ）控制

控制器的输出量 $u(t)$ 是输入量 $e(t)$ 对时间的积分,则称这种控制器为积分控制器,简称 Ⅰ 控制器。一个典型的积分控制系统结构如图 3.23 所示。

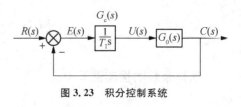

图 3.23　积分控制系统

由定义可知,积分控制器的时域方程为

$$u(t) = \frac{1}{T_1}\int e(t)\,\mathrm{d}t \qquad (3.59)$$

将式(3.59)进行拉氏变换,得积分控制器的传递函数为

$$G_c(s) = \frac{1}{T_1 s} \qquad (3.60)$$

其特点为:当输入信号 $e(t)$ 变为零后,输出量 $u(t)$ 仍可以不为零。

加入积分控制器后,原来为 0 型系统变为 Ⅰ 型系统,并且由静差系统变为 1 阶无静差系统。在稳态下,积分控制器的输入信号 $e(t)$ 虽然为零,但它的输出量 $u(t)$ 保持不变,这是比例控制不能实现的。因为对于比例控制器,不等于零的控制信号要求有不等于零的误差信号。即在稳态时,必须靠一定的误差来维持输出与输入之间的比例关系。另外,系统中加入积分环节,可能会导致系统不稳定。

例如,设系统原来的传递函数为

$$G(s) = \frac{K}{s(Ts+1)} \qquad (3.61)$$

加入积分器 $G_c(s) = \frac{1}{T_1 s}$ 后,系统的特征方程变为:

$$Ts^3 + s^2 + K/T_1 = 0 \qquad (3.62)$$

显然,系统不稳定。并且,加入积分器后会导致系统响应迟缓。

3.7.3　比例加积分（PI）控制

控制器的输出量 $u(t)$ 与输入量 $e(t)$ 成正比,又与输入量 $e(t)$ 对时间的积分成正比,则称这种控制器为比例加积分控制器,简称 PI 控制器。一个典型的比例加积分控制系统结构如图 3.24 所示。其中的比例控制器作用是使系统趋于稳定,积分控制作用则趋于消除或减小对各种输入响应中的稳态误差。

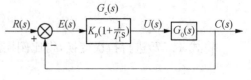

图 3.24　比例加积分控制系统

由定义可知,比例加积分控制器的时域方程为

$$u(t) = K_p\Big[e(t) + \frac{1}{T_I}\int e(t)\,\mathrm{d}t\Big] \tag{3.63}$$

将式(3.63)进行拉氏变换,得比例加积分控制器的传递函数为

$$G_c(s) = K_p\Big(1 + \frac{1}{T_I s}\Big) \tag{3.64}$$

式中:K_p——比例系数;

T_I——积分时间常数。

两者都为可调参数,但调节 T_I 只能影响积分控制分量,而调节 K_p 则同时对比例控制分量及积分控制分量均有影响。因此,为便于讨论研究,将 K_p 归算到系统的固有部分 G_o 中,或令 $K_p = 1$ 后,则有:

$$u(t) = e(t) + \frac{1}{T_I}\int e(t)\,\mathrm{d}t \tag{3.65}$$

PI 控制的传递函数为

$$G_c(s) = 1 + \frac{1}{T_I s} = \frac{T_I s + 1}{T_I s} \tag{3.66}$$

式(3.66)表明 PI 控制给系统增加一个纯积分环节和一个开环零点。纯积分环节使原来的 0 型系统变为 Ⅰ 型系统,Ⅰ 型系统变为 Ⅱ 型系统,提高了系统的类型,从而有效地改善系统的稳态误差,但稳定性会有所下降,但是引入附加的零点有助于改善系统的稳定性能。

3.7.4　比例加微分(PD)控制

微分控制的优点是它能够反映误差信号的变化速度,并且在误差值变得很大之前,产生一个有效的修正。因此微分控制可以预测作用误差,使修正作用提前发生,从而有助于增进系统的稳定性。虽然微分控制不直接影响稳态误差,但它增加了系统的阻尼,因而容许采用比较大的放大系数 K 值,有助于系统稳态精度的改善。当系统动态过程接近于达到稳态时,误差信号变化不大或者是变化缓慢,微分作用也就微不足道。所以微分作用不能单独使用,它总是与比例控制或比例加积分控制组合使用。

控制器的输出量 $u(t)$ 既与输入量 $e(t)$ 成正比,又与输入量 $e(t)$ 的一阶导数成正比,则称这种控制器为比例加微分控制器,简称 PD 控制器。一个典型的比例加微分控制系统结构如图 3.25 所示。

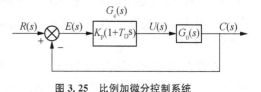

图 3.25　比例加微分控制系统

由定义可知,比例加微分控制器的时域方程为:

$$u(t) = K_p\Big[e(t) + T_D\frac{\mathrm{d}e(t)}{\mathrm{d}t}\Big] \tag{3.67}$$

将式(3.67)进行拉氏变换,得比例加微分控制器的传递函数为:

$$G_c(s) = K_p(1 + T_D s) \tag{3.68}$$

式中:K_p——比例系数;

　　T_D——微分时间常数。

二者同样都为可调参数,但调节 T_D 只能影响微分控制分量,而调节 K_p 则同时对比例控制分量及微分控制分量均有影响。因此,为了便于讨论研究,将 K_p 归算到系统的固有部分 G_0 中,或令 $K_p = 1$ 后,则有:

$$u(t) = e(t) + T_D \frac{\mathrm{d}e(t)}{\mathrm{d}t} \tag{3.69}$$

PD 控制的传递函数为

$$G_c(s) = 1 + T_D s \tag{3.70}$$

设系统的误差变化规律如图 3.26(a)所示,设误差信号为

$$e(t) = k_0 t \tag{3.71}$$

式中:k_0——常数。

　　则:

$$T_D \frac{\mathrm{d}e(t)}{\mathrm{d}t} = T_D k_0$$

因此

$$u(t) = k_0 t + T_D k_0 = k_0(t + T_D) \tag{3.72}$$

不难看出,式(3.72)中输出量 $u(t)$ 的变化在时间上比式(3.71)误差信号 $e(t)$ 的变化超前了 T_D,说明控制器能够提前行动,及时采取措施对系统作出有效的控制,这就是 PD 控制的"提前性"。另外,因为 $u(t)$ 与 $e(t)$ 的变化率成正比,所以,$e(t)$ 变化率愈大,其导数愈大,$e(t)$ 的下一步变化必将愈大。从 $e(t)$ 变化率的大小和符号就可以预测到下一步 $e(t)$ 将会如何变化。由于微分控制可以预见 $e(t)$ 的变化,并及时采取措施以控制系统,这就是 PD 控制器的"预见性"。

设误差信号 $e(t)$ 按图 3.26(a)的曲线变化,在 $t = 0$ 时,虽然 $e(t)$ 的值为零,但 PD 控制器已有 $+u_0$ 控制信号,这是因为控制器已预见到 $e(t)$ 将会增大而采取如图 3.26(b)的措施。在 $t_1 \sim t_2$ 期间,因 $e(t)$ 保持恒定,其一阶导数为 0,故 $u(t) = e(t)$,这时只有比例控制分量。从 $t = t_2$ 开始,PD 控制器又预见到 $e(t)$ 将会逐渐减小,因而提前发出 $-u_0$ 控制信号,以防止过大的超调。最终比例加微分控制器作用的结果如图 3.26(c)所示。

另外要注意的是:微分控制虽有"预见"信号变化趋势的优点,但存在着将高频干扰信号同时放大的缺点,在设计控制系统时,应对这个问题有足够的重视。

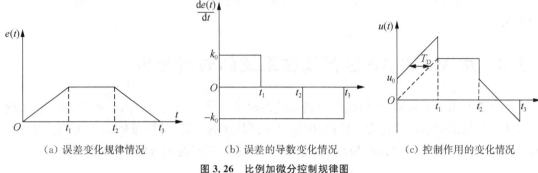

（a）误差变化规律情况　　（b）误差的导数变化情况　　（c）控制作用的变化情况

图 3.26　比例加微分控制规律图

3.7.5　比例加积分加微分（PID）控制

控制器的输出量 $u(t)$ 既与输入量 $e(t)$ 成正比，又与输入量 $e(t)$ 对时间的积分成正比，还与输入量 $e(t)$ 的一阶导数成正比，则称这种控制器为比例加积分加微分控制器，简称 PID 控制器。一个典型的比例加积分加微分控制系统结构如图 3.26 所示。

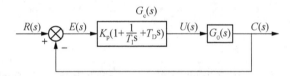

图 3.27　比例加积分加微分控制系统

由定义可知，PID 控制器的时域方程为

$$u(t) = K_\mathrm{p}\Big[e(t) + \frac{1}{T_\mathrm{I}}\int e(t)\mathrm{d}t + T_\mathrm{D}\frac{\mathrm{d}e(t)}{\mathrm{d}t}\Big] \tag{3.73}$$

式（3.73）中系数意义和前面所讨论的系数意义一致。将式（3.73）进行拉氏变换，得 PID 控制器的传递函数为

$$G_\mathrm{c}(s) = K_\mathrm{p}\Big(1 + \frac{1}{T_\mathrm{I}s} + T_\mathrm{D}s\Big) = \frac{K_\mathrm{p}(T_\mathrm{I}T_\mathrm{D}s^2 + T_\mathrm{I}s + 1)}{T_\mathrm{I}s} \tag{3.74}$$

令式（3.74）中，$T_\mathrm{I}T_\mathrm{D}s^2 + T_\mathrm{I}s + 1 = 0$，可得

$$s_{1,2} = \frac{1}{2T_\mathrm{D}}\Big(-1 \pm \sqrt{1 - \frac{4T_\mathrm{D}}{T_\mathrm{I}}}\Big) \tag{3.75}$$

当 $1 - 4T_\mathrm{D}/T_\mathrm{I} > 0$ 时，s_1, s_2 为两个负实根，于是式（3.74）可以写成

$$G_\mathrm{c}(s) = \frac{K_\mathrm{p}(T_1s + 1)(T_2s + 1)}{T_\mathrm{I}s} \tag{3.76}$$

从式（3.76）可以看出：控制系统加入 PID 控制器后，由于引入了一个积分环节，可使系统的类型增大 1 型，同时还引入两个负实数零点。PID 控制规律保持了 PI 控制规律提高系统稳定性能的优点，同时多提供一个负实数零点，致使在提高系统动态性能方面具有更大的

优越性。因此这种控制兼具有几种单独的控制规律的优点,是控制系统中应用很普遍的一种控制器。

3.8　用 MATLAB 进行线性系统的时域分析

从前面几节内容可知,分析线性控制系统的时域性能指标时,对于一阶、二阶控制系统可以比较容易求解系统特征方程的根,但是对于高阶次的方程,计算量较大,求解比较耗时。MATLAB 语言能够比较方便、快捷、直观地对控制系统进行时域分析。

3.8.1　应用 MATLAB 分析系统的稳定性

由于控制系统的稳定性取决于系统闭环极点的位置分布情况,如果判断系统的稳定性,只需要求出系统的闭环极点的分布状况。利用 MATLAB 命令可以快速求解出和绘制出系统的零、极点位置,可以很直观地判断系统的稳定性。MATLAB 语言中的 roots 函数可以直接求出方程 $p=0$ 在复数范围内的解 v,其调用格式如下:

roots 函数
格式:v＝roots(p)
roots(p)
说明:确定多项式的根,并且返回到变量 v。函数表达式不返回变量,则给默认 ans 变量。

【例 3.13】 接前例 3.4 中的例题。

解　用劳斯判据得到的结论是:其中第一列元素的符号变化 2 次,表明特征多项式有两个根在右半 s 平面,因此闭环系统是不稳定的。利用 MATLAB,通过调用 roots 函数直接求解特征方程的根,可以验证劳斯判据的结果。

输入如下指令

```
den=[1 3 4 2 5];
roots(den)
```

其运行结果如下

```
ans =

 -1.7207 + 1.189 8i
 -1.7207 - 1.189 8i
 0.2207 + 1.045 8i
 0.2207 - 1.045 8i
```

结论与劳斯判据一致,并且计算出具体的根值。

3.8.2　应用 MATLAB 进行部分分式展开

应用 MATLAB 进行部分分式展开,分析系统的时域响应的解析解,可以应用函数 residue( ),其调用格式如下:

$$[r,p,k]=\mathrm{residue}(\mathrm{num},[\mathrm{den},0])$$

$$C(s)=G(s)\cdot\frac{1}{s}=\frac{\mathrm{num}}{\mathrm{den}}\cdot\frac{1}{s}$$

对函数 $C(s)$ 进行部分分式展开,可以用 num,[den, 0]来表示 $C(s)$ 的分子和分母。

【例 3.14】 设有一不稳定系统的传递函数为

$$G(s)=\frac{s+1}{(s-1)(s+3)(s+4)^2}$$

试用 MATLAB 进行分析该不稳定系统的阶跃时域响应的解析解。

解 输入如下指令

```
num=[1,1];
den=conv([1 −1],conv([1 3],conv([1 4],[1 4])));
[r,p,k]=residue(num,[den,0])
```

其运行结果如下

```
r =
    0.167 5
    0.150 0
   −0.166 7
    0.020 0
   −0.020 8
p =
   −4.000 0
   −4.000 0
   −3.000 0
    1.000 0
        0
k=
[]
```

所得出的解的数学表示为

$$c(t)=0.167\,5\mathrm{e}^{-4t}+0.150\,0t\mathrm{e}^{-4t}-0.166\,7\mathrm{e}^{-3t}+0.02\mathrm{e}^{t}-0.020\,8$$

可以看出,在解析解中有一项为 $0.02\mathrm{e}^{t}$,该项在时间变量趋于无穷大时也趋于无穷大,从而使得 $c(t)$ 信号趋于无穷大,故系统不稳定。

MATLAB 语言中的 rat 函数可以以另外的一种形式更清晰地表达该解析解,这是通过得出的小数用有理数表示实现的。

输入如下指令

```
[rn,rd]=rat(r);
[rn,rd]
```

其运行结果如下

ans =	
67	400
3	20
−1	6
1	50
−1	48

从上面的解可以看出,其数学表达式为

$$c(t) = \frac{67}{400}e^{-4t} + \frac{3}{20}te^{-4t} - \frac{1}{6}e^{-3t} + \frac{1}{50}e^{t} - \frac{1}{48}$$

3.8.3 应用 MATLAB 分析系统的动态特性

1) MATLAB 相关的函数

(1) step 函数

格式：step(num,den)

   step(num,den,t)

[y,x,t]=step(num,den, t)

说明：求系统的阶跃响应,时间向量 t 的范围可以自动设定,生成图形;可以由人工给定,并且自动生成图形。

(2) damp 函数

格式：damp(den)

说明：给定特征多项式系数向量,计算系统的闭环根、阻尼比 ζ、无阻尼自然振荡频率 ω_n。

2) 绘制单位阶跃响应曲线

【例 3.15】 系统的传递函数如下,绘制其单位阶跃响应曲线。

$$G(s) = \frac{20}{s^2 + 5s + 20}$$

解 输入如下指令

```
num=[20];den=[1 5 20];
t=0:0.1:10;
step(num,den,t);
```

得系统的阶跃响应曲线图如图 3.28 所示。

在自动生成的阶跃响应的 step 函数产生的曲线图中,我们若要看曲线上某一点的 $c(t)$ 或(和)时间 t 时,对准曲线右击即可显示该点所有状态值,如图 3.28 所示。

3) 应用 MATLAB 求系统阶跃响应的各项性能指标

【例 3.16】 系统的传递函数为 $G(s) = \frac{25}{s^2 + 5s + 25}$,绘制其单位阶跃响应曲线及各项

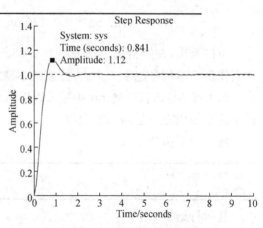

图 3.28 单位阶跃响应曲线

性能指标。

解 输入如下指令

```
num=[25];
den=[1 5 25];
t=0:0.001:3;
step(num,den,t);
grid;% 绘制单位阶跃响应图
xlabel('t,Sec');
ylabel('Output');
title('单位阶跃响应曲线图');
[wn,z,p]=damp(den) %、求无阻尼振荡频率、阻尼比、闭环根
```

其运行结果如下

```
wn =
    5
    5
z =
    0.500 0
    0.500 0
p =
  -2.500 0 + 4.330 1i
  -2.500 0 - 4.330 1i
```

当使用 step(num,den,t)命令时,系统自动产生阶跃响应图,并且右击鼠标时,出现性能指标(Characteristics)选项,其中包括峰值响应(Peak Response)、调节时间(Setting Time)、上升时间(Rise Time)四项性能指标,需要分析某项指标,就选中该项,即可在响应曲线上自动出现响应的点。想要知道具体的值,对准该点单击即可出现如图 3.29 所示的样式。

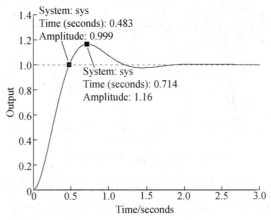

图 3.29　单位阶跃响应曲线图

因此,可以得到以下结果:

(1) 系统闭环根:$-2.500\ 0+4.330\ 1j$、$-2.500\ 0-4.330\ 1j$;

(2) 阻尼比 ζ:$\zeta=0.5$;

(3) 无阻尼自然振荡频率 ω_n:$\omega_n=5$ rad/s;

（4）最大超调量 σ_p（Over Shoot）：$\sigma_p = 16.3\%$；峰值时间 $t_p = 0.726$ s；峰值 $C_{max} = 1.16$；

（5）上升到稳态的 90% 的时间 t_r'：$t_r' = 0.328$ s；

（6）调节时间 t_s：$t_s = 1.62$ s（2% 的误差标准）。

【例 3.17】 已知典型二阶系统的传递函数为

$$G(s) = \frac{\omega_n^2}{s^2 + 2\zeta\omega_n s + \omega_n^2}$$

其中 $\omega_n = 6$，绘制系统在 $\zeta = 0.1, 0.2, \cdots, 1.0, 2.0$ 时的单位阶跃响应曲线。

解 输入如下指令，产生的结果如图 3.30 所示。

```
t=0:0.01:5;
zeta=[0 0.2 0.4 0.6 0.8 1 2];
hold on
for i=1:length(zeta); % 产生 7 条曲线
    num=[36];
    den=[1 12 * zeta(i) 36];
    step(num,den,t);
end
hold off
gtext('\zeta=0'); gtext('0.2'); gtext('0.4'); gtext('0.6');
gtext('0.8'); gtext('1.0'); gtext('2.0');
```

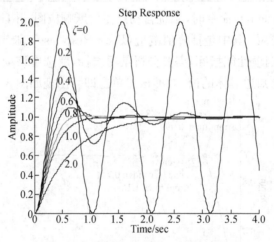

图 3.30　系统在不同 ζ 下的阶跃响应曲线

程序中利用 step 函数计算系统的阶跃响应，该程序执行后单位阶跃响应曲线见图 3.30。从图中可以看出，在过阻尼和临界阻尼曲线中，临界阻尼响应具有最短的上升时间，响应速度最快；在欠阻尼的响应曲线中，阻尼系数越小，超调量越大，上升时间越短，通常取 $\zeta = 0.4 \sim 0.8$ 为宜。

【例 3.18】 设系统的闭环传递函数为

$$G(s) = \frac{K}{(s+3)(s+0.2+0.3j)(s+0.2-0.3j)}$$

求：（1）$K = 8$ 时的单位阶跃响应曲线；

（2）$K=4$ 时的单位阶跃响应曲线；

（3）以主导极点简化系统后，观察响应曲线；

（4）将上述三个响应曲线画在一张图形内（用 hold on 命令），并比较性能指标。

解　输入如下指令，可得到图 3.31 所示的阶跃响应图。

```
z=[0]; k=8; p=[-3 -0.2-0.3j -0.2+0.3j];
G1=zpk(z,p,k);
step(G1);
hold on
z=[0];k=4;
p=[-3 -0.2-0.3j -0.2+0.3j];
G2=zpk(z,p,k);
step(G2);
grid
z=[0];k=8/3; p=[-0.2-0.3j -0.2+0.3j];
G3=zpk(z,p,k);
step(G3);
hold off
```

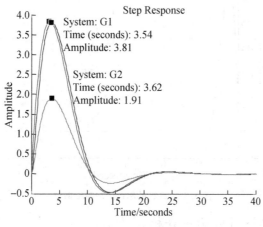

图 3.31　响应曲线

图中，G_1 为 $K=8$ 时的系统的阶跃响应曲线，G_2 为 $K=4$ 时的阶跃响应曲线，G_3 为保留主导极点 $-0.2\pm0.3j$ 简化后的单位阶跃响应曲线。从图 3.31 可以看出，K 值由 8 减小到 4 时，超调量变小，而系统以主导极点简化后的图 G_3 很接近于原系统。

4）线性系统的脉冲响应分析

impulse 函数

格式：impulse(G)

impulse(G, t)

[y, t, x]=impulse(G)

[y, t, x]=impulse(G,t)

说明：绘制系统的脉冲响应曲线，时间向量 t 系统自动给出，也可以由人工给定，并且自动生成图形,若返回变量,则不能自动生成曲线,若要显示曲线,则需调用 plot 函数。

【例 3.19】　试求下列系统的单位脉冲响应:

$$G(s) = \frac{1}{s^2 + s + 1}$$

解　输入如下指令

```
num=[1];den=[1 1 1];
t=0:0.1:30;
y=impulse(num,den,t);
plot(t,y);grid
xlabel('Time (Sec)');
ylabel('Amplitude');
title('Unit-Impulse Response')
```

将产生如图 3.32 的曲线图。

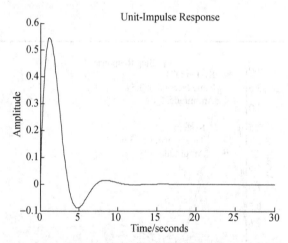

图 3.32　系统的单位脉冲响应曲线

5) 线性系统的单位斜坡响应分析

在 MATLAB 中没有斜坡响应命令,因此,需要利用阶跃响应命令求斜坡响应。当求传递函数系统 $G(s)$ 的斜坡响应时,可以先用 s 除 $G(s)$,再利用阶跃响应命令。例如,考虑下列传递函数:

$$\frac{C(s)}{R(s)} = \frac{1}{s^2 + s + 1}$$

对于单位斜坡输入量 $R(s) = 1/s^2$,因此

$$C(s) = \frac{1}{s^2 + s + 1} \frac{1}{s^2} = \frac{1}{(s^2 + s + 1)s} \frac{1}{s} = \frac{1}{s^3 + s^2 + s} \frac{1}{s}$$

MATLAB 中的相应分子 num 和分母 den 指令为

```
num=[1];den=[1 1 1 0];
t=0:0.1:10;
y=step(num,den,t);
plot(t,y);
plot(t,y,'x',t,t,'-');    %斜坡输入信号
grid
xlabel('Time (Sec)');
ylabel('Input and Output');
title('Unit-Ramp Response')
```

应用阶跃响应命令,并且画出输入量的曲线,就可获得斜坡响应曲线如图 3.33 所示。

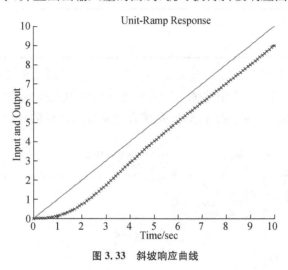

图 3.33　斜坡响应曲线

3.8.4　用 ltiview 获得响应曲线和性能指标

MATLAB 提供了线性时不变系统仿真的图形工具 ltiview,可以方便地获得阶跃响应(Step)、脉冲响应(Impulse)、零极点图(Pole/Zero)等,并得到有关的性能指标。

操作步骤:

① 在命令窗口中建立系统的传递函数,例如系统名为 G;

② 在 MATLAB 的提示符>>后,键入 ltiview 命令,系统调用该工具软件;

③ 从"File"的下拉菜单中选择 Import…,弹出 Import System Data 窗口,选择要仿真的系统是来自 Workspace 还是 MAT-file。如果系统来自 Workspace,则方框内显示 Workspace 内的所有传递函数,选择需要分析那个系统即可显示被选系统的阶跃响应曲线。

④ 右击图形区域,弹出下列部分菜单:

Plot Types(绘图类型)——Step(阶跃)、Impulse(脉冲)、Bode(伯德图)、Nyquist(奈奎斯特图)、Pole/Zero(零极点图)等响应图;

System——在工作空间的所有系统名称列表;

Characteristics(性能指标)——Peak Response、Setting Time、Rise Time、Steady State,意义和前面一致。

注意：系统性能指标的 Setting Time(调节时间)和 Rise Time(上升时间)都可设定。打开 File 菜单，弹出 Control System Toolbox Preferences 对话框，选择 Characteristics 选项即可设定调节时间的误差标准和上升时间的时间段。另外一些性能指标也可通过 Edit 菜单下 Viewer Preferences 设定。

【例 3.20】 绘制系统的阶跃响应和脉冲响应，并得到有关的性能指标。

$$\frac{C(s)}{R(s)} = \frac{1}{s^2 + 0.4s + 1}$$

解 在 MATLAB 命令窗口输入下列系统：

```
num=[1];den=[1 0.4 1];
G=tf(num,den);
ltiview
```

单击在 Edit 菜单下的 Plot Configurations 选项，弹出的对话框中可选择画面显示中响应曲线的类型和位置。图 3.34 中选择了阶跃响应和脉冲响应曲线，最多可同时显示 6 条曲线。如前面一样，当鼠标移到性能标志处，系统会自动显示该点的性能指标。

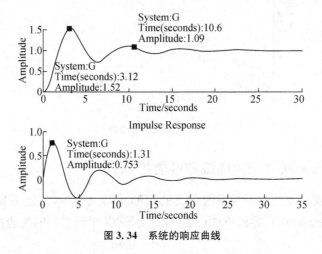

图 3.34　系统的响应曲线

小　结

(1) 控制系统的时域分析是通过直接求解系统在典型输入信号作用下的时域响应来分析系统的性能的。在典型二阶系统的阶跃响应中，主要的性能指标有：超调量、上升时间、调节时间和稳态误差等。

(2) 根据阻尼比 ζ 的取值，二阶系统主要有欠阻尼、无阻尼、过阻尼和临界阻尼几种状态，在欠阻尼时的响应虽有振荡，但只要阻尼 ζ 取值适当(如 $\zeta = 0.7$ 左右)，则系统既有响应的快速性，又有过渡过程的平稳性，因而在控制系统中常把二阶系统设计为欠阻尼。

(3) 如果高阶系统中含有一对闭环主导极点，则该系统的瞬态响应就可以近似地用这对主导极点所描述的二阶系统来表征。

(4) 稳定是系统能正常工作的首要条件。线性定常系统的稳定是系统固有特性，它取决于系统的结构和参数，与外施信号的形式和大小无关。不用求根而能直接判断系统稳定性的方法，称为稳定判据。稳定判据只回答特征方程式的根在 s 平面上的分布情况,而不能确定根的具体数值。

5. 稳态误差是衡量系统控制精度的重要性能指标。系统的稳态误差既与其结构和参数有关,也与控制信号的形式、大小和作用点有关。

习 题

3.1 已知单位反馈控制系统的开环传递函数为

(1) $G(s) = \dfrac{10}{s(s+2)(s+3)}$

(2) $G(s) = \dfrac{3(s+2)}{s(s-1)(s+5)}$

试用劳斯判据判定系统的稳定性。

3.2 已知系统的特征方程如下,试用劳斯判据确定使系统稳定的 K 的取值范围。

(1) $s^4 + 2s^3 + 3s^2 + 5s + K = 0$

(2) $s^4 + Ks^3 + 2s^2 + s + 3 = 0$

3.3 已知单位反馈系统的开环传递函数为

$$G(s) = \frac{5}{s(0.1s+1)(0.2s+1)}$$

试用劳斯判据判定系统是否稳定和是否具有 $\sigma = 1$ 的稳定裕度。

3.4 已知单位反馈控制系统的开环传递函数为

$$G(s) = \frac{k(s+1)}{s(Ts+1)(2s+1)}$$

试确定使闭环系统稳定时 k 和 T 的取值范围。

3.5 某单位反馈二阶控制系统在单位阶跃函数给定输入作用下的误差函数为 $e(t) = 2e^{-t} - e^{-2t}$,试确定该系统的开环传递函数。

3.6 已知控制系统如题图 3.1 所示。

试求:(1) 系统的特征参数 ζ, ω_n;

(2) 系统对单位阶跃响应的动态性能指标。

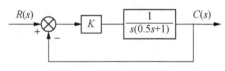

题图 3.1 控制系统结构图

3.7 设一单位反馈控制系统开环传递函数为

$$G(s) = \frac{25}{s(s+6)}$$

试求该系统对单位阶跃响应的上升时间、峰值时间、最大超调量、峰值和调节时间。

3.8 已知二阶系统的动态结构图如题图 3.2 所示。

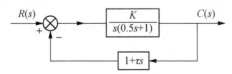

题图 3.2 二阶系统的动态结构图

当输入量为单位阶跃函数时,

(1) 若要求阶跃响应超调量为 10%,峰值时间为 $0.7\ \mathrm{s}$,试确定系统参数 K 和 τ,并计算上升时间和

2%误差带下的调节时间;

(2) 由(1)确定的 K 值不变,τ 取 0 时,系统的超调量是多少? 自然振荡角频率是否改变?

3.9　一控制系统的单位阶跃响应为

$$y(t)=1+0.2e^{-60t}-1.2e^{-10t}$$

试求:(1) 系统的闭环传递函数;

(2) 计算系统的特征参数 ζ、ω_n 之值。

3.10　一典型二阶系统的单位阶跃响应曲线如题图 3.3 所示,试求其开环传递函数。

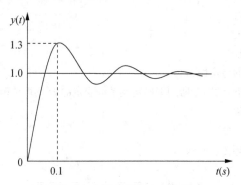

题图 **3.3**　系统的单位阶跃响应图

3.11　已知二阶系统的闭环传递函数为

$$\frac{C(s)}{R(s)}=\frac{\omega_n^2}{s^2+2\zeta\omega_ns+\omega_n^2}$$

试确定系统分别在(1) $z=2$,$\omega_n=5$ 和 $z=1.2$,$\omega_n=5$ 时的闭环极点;

(2) 当 $z\geq2$ 时,是否可以忽略距原点较远的极点,并说明理由。

3.12　某控制系统的动态结构图如题图 3.4(a)所示,单位阶跃响应曲线如题图 3.4(b)所示,试根据图中标注的量确定系统参数 K、T 和 α。

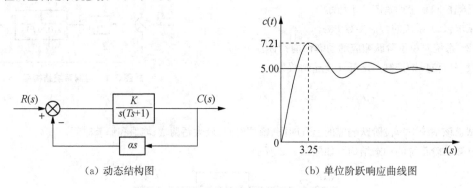

（a）动态结构图　　　　　　　　（b）单位阶跃响应曲线图

题图 **3.4**　二阶系统的动态结构图与响应曲线

3.13　设系统的传递函数为

$$\frac{C(s)}{R(s)}=\frac{9}{s^2+3s+9}$$

求此系统的单位斜坡响应和在该信号下的稳态误差。

3.14　试求下列单位反馈控制系统的位置、速度、加速度误差系数。系统的开环传递函数为

(1) $G(s)=\dfrac{50}{(1+0.1s)(1+2s)}$　　(2) $G(s)=\dfrac{K}{s(1+0.1s)(1+0.5s)}$

(3) $G(s)=\dfrac{K(1+2s)(1+4s)}{s^2(s^2+2s+10)}$　　(4) $G(s)=\dfrac{K}{s(s^2+4s+200)}$

3.15 设单位反馈系统的开环传递函数为

$$G(s)=\dfrac{4}{s(s^2+2s+4)}$$

试求:(1) 系统在单位阶跃输入信号作用下的稳态误差;

(2) 是否可以用拉普拉斯变换的终值定理求系统的稳态误差,说明理由。

3.16 设单位反馈控制系统的开环传递函数分别为

(1) $G(s)=\dfrac{200}{(0.1s+1)(0.5s+1)}$　　(2) $G(s)=\dfrac{100}{s(0.1s+1)(0.5s+1)}$

试求当输入信号为 $r(t)=1+3t+5t^2$ 时,系统的稳态误差。

3.17 某控制系统在只考虑负载扰动作用时的动态结构图如题图 3.5 所示。试计算恒值扰动 N 作用时的稳态误差。通过改变控制器的参数和结构形式能否抑制或者消除稳态误差?

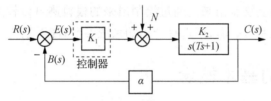

题图 3.5　动态结构图

3.18 控制系统如题图 3.6 所示,已知 $r(t)=n(t)=1(t)$,

试求:(1) 系统的稳态误差,并分析 K 值对稳态误差的影响。

(2) 在扰动作用点之前的前向通道中引入积分环分 $1/s$,对结果有什么影响? 在扰动作用点之后引入积分环节 $1/s$,结果如何?

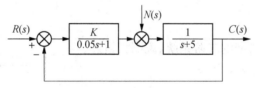

题图 3.6　控制系统结构图

3.19 某单位反馈控制系统的开环传递函数为

$$G(s)=\dfrac{40(s+1)}{s(2s+1)(3s+1)}$$

试应用 MATLAB 求解系统的阶跃响应函数并绘制特性曲线,在特性曲线上单击鼠标了解时域指标 σ_p、t_p、t_s 等信息。

4 线性系统的根轨迹法

线性系统的时域分析表明,闭环系统的特征根的分布决定了线性控制系统的响应性能。好的响应性能需要有合适的特征根,因此,分析系统性能时,往往要求确定控制系统闭环极点的位置,即求解系统的特征方程的根。用数学的方法求解特征方程,对于一阶二阶方程较为简单,但是对于三阶以上的系统,往往比较困难。W. R. 伊凡思(Evans)研究出一种图解法求特征方程根的简单方法,并在控制工程中获得了广泛的应用,这种方法称为根轨迹法。它让系统中容易设定的参数在可能的范围内连续变化,引起特征根的连续变化,将特征根的变化轨迹在 s 平面上绘制出来。通过绘制出来的根轨迹可以较为直观地分析系统特征根与系统参数之间的关系,从而可以选择合适的系统参数,使得系统获得最佳的响应。

4.1 根轨迹的基本概念

当系统中的某一参数从 $0 \rightarrow \infty$ 连续变化时,特征根按特征方程式跟随这个变化参数连续变化,在根平面上形成连续变化的轨迹称为根轨迹。由于特征根是闭环极点,因此根轨迹也是闭环极点的轨迹。通过根轨迹图可以看出系统参数变化对闭环极点分布的影响以及它们与系统的关系。

4.1.1 根轨迹图

结合图 4.1 所示的典型的二阶系统,说明根轨迹。

图中,系统开环传递函数为

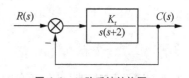

图 4.1 二阶系统结构图

$$G(s) = \frac{K_r}{s(s+2)}$$

式中:K_r——开环放大系数,有两个开环极点,分别为:$p_1 = 0, p_2 = -2$。

系统的闭环传递函数为

$$\frac{C(s)}{R(s)} = \frac{K_r}{s^2 + 2s + K_r} \tag{4.1}$$

系统的特征方程为

$$s^2 + 2s + K_r = 0 \tag{4.2}$$

系统的特征根为

$$s_{1,2} = -1 \pm \sqrt{1 - K_r} \tag{4.3}$$

当参数 K_r 变化时,系统的特征根情况如下:

(1) 当 $K_r = 0$ 时,特征根为:$s_1 = 0$,$s_2 = -2$;

(2) 当 $0 < K_r < 1$ 时,s_1,s_2 为互不相等的两个实根:$s_{1,2} = -1 \pm \sqrt{1 - K_r}$;

(3) 当 $K_r = 1$ 时,则两根相等,即 $s_1 = s_2 = -1$;

(4) 当 $1 < K_r < \infty$ 时,有两个共轭复数根,根的实部为 -1,而虚部随 K_r 变化而变化。

当 K_r 分别取数值 $0,0.5,1,1.5,2$ 等几个递增数值时,特征根 s_1,s_2 在 s 平面上的分布情况如图 4.2(a)所示,图中显示的特征根的变化是有方向的。当 K_r 由 $0 \rightarrow \infty$ 连续变化时,特征根沿着上述方向连续变化形成根轨迹,如图 4.2(b)所示。

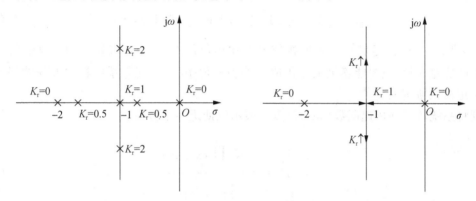

(a) K_r 取几个值时的特征根　　　　　　　　(b) K_r 连续变化的特征根根轨迹

图 4.2　系统特征根的变化

从图 4.2 可知特征根呈现一定的变化规律:系统的根轨迹由 $K_r = 0$ 时,分别从开环极点 $p_1 = 0$ 和 $p_2 = -2$ 出发;当 K_r 由 0 增大至 1 时,特征根均为负实数,系统处于过阻尼状态;两个特征根沿着实轴向 $(-1,0j)$ 移动;当 $K_r = 1$ 时,系统有两个相同的特征根 $s_1 = s_2 = -1$,系统为临界阻尼状态;当 $1 < K_r < \infty$ 时,两个特征根 s_1 和 s_2 离开实轴,变为共轭复数根,其实部保持 -1 不变,系统为欠阻尼状态,在系统中将出现衰减振荡,且 K_r 越大,振荡频率越高,振荡越剧烈,超调量越大。

通常,绘制根轨迹时选择的参数可以是系统的任意参数,以上述的 K_r 为参数绘制的根轨迹为常规根轨迹。

这种通过直接求解特征根来绘制根轨迹的方法,对于高阶系统,求解工作是很困难的,除非有计算机的帮助,因此在实际中通常采用图解的方法绘制根轨迹图。

4.1.2　根轨迹的幅值条件和相角条件

负反馈控制系统在给定输入量作用下的动态结构图如图 4.3 所示。

系统的闭环传递函数为

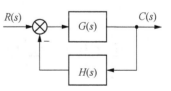

图 4.3　负反馈系统结构图

$$\frac{C(s)}{R(s)} = \frac{G(s)}{1 + G(s)H(s)}$$

特征方程为：

$$1 + G(s)H(s) = 0 \text{ 或 } G(s)H(s) = -1 \tag{4.4}$$

式中：$G(s)H(s)$——开环传递函数。

根据等式两边幅值和相角分别相等的条件，可以得到幅值条件：

$$|G(s)H(s)| = 1 \tag{4.5}$$

相角条件：

$$\underline{/G(s)H(s)} = \pm 180°(2q+1)(q = 0, 1, 2, \cdots) \tag{4.6}$$

式(4.5)和式(4.6)满足特征方程的幅值条件和相角条件，是绘制根轨迹的重要依据。在 s 平面上的任意一点，只要能满足上述幅值条件和相角条件，它就是系统特征方程的根，这个点就必定在根轨迹上。

现将系统的开环传递函数用零、极点来表示以便进一步分析。

$$G(s)H(s) = \frac{K_r \prod_{i=1}^{m}(s+z_i)}{\prod_{j=1}^{n}(s+p_j)} \tag{4.7}$$

式中：K_r——开环根轨迹增益。

把式(4.7)代入式(4.4)中，可以得到

$$\frac{\prod_{i=1}^{m}(s+z_i)}{\prod_{j=1}^{n}(s+p_j)} = -\frac{1}{K_r} \tag{4.8}$$

式(4.8)称为根轨迹方程，是特征方程的另一种表达形式。

由幅值条件和相角条件分别可得

$$|G(s)H(s)| = \frac{K_r \prod_{i=1}^{m}|s+z_i|}{\prod_{j=1}^{n}|s+p_j|} = 1 \tag{4.9}$$

$$\underline{/G(s)H(s)} = \sum_{i=1}^{m}\underline{/(s+z_i)} - \sum_{j=1}^{n}\underline{/(s+p_j)} = \pm 180°(2q+1)(q = 0, 1, 2, \cdots)$$

$$\tag{4.10}$$

比较式(4.9)与式(4.10)，可以看出，幅值条件方程式(4.9)与系统的开环根轨迹增益有关，而相角条件方程式(4.10)与系统的开环根轨迹增益无关。所以，s 平面上的某个点只要满足

相角条件方程,则该点必在根轨迹上。K_r连续变化时,s值也连续变化;K_r为某一固定值时,s值是根轨迹上固定的点。因此,s平面上满足相角条件的点,都是对应于开环根轨迹增益取不同值时的闭环特征根,即根轨迹。

在实际绘制根轨迹时,可用相角条件确定根轨迹上的点,用幅值条件确定根轨迹某一点所对应的系统开环根轨迹增益值,这种方法称为试探法,但用试探法找出特征根,再通过手工绘制十分繁琐、费时。能否在不求解根轨迹方程的情况下绘制出根轨迹呢?这需要找到根轨迹的运动规律和满足根轨迹方程的特殊点,因此,根据相角条件和幅值条件推出若干绘制根轨迹的规则,用这些规则可以简捷地绘制出轨迹图。

4.2　绘制根轨迹的规则和方法

绘制根轨迹需要将参变量(或与参变量成比例的量)从特征方程中分离出来作为根轨迹增益 K_r。为了能用图解方法确定特征根在 s 平面上的轨迹,现介绍以开环根轨迹增益 K_r 为可变参数的常规根轨迹的绘制规则。

如果控制系统为负反馈,由特征方程

$$1+G(s)H(s)=0$$

得其相角条件为

$$\underline{/G(s)H(s)}=\pm 180°(2q+1)(q=0,1,2,\cdots)$$

则构成绘制负反馈系统根轨迹的相角条件,负反馈系统的根轨迹又称作 $180°$根轨迹或常规根轨迹。

如果控制系统为正反馈,由特征方程

$$1-G(s)H(s)=0$$

得其相角条件为

$$\underline{/G(s)H(s)}=\pm 180°(2q+0)(q=0,1,2,\cdots)$$

则是绘制正反馈系统根轨迹的相角条件。正反馈系统的根轨迹又称作 $0°$根轨迹。由此可知,$180°$根轨迹和 $0°$根轨迹的幅值条件相同,而相角条件是有区别的。

负反馈控制系统的根轨迹的绘制规则如下:

1) 根轨迹的连续性

线性定常系统的特征方程是 s 的常系数代数方程。当系统中某一参数连续变化时,引起特征方程的系数连续变化,n 个特征根也连续变化,说明根轨迹是连续的。

2) 根轨迹的对称性

线性定常系统的特征方程的系数均为实数,特征根或为实数或为共轭复数。它们分布在 s 平面的实轴或对称于实轴分布在复平面上,所以根轨迹是关于实轴对称的。

3）根轨迹的分支数

n 阶特征方程有 n 个特征根,由根轨迹的连续性可知,n 个特征根连续变化形成 n 条根轨迹分支。

4）根轨迹的起点和终点

根轨迹的起点是指当 $K_r = 0$ 时根轨迹的点。当 $K_r = 0$ 时,式(4.8)的右边为∞,而等式左边只当 $s = -p_j$ 时才为∞,所以根轨迹起始于开环极点处。

根轨迹的终点是指当 $K_r \to \infty$ 时根轨迹的点。当 $K_r \to \infty$ 时,式(4.8)的右边为 0,而等式左边只当 $s = -z_i$ 时才等于 0,所以根轨迹终止于开环零点。

通常,系统的开环传递函数有 n 个极点,m 个零点,且有 $n > m$。这说明从开环极点出发的 n 条根轨迹中,只有 m 条终止于开环零点(实际的),另外有 $n-m$ 条分支也终止于开环零点(虚有的),但其在无穷远处。

5）实轴上的根轨迹

实轴上任取一点,若其右侧开环零、极点个数的总数为奇数,则该点所在线段(或区间)构成实轴上的根轨迹。开环零、极点总数指的是其右侧开环实有限零点和实有限极点的总数。因为实轴上的某一段是否存在根轨迹取决于辐角条件是否得到满足。如果控制系统的开环零极点都不在实轴上,则实轴上不存在根轨迹。一般控制系统有实数的开环零极点,则实轴上以开环零点或极点为区间端点的闭区间或半闭区间(根轨迹趋向于开环无限零点的情形)上存在根轨迹,在那里相角条件得到满足。

6）根轨迹的渐近线

根轨迹中 $n-m$ 条趋向于无穷远的开环零点(虚有的)的渐近线与正实轴的夹角为 φ_a,并与实轴交于一点,其坐标为 $(\sigma_a, 0j)$。

其中

$$\sigma_a = \frac{\sum_{j=1}^{n}(-p_j) - \sum_{i=1}^{m}(-z_i)}{n-m} \tag{4.11}$$

$$\varphi_a = \pm \frac{(2q+1)}{n-m} 180°(q = 0, 1, \cdots, n-m-1) \tag{4.12}$$

式(4.12)证明如下:

可以认为,从有限的开环零、极点到位于渐近线上无穷远处的一点 s_d 的向量的相角是基本相等的,以 φ_a 表示,即

$$\underline{/(s_d + z_i)} = \underline{/(s_d + p_j)} = \varphi_a$$

式中:$i = 0, 1, 2, \cdots, m; j = 0, 1, 2, \cdots, n$。

将上述关系代入相角条件式(4.10)得

$$m\varphi_a - n\varphi_a = \pm 180°(2q+1) \tag{4.13}$$

因此可得根轨迹的渐近线与正实轴的夹角为

$$\varphi_a = \pm \frac{(2q+1)}{n-m} 180° (q=0,1,\cdots,n-m-1) \tag{4.14}$$

7）根轨迹的分离点与会合点

若实轴上两个开环极点之间不存在开环零点，并且这段开区间的右侧有奇数个开环零极点时，这段区间的根轨迹从这两个开环极点出发，相向运动至区间内的某一点相遇，并在该点分离到复平面去，将在实轴上相遇并分离到复平面的点称为根轨迹的分离点。类似地，将复平面上关于实轴对称的两条根轨迹在实轴上某点会合，然后在实轴上沿着正负两个方向分离运动的点称为根轨迹的会合点。一般地，若实轴上两相邻开环极点之间存在根轨迹，则这两相邻极点之间必有分离点；若实轴上两相邻开环零点（其中一个可能是无穷远处零点）之间存在根轨迹，则这两相邻零点之间必有会合点。

在分离点或会合点上，根轨迹的切线与正实轴的夹角称为分离角（或会合角）。分离角 φ_d 与相分离的根轨迹分支数 l 的关系为：

$$\varphi_d = 180°/l \tag{4.15}$$

设某开环系统有两个极点和一个零点，位置如图 4.4 所示。两条根轨迹分别从开环极点 $-p_1$ 和 $-p_2$ 出发，随着 K_r 的增大，会合于 a 点并且立即分离进入复平面，然后又从复平面回到实轴，相遇于 b 点，再分离，一条分支终止于实有限零点 $-z_1$ 点，另一条分支趋于无穷远处零点（虚有的零点）。

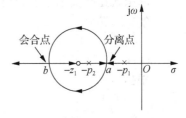

图 4.4 根轨迹的会合与分离

实际上，根轨迹图中的分离点与会合点，就是特征方程的重根。由根轨迹的对称性可知，重根只能在实轴上，复平面上不可能有重根。分离点是 K_r 从 0 增大过程中维持特征根在实轴区间内分布取得极大值的情况；会合点是 K_r 在增大过程中，特征根由复平面回到实轴后在实轴区间内分布取得极小值的情况。可以用求重根的方法确定分离点与会合点。

如果方程 $f(x)$ 有 2 个重根 x_1，则必然同时满足方程 $f(x_1)=0$ 和方程 $f'(x_1)=0$。

设系统的开环传递函数为

$$G(s)H(s) = \frac{K_r \prod_{i=1}^{m} |s+z_i|}{\prod_{j=1}^{n} |s+p_j|} = K_r \frac{Y(s)}{X(s)} \tag{4.16}$$

式中：$Y(s)$、$X(s)$——m 阶、n 阶多项式。

则系统的闭环特征方程为

$$1 + K_r \frac{Y(s)}{X(s)} = 0 \tag{4.17}$$

或

$$X(s) + K_r Y(s) = 0 \tag{4.18}$$

因此特征方程的重根可解以下两个方程得到。

$$\begin{cases} K_r Y(s) + X(s) = 0 \\ K_r Y'(s) + X'(s) = 0 \end{cases} \tag{4.19}$$

消去 K_r 可得

$$Y(s)X'(s) - Y'(s)X(s) = 0 \tag{4.20}$$

解式(4.20)便能得到特征方程的重根,即根轨迹上的分离点或会合点。将计算出的分离点和会合点处的 s 值代入式(4.18),可以计算出分离点或会合点处的 K_r。

应用式(4.20)求解的 s 可能是多值的,具体是分离点还是会合点还应该参照根轨迹的走势和分布区间。

【例 4.1】 已知控制系统的开环传递函数为

$$G(s) = \frac{K_r}{s(s+1)(s+2)}$$

求根轨迹在实轴上的分离点。

解 本题中

$$X(s) = s(s+1)(s+2), Y(s) = 1$$

根据

$$Y(s)X'(s) - Y'(s)X(s) = 0$$

得到

$$3s^2 + 6s + 2 = 0$$

解之,得其根为

$$s_{1,2} = -0.423, -1.577$$

因分离点必定在 $[0, -1]$ 之间的实轴线段上,故可确定 $s = -0.423$ 为分离点。

对于更复杂的高阶系统分离点的求解,我们可借助计算机通过 MATLAB 或类似的软件求得。

8) 根轨迹的出射角和入射角

根轨迹的出射角是指实轴正方向与复平面上的开环极点处根轨迹的切线构成的夹角。而根轨迹的入射角是指实轴正方向与复平面上的开环零点处根轨迹的切线构成的夹角。出射角描述了根轨迹以什么样的角度离开开环复数极点,入射角描述了根轨迹以什么样的角度进入开环复数零点。

在开环复数极点处根轨迹的出射角为

$$\varphi_p = \mp 180° + \sum \theta_z - \sum \theta_p \tag{4.21}$$

在开环复数零点处根轨迹的入射角为

$$\varphi_z = -(\mp 180° + \sum \theta_z - \sum \theta_p) \qquad (4.22)$$

式中：$\sum \theta_z$——所有开环复数零点对出射角或入射角所提供的相角之和；

　　　　$\sum \theta_p$——所有开环复数极点对出射角或入射角所提供的相角之和。

出射角和入射角的公式可以由相角条件推导出来。

设系统开环零、极点的分布如图 4.5 所示。设根轨迹上有一靠近开环复数极点 p_2 很近的点 s_d，可认为 $\angle(s_d - p_2)$ 为 p_2 的出射角 θ_{p2}。由于 s_d 在根轨迹上，应满足前面的相角条件，即

$$\theta_{z1} - (\theta_{p1} + \theta_{p2} + \theta_{p3} + \theta_{p4}) = \pm 180° \qquad (4.23)$$

因 $\theta_{p2} = \varphi_p$ 即为出射角，所以式(4.23)可写成：

$$\varphi_p = \mp 180° + \theta_{z1} - (\theta_{p1} + \theta_{p3} + \theta_{p4}) \qquad (4.24)$$

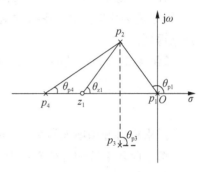

图 4.5　出射角的确定

所以，开环复数极点的出射角由各零点到该极点的向量的相角之和与其余各极点到该极点的向量的相角之和相减，并用 $\mp 180°$ 调整得到。因此式(4.21)得以证明。

同理可求得根轨迹进入开环复数零点的入射角。

【例 4.2】　已知控制系统的开环传递函数为

$$G(s)H(s) = \frac{K_r(s+2)}{s(s+3)(s^2+2s+2)}$$

试求根轨迹的出射角。

解　由开环传递函数可知，系统的开环零、极点分别为：$z_1 = -2$，$p_1 = 0$，$p_{2,3} = -1 \pm j$，$p_4 = -3$，作出系统的零、极点分布图如图 4.6 所示。按公式(4.24)可得开环复数极点 p_2 的出射角为：

$$\theta_{p2} = \mp 180° + \angle(z_1 - p_2) - (\angle(p_1 - p_2) + \angle(p_3 - p_2) + \angle(p_4 - p_2))$$

$$= \mp 180° + \arctan\frac{1}{1} - \left(\left(\arctan\frac{1}{1} + 90° \right) + 90° + \arctan\frac{1}{2} \right)$$

$$= \mp 180° + 45° - 135° - 90° - 26.6°$$

$$= -26.6°$$

因为共轭复数的对称性，所以开环复数极点 p_3 的出射角为 $26.6°$。

9) 根轨迹与虚轴的交点

随着开环根轨迹增益 K_r 的增大，根轨迹可能由左半 s 平面跨越虚轴而进入右半 s 平面。这时，系统由稳定变成不稳定。虚轴上点的 K_r 值称为临界根轨迹放大系数。根轨迹与虚轴相交时，特征根的实部为 0，则特征方程中的 s

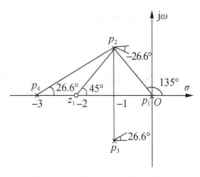

图 4.6　系统零、极点分布图

＝jω,于是有

$$1+G(j\omega)H(j\omega)=0$$

上式成立时,左端表达式的实部和虚部均为 0,可以计算出穿越虚轴的点及对应的 K_r。

在劳斯稳定判据中,劳斯表首次出现全 0 行,意味着有共轭虚根,而根轨迹与虚轴相交时,正好是特征根为共轭虚根的情况,所以根轨迹与虚轴的交点及其 K_r 也可以由劳斯稳定判据得到。

【例 4.3】 设系统的开环传递函数为

$$G(s)H(s)=\frac{K_r}{s(s+1)(s+4)}$$

试求根轨迹和虚轴的交点,并计算临界开环根轨迹增益 K_r。

解 闭环系统的特征方程为

$$s(s+1)(s+4)+K_r=0$$
$$s^3+5s^2+4s+K_r=0 \tag{4.25}$$

令 $s=j\omega$ 代入式(4.25)得

$$(j\omega)^3+5(j\omega)^2+4(j\omega)+K_r=0 \tag{4.26}$$

式(4.26)分解为实部和虚部,并分别令其为 0,即

$$\begin{cases} K_r-5\omega^2=0 \\ 4\omega-\omega^3=0 \end{cases}$$

解得:$\omega=\pm2$,$K_r=20$,另外,$\omega=0$,$K_r=0$ 不符合要求,舍去。因此,根轨迹与虚轴的交点为 $\pm2j$,系统的临界开环根轨迹增益 $K_r=20$。

另外,根轨迹与虚轴的交点还可由劳斯判据确定。由式(4.25),列出劳斯表如下:

$$
\begin{array}{ccc}
s^3 & 1 & 4 \\
s^2 & 5 & K_r \\
s^1 & \dfrac{20-K_r}{5} & \\
s^0 & K_r &
\end{array}
$$

由劳斯判据可知,当劳斯表的 s^1 行等于 0 时,特征方程出现纯虚根。所以得

$$K_r=20$$

共轭虚根值由 s^2 辅助行得到,即

$$5s^2+K_r=0 \tag{4.27}$$

将 $K_r=20$ 代入式(4.27),得

$$s_{1,2}=\pm2j$$

10) 闭环极点的和与积

设系统的开环传递函数为

$$G(s)H(s) = K_r \frac{\prod_{i=1}^{m}(s+z_i)}{\prod_{j=1}^{n}(s+p_j)} \quad (n \geqslant m) \tag{4.28}$$

系统特征多项式则为

$$\prod_{j=1}^{n}(s+p_j) + K_r \prod_{i=1}^{m}(s+z_i) = \prod_{r=1}^{n}(s+s_r) \tag{4.29}$$

式(4.29)中 $-s_r$ 为特定 K_r 下的闭环极点,即闭环特征根,将式(4.29)展开得

$$s^n + \left(\sum_{j=1}^{n}p_j\right)s^{n-1} + \cdots + \prod_{j=1}^{n}p_j + K_r\left[s^m + \left(\sum_{i=1}^{m}z_i\right)s^{m-1} + \cdots + \prod_{i=1}^{m}z_i\right] \tag{4.30}$$

$$= s^n + \left(\sum_{r=1}^{n}s_r\right)s^{n-1} + \cdots + \prod_{r=1}^{n}s_r$$

当 $n-m \geqslant 2$ 时,式(4.30)两边 s^{n-1} 项系数相等得

$$\sum_{j=1}^{n}(p_j) = \sum_{r=1}^{n}(s_r) \tag{4.31}$$

即

$$\sum_{r=1}^{n}(-s_r) = \sum_{j=1}^{n}(-p_j) = \mathrm{const} \tag{4.32}$$

由式(4.30)两边常数项相等得

$$\prod_{j=1}^{n}p_j + K_r \prod_{i=1}^{m}z_i = \prod_{r=1}^{n}s_r \tag{4.33}$$

即

$$(-1)^n \prod_{r=1}^{n}(-s_r) = \prod_{j=1}^{n}p_j + K_r \prod_{i=1}^{m}z_i = 闭环特征方程常数项 \tag{4.34}$$

若 $m=0$,没有开环零点,则式(4.33)可写成

$$(-1)^n \prod_{r=1}^{n}(-s_r) = \prod_{j=1}^{n}p_j + K_r \tag{4.35}$$

式(4.32)表明,随着开环根轨迹增益 K_r 的增大,若有特征根增大,则必有特征根减小,以保持其和为常数。体现在根轨迹上的是,随着开环根轨迹增益 K_r 的增大,若根轨迹的一些分支向右移动时,另外的根轨迹分支必然向左移动,始终保持对称平衡。

对于某些简单系统,在已知其部分闭环极点的情况下,利用上述结论可以很容易地确定

其余的闭环极点。

【例 4.4】 接例 4.3,已知根轨迹与虚轴的交点为 $s_{1,2}=\pm 2j$,试确定其相应的第三个闭环极点,并求与虚轴交点处的开环根轨迹增益 K_r 值。

解 该系统有三个开环极点,分别为:$p_1=0$,$p_2=-1$,$p_3=-4$;现已知两个闭环极点为:$s_{1,2}=\pm 2j$。根据闭环极点之和等于开环极点之和的结论,很容易地得到第三个闭环极点为:

$$s_3=[0+(-1)+(-4)]-[2j+(-2j)]=-5$$

此时 K_r 可由式(4.35)求得,因为系统无开环零点,则

$$(-1)^3(2j)\times(-2j)\times(-5)=0\times(-1)\times(-4)+K_r$$

所以,$K_r=20$,与前面结论一致。

11) 开环根轨迹增益 K_r

应用幅值条件式(4.9)确定与某一闭环极点 s_x 相对应的开环根轨迹增益 K_r 的值。由 s_x 处的幅值条件可得

$$|G(s)H(s)|=\frac{K_r\prod_{i=1}^{m}|s_x+z_i|}{\prod_{j=1}^{n}|s_x+p_j|}=1$$

所以

$$K_r=\frac{\prod_{j=1}^{n}|s_x+p_j|}{\prod_{i=1}^{m}|s_x+z_i|} \tag{4.36}$$

若无开环零点,则开环增益为各开环极点到此闭环极点 s_x 距离之积,即

$$K_r=\prod_{j=1}^{n}|s_x+p_j| \tag{4.37}$$

【例 4.5】 已知控制系统的开环传递函数为

$$G(s)H(s)=\frac{K_r(s+2)}{s(s+3)(s^2+2s+2)}$$

试求系统的根轨迹。

解 系统有 4 个开环极点:$p_1=0$、$p_2=-3$、$p_{3,4}=-1\pm j$,一个开环零点:$z_1=-2$。

(1) 确定根轨迹起点和终点

$n=4$,$m=1$,因此系统根轨迹有 4 条分支。根轨迹起始于 4 个开环极点,终止于 $z_1=-2$ 和三个无穷远处的开环零点。

(2) 确定实轴上的根轨迹

实轴上根轨迹的区段有 $(-\infty,-3]$ 和 $[-2,0]$。由于系统实轴上的零、极点是相间隔

的,所以,没有分离点或会合点。

（3）确定根轨迹的渐近线。

根轨迹中有 3 条趋向无穷远处的开环零点（虚有的）。渐近线与实轴的交点 σ_a：

$$\sigma_a = \frac{(0+(-3)+(-1+j)+(-1-j))-(-2)}{4-1} = -1$$

渐近线与正实轴的夹角 φ_a：

$$\varphi_a = 60°, 180°, 300°$$

（4）确定开环复数极点的出射角 φ_p。

$$\varphi_p = \pm 180° + 45° - (26.6° + 90° + 135°) = -26.6°$$

（5）确定根轨迹与虚轴的交点。令 $s = j\omega$，代入特征方程

$$s^4 + 5s^3 + 8s^2 + 6s + K_r(s+2) = (j\omega)^4 + 5(j\omega)^3 + 8(j\omega)^2 + 6j\omega + K_r(j\omega + 2) = 0$$

由实部和虚部为零,得

$$\begin{cases} \omega^4 - 8\omega^2 + 2K_r = 0 \\ -5\omega^3 + (6+K_r) = 0 \end{cases}$$

解得：$\omega = \pm 1.61, K_r = 7$。

由以上这些即可绘制出系统的根轨迹,如图 4.7 所示。

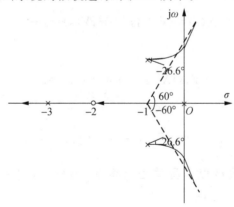

图 4.7　系统的根轨迹图

【例 4.6】　已知控制系统的开环传递函数为

$$G(s)H(s) = \frac{K_r(s+2)}{(s^2+4s+9)^2}$$

试求系统的根轨迹。

解　系统有 4 个开环极点：$p_{1,2,3,4} = -2 \pm \sqrt{5}j$，一个开环零点：$z_1 = -2$。

（1）确定根轨迹起点和终点

$n=4, m=1$,因此系统根轨迹有 4 条分支。根轨迹起始于 4 个开环复数极点,但它们是

重极点,所以从每点各有两条根轨迹出发,终止于开环零点 $z_1 = -2$ 和三个无穷远处零点。

(2) 确定实轴上的根轨迹。

实轴上根轨迹的区段为 $(-\infty, -2]$。

(3) 确定根轨迹的渐近线。

根轨迹中有 3 条趋向无穷远处的开环零点(虚有的)。渐近线与实轴的交点 σ_a:

$$\sigma_a = \frac{[2 \times (-2 + \sqrt{5}j) + 2 \times (-2 - \sqrt{5}j)] - (-2)}{4 - 1} = -2$$

渐近线与正实轴的夹角 $\varphi_a : \varphi_a = 60°, 180°, 300°$。

(4) 确定开环复数极点 p_1 的出射角 φ_p。

由于零点到 p_1 的方向为 $90°$,p_3 和 p_4 到 p_1 的方向角各为 $90°$,又因为极点 p_1 与 p_2 相重合,出射角也重叠,所以极点 p_1 的出射角为

$$2\varphi_p = \pm 180° + (90° - (90° + 90°)) = 90° \text{或} -270°$$

因此

$$\varphi_p = 45°, -135°$$

由于对称性,极点 p_3 和 p_4 的出射角为 $-45°, +135°$。

(5) 确定根轨迹与实轴的会合点。

在实轴上 -2 的左侧有会合点。会合点与分离点的求解方法一致。即

$$X(s) = (s^2 + 4s + 9)^2, Y(s) = s + 2$$

根据

$$Y(s)X'(s) - Y'(s)X(s) = 0$$

解上式,得其根为

$$s_{1,2} = -2 \pm \sqrt{5}j, s_3 = -0.71, s_4 = -3.29$$

$s_{1,2} = -2 \pm \sqrt{5}j$ 表明重极点本身就是分离点。$s_4 = -3.29$ 是实轴上的会合点,$s_3 = -0.71$ 不在根轨迹上,应舍去。

(6) 确定根轨迹与虚轴的交点及临界根轨迹增益 K_r。将 $s = j\omega$ 代入特征方程得

$$(s^2 + 4s + 9)^2 + K_r(s + 2) = 0$$

整理后得

$$\begin{cases} \omega^4 - 34\omega^2 + 81 + 2K_r = 0 \\ -8\omega^3 + (72 + K_r)\omega = 0 \end{cases}$$

解方程得有用的解为

$$\omega = \pm \sqrt{21} = \pm 4.58, K = 96$$

所以根轨迹与虚轴的交点为±4.58,临界开环增益为$K=96$。

由以上这些即可绘制出系统的根轨迹,如图4.8所示。

在实际系统中,经常遇见系统仅有两个开环极点和一个开环零点。这时根轨迹有可能是直线,也有可能是圆弧。可以证明,若根轨迹一旦离开实轴,必然是沿着圆弧移动,并且圆心位于开环零点上,半径为两个极点到零点的距离乘积的平方根。此结论可根据相角条件证明。

设系统的开环传递函数为

$$G(s)H(s)=\frac{K_r(s+z)}{(s+p_1)(s+p_2)} \qquad (4.38)$$

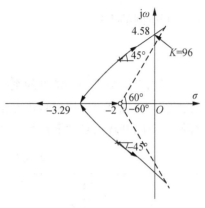

图 4.8 系统的根轨迹图

此系统的典型根轨迹如图4.9所示。其中,圆心为开环零点:$(-z,0)$,半径为:$R=\sqrt{(p_1-z)(p_2-z)}$

图4.9(a)为两个开环极点是负实数的情况,图4.9(b)为开环极点是共轭复数时的情况,其半径计算更为简单,只取任意一个复极点与零点的距离即可。

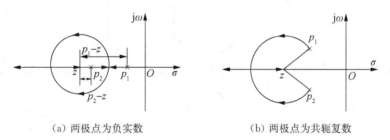

(a) 两极点为负实数　　　　　(b) 两极点为共轭复数

图 4.9 系统的根轨迹图

【例4.7】 已知系统的开环传递函数为

$$G(s)H(s)=\frac{K_r(s+2)}{s(s+1)}$$

绘制该系统的根轨迹。

解 系统有两个极点和一个零点。其零点、极点分布如图4.10所示。

实轴根轨迹区间为$(-\infty, -2]$以及$[-1, 0]$,系统的根轨迹为圆,圆心为$(-2, 0j)$。

分离点为

$$(s+2)\frac{ds(s+1)}{ds}-\frac{d(s+2)}{ds}s(s+1)=0$$

得

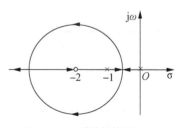

图 4.10 系统的根轨迹图

$$s_1 = -2 + \sqrt{2}, s_2 = -2 - \sqrt{2}$$

所以圆的半径为

$$R = \sqrt{2}$$

表 4.1 给出了一些常见的系统根轨迹图。根轨迹的样式仅取决于开环极点和零点的相对位置。一旦有了应用根轨迹方法的经验，就可以参考由各种零、极点分布作出的根轨迹，容易地对因开环极点和零点数目和位置变化而造成的根轨迹变化做出评价。

表 4.1　常见开环零点、极点系统的根轨迹图

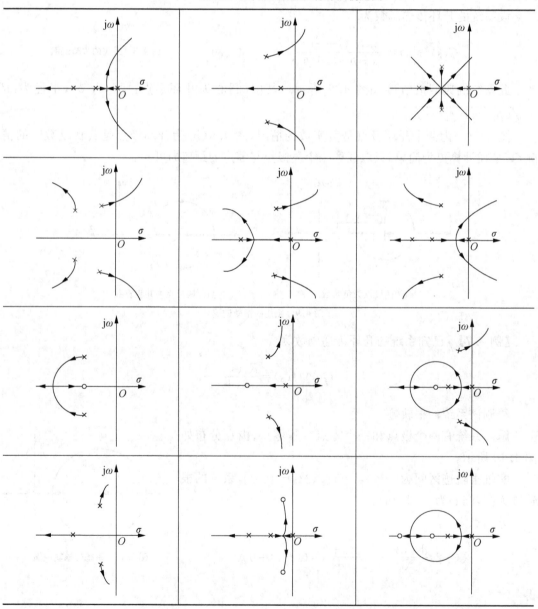

4.3 广义根轨迹

4.3.1 广义根轨迹的绘制

广义根轨迹的绘制是基于常规根轨迹的画法,主要是通过特征方程的变形与转变,转化为常规根轨迹的特征方程的形式。具体如下:

(1) 对特征方程 $1+G(s)H(s)=0$ 进行等价变换,将其化为 $1+\rho G'(s)=0$ 形式;

(2) $G'(s)$ 是等效的系统开环传递函数,ρ 是可变参数,再根据绘制常规根轨迹的方法,即可绘制出广义根轨迹。

【例 4.8】 设控制系统的开环传递函数为

$$G(s)H(s)=\frac{10}{s(s+a)}$$

绘制以 a 为参数的根轨迹图。

解 系统的特征方程为

$$1+G(s)H(s)=1+\frac{10}{s(s+a)}=0 \tag{4.39}$$

整理式(4.39)得

$$1+\frac{as}{s^2+10}=0$$

由劳斯判据可得,只要参数 $a>0$,系统稳定。

系统的开环零、极点分别为

$$z_1=0 \qquad p_1=\sqrt{10}\mathrm{j} \qquad p_2=-\sqrt{10}\mathrm{j}$$

其渐近线为

$$\varphi_a=\pm\frac{(2q+1)}{n-m}180°=\pm180°$$

系统有一个开环零点、两个开环极点,因此根轨迹中的一段为圆弧,圆心为开环零点,半径为 $\sqrt{10}$。因此根轨迹如图 4.11 所示。

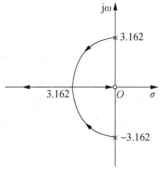

图 4.11 以 a 为参数的根轨迹图

4.3.2 多回路系统的根轨迹绘制

前面介绍的都是单回路根轨迹的绘制,但在实际工程中常常会碰到结构复杂的多回路系统,为了分析局部闭环或其他参数对整个系统的影响,就需要解决多回路控制系统根轨迹绘制的问题。

绘制多回路系统的根轨迹的步骤:

（1）根据局部闭环子系统的开环传递函数绘制其根轨迹,确定局部小闭环系统的极点分布;

（2）由局部小闭环系统的零、极点和系统其他部分的零、极点组成整个多回路系统开环零、极点,绘制总系统的根轨迹。

多回路控制所研究的变量可能多于一个,可选定某个可变参数作上述等效变换,对于其余可变参数的每一组值,都可作出相应的参数根轨迹,这样获得的一簇根轨迹称为根轨迹簇。

【例 4.9】 设一多回路控制系统的结构如图 4.12 所示,绘制系统关于参数 α 和放大系数 K 变化时的根轨迹图。

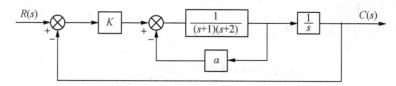

图 4.12 多回路控制系统图

解 局部反馈回路的闭环的传递函数为

$$M'(s)=\frac{1/[(s+1)(s+2)]}{1+\alpha/[(s+1)(s+2)]}=\frac{1}{(s+1)(s+2)+\alpha}$$

局部回路闭环系统的特征方程为

$$(s+1)(s+2)+\alpha=0$$

进一步化为

$$1+\frac{\alpha}{(s+1)(s+2)}=1+\alpha G'(s)=0 \tag{4.40}$$

式(4.40)中的 $G'(s)$ 为局部等效的开环传递函数。等效的开环传递函数有 $p_1=-1$、$p_2=-2$ 两个开环极点。当参数 α 由 $0\rightarrow\infty$ 时,局部反馈系统的根轨迹如图 4.13 所示。

总系统的开环传递函数为

$$G(s)=KM'(s)/s=\frac{K}{s[(s+1)(s+2)+\alpha]} \tag{4.41}$$

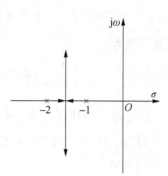

图 4.13 局部反馈回路的根轨迹图

可见,系统有 3 个开环极点,其中 2 个是局部反馈系统的闭环极点。当 $\alpha=2.5$ 时,局部反馈回路的两个闭环极点为

$$s_1'=-1.5+1.5\mathrm{j},s_2'=-1.5-1.5\mathrm{j}$$

所以局部回路闭环系统的特征方程为

$$(s+1)(s+2)+\alpha=(s+1.5-1.5\mathrm{j})(s+1.5+1.5\mathrm{j})=0 \tag{4.42}$$

将式(4.42)代入式(4.41),得

$$G(s) = \frac{K}{s(s+1.5-1.5j)(s+1.5+1.5j)}$$

此时,总系统的三个开环极点分别为

$$p_1 = s_1' = -1.5+1.5j, \quad p_2 = s_2' = -1.5-1.5j, \quad p_3 = 0$$

在 $\alpha = 2.5$ 时整个多回路系统的零、极点分布如图4.14所示。图中同时绘制出当 $K=0$ →∞变化时的根轨迹。随着 K 的增大,整个多回路系统的振荡程度逐渐加剧,当 $K>13.5$ 时,系统就变得不稳定了。

在 $\alpha \neq 2.5$,而是其他的数值时,可画出与其相应的另一组根轨迹,最终形成一簇根轨迹,如图4.15中虚线所示。

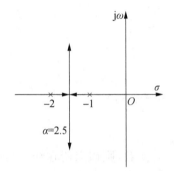 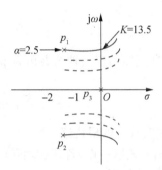

图 4.14　局部反馈回路的根轨迹图　　　　图 4.15　以 K、α 为参数的根轨迹图

4.3.3　正反馈回路的根轨迹

在复杂的控制系统中,可能存在正反馈内回路,如图4.16所示,这种回路通常由外回路给予稳定。下面只研究正反馈内回路。

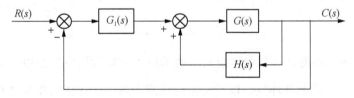

图 4.16　含有正反馈的控制系统

内回路的闭环传递函数为

$$\frac{C(s)}{R(s)} = \frac{G(s)}{1-G(s)H(s)} \tag{4.43}$$

因此特征方程为

$$1-G(s)H(s) = 0 \tag{4.44}$$

由式(4.44)可知其幅值条件为

$$|G(s)H(s)| = 1 \tag{4.45}$$

其相角条件为：

$$\underline{/G(s)H(s)} = \pm 180° \cdot 2q \quad (q=0,1,2,\cdots) \tag{4.46}$$

显然，与负反馈系统的幅值条件和相角条件比较可知，两个系统的幅值条件相同，而相角条件不同。因为只有相角条件发生变化，所以前面所介绍的常规根轨迹的绘制方法中只修改与相角相关的规则即可绘制出正反馈系统的根轨迹。其中与相角条件相关的规则有 3 条，其余 7 条对正、负反馈都适用。具体 3 条如下：

（1）根轨迹的渐近线

① 渐近线与实轴的交点 σ_a 与常规根轨迹相同，仍为

$$\sigma_a = \frac{\sum\limits_{j=1}^{n}(-p_j) - \sum\limits_{i=1}^{m}(-z_i)}{n-m} \tag{4.47}$$

② 渐近线与正实轴的夹角为 φ_a 应为

$$\varphi_a = \pm \frac{2q}{n-m} \cdot 180°(q=0,1,\cdots,n-m-1) \tag{4.48}$$

（2）实轴上的根轨迹

实轴上任取一点，若其右侧开环零、极点个数的总数为偶数，则该点所在线段（或区间）构成实轴上的根轨迹。

（3）根轨迹的出射角和入射角

在开环复数极点处根轨迹的出射角为

$$\varphi_p = \sum \theta_z - \sum \theta_p \tag{4.49}$$

在开环复数零点处根轨迹的入射角为

$$\varphi_z = -\left(\sum \theta_z - \sum \theta_p\right) \tag{4.50}$$

式中：$\sum \theta_z$——所有开环复数零点对出射角或入射角所提供的相角之和；

$\quad\quad \sum \theta_p$——所有开环复数极点对出射角或入射角所提供的相角之和。

【例 4.10】　设正反馈系统的开环传递函数为

$$G(s)H(s) = \frac{K_r(s+2)}{(s+3)(s^2+2s+2)}$$

试绘制 K_r 变化时的根轨迹。

解　（1）在 s 平面上画出三个开环极点 $p_1=-1+j$、$p_2=-1-j$、$p_3=-3$ 和一个开环零点 $z_1=-2$。

当 $K_r=0 \to \infty$ 时，闭环极点起始于开环极点，终止于开环零点（实际零点或无穷远处零点），这与负反馈系统的情况相同。

（2）确定实轴上根轨迹。

在实轴上，根轨迹存在于$[-2,+\infty)$和$(-\infty,-3]$区段上。

（3）确定根轨迹的渐近线。

渐近线与正实轴的夹角为

$$\varphi_a = \frac{\pm 360° q}{3-1} = \pm 180° (q=1)$$

这说明根轨迹渐近线位于实轴上。

（4）确定根轨迹的分离点。

系统的特征方程为

$$(s+3)(s^2+2s+2) - K(s+2) = 0$$

$$K = \frac{(s+3)(s^2+2s+2)}{s+2}$$

$$\frac{dK}{ds} = \frac{2s^3+11s^2+20s+10}{(s+2)^2} = 0$$

$$2s^3+11s^2+20s+10 = 2(s+0.8)(s^2+4.7s+6.24)$$
$$= 2(s+0.8)(s+2.35+0.77j)(s+2.35-0.77j)$$

分析只有$s=-0.8$位于根轨迹上，满足要求，其他两个不满足相角条件，不是分离点或会合点。

（5）确定根轨迹出射角和入射角。

开环复数极点$p_1 = -1+j$处根轨迹的出射角为

$$\varphi_{p1} = \sum \theta_z - \sum \theta_p = 45° - 27° - 90° = -72°$$

开环复数极点$p_2 = -1-j$处根轨迹的出射角为$72°$。

由此作出给定正反馈系统的根轨迹图如图4.17所示。

如果当

$$K > \frac{(s+3)(s^2+2s+2)}{s+2}\bigg|_{s=0} = 3$$

时，系统的一个实根进入右半s平面。因此，当$K>3$时，系统转为不稳定，此时，系统必须借助于外回路加以稳定。

为了将正反馈根轨迹图与负反馈根轨迹图进行比较，在图4.18上绘制出负反馈系统的根轨迹。比较图4.17和图4.18可以知道正反馈根轨迹和负反馈根轨迹的区别：

（1）实轴上负反馈系统的根轨迹没有经过的区段，恰好由相应的正反馈系统的根轨迹所填补。

（2）在任一开环复数极点（或零点）处，正、负反馈系统根轨迹的出射角（或入射角）恰好相差$180°$。

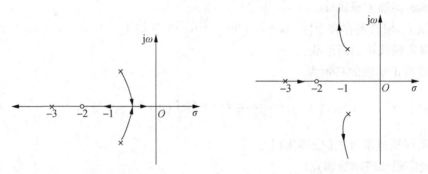

图 4.17 正反馈系统的根轨迹　　　　图 4.18 负反馈系统的根轨迹

4.4 根轨迹的应用

第 3 章讨论了时域响应性能问题,这里从根轨迹上分析系统性能,以便利用根轨迹的直观性选择满足系统响应性能的特征根。

自动控制系统的暂态性能由闭环极点和闭环零点共同决定的。根轨迹上闭环极点是随着参数的变化而变化的。由于实际控制系统的多样性,对响应性能的要求也不尽相同,多数控制系统总希望将闭环主导极点选择在复平面上适当的位置以获得较快的响应速度并具有较小的超调量。

4.4.1 分析系统的性能

在根轨迹图上可以确定闭环极点、分析系统的稳定性、计算系统的稳态性能和动态性能。

1) 在根轨迹上确定闭环极点

在根轨迹上确定闭环极点往往是先在一个分支上选好一个闭环极点,由于这点的 K_r 值是确定的,其余的闭环极点在各自分支上的位置随之而定。选择的闭环极点如能充当闭环主导极点,系统的响应性能将以闭环主导极点的模式为主。

2) 在根轨迹上分析系统的稳定性

在根轨迹上可以直观地看出系统是否稳定。当开环增益 K_r 从 $0 \rightarrow \infty$ 时,根轨迹均在 s 平面的左半部,那么系统是稳定的,如果有根轨迹位于 s 平面的右半部,那么系统是不稳定的。

3) 在根轨迹上分析系统的稳态性能

当开环传递函数有一个极点位于复平面 s 坐标原点时,该控制系统为 I 型系统,单位阶跃作用下的控制系统稳态误差为零,静态速度误差系数即为根轨迹上对应的值。如果给定了系统在单位速度信号作用下的稳态误差要求,则由根轨迹图可以确定闭环极点的允许范围。

4）在根轨迹上分析系统的动态性能

（1）当根轨迹上的闭环极点为两个不相等负实根时,系统呈过阻尼状态,阶跃响应为非周期过程。

（2）当根轨迹上的闭环极点为两个相等负实根时,系统呈临界阻尼状态。

（3）当根轨迹上的闭环极点为一对共轭复根时,系统呈欠阻尼状态,阶跃响应呈衰减振荡过程,且超调量将随 K 值的增大而加大。

【例 4.11】 已知单位反馈系统的开环传递函数为

$$G(s)=\frac{K}{s(s+1)(s+3)}$$

试绘制该系统的根轨迹,并求取具有阻尼比 $\zeta=0.5$ 时的共轭闭环主导极点的和其他闭环极点,并估算此时系统的性能指标。

解　系统有 3 个开环极点,即 $p_1=0$、$p_2=-1$ 和 $p_3=-3$。

（1）绘制根轨迹。

实轴上根轨迹区段为 $(-\infty,-3]$ 和 $[-1,0]$；

令

$$\frac{\mathrm{d}K}{\mathrm{d}s}=0$$

即 $3s^2+8s+3=0$。

求解得到分离点为 $\sigma=-0.45$。进入复平面后沿着渐近线方向趋于无穷远,渐近线与实轴的交点为

$$\sigma_a=\frac{\sum_{i=1}^{n}p_i-\sum_{j=1}^{m}z_j}{n-m}=-\frac{0+1+3}{3-0}=-1.33$$

渐近线与实轴的夹角为

$$\varphi_a=\pm\frac{2q+1}{n-m}180°=\pm\frac{2q+1}{3-0}180°=\pm60°(q=0)$$

它们与虚轴的交点可以由特征方程中的 s 用 $\mathrm{j}\omega$ 替代后计算出来,特征方程为

$$s^3+4s^2+3s+K_r=0$$

令 $s=\mathrm{j}\omega$ 代入上式,得

$$-\mathrm{j}\omega^3-4\omega^2+3\mathrm{j}\omega+K_r=0$$

由虚部为 0,可以得到

$$-\omega^3+3\omega=0$$

解得 $\omega_1=0$,$\omega_{2,3}=\pm\sqrt{3}$,其中 $\omega_1=0$ 是根轨迹起始于 0 值的开环极点的角频率,$\omega_{2,3}=$

$\pm\sqrt{3}$ 是根轨迹穿越虚轴的角频率；由实部为 0，可以得到

$$-4\omega^2+K_r=0$$

代入 $\omega-\sqrt{3}$ 求得临界根轨迹放大系数为 $K_r=12$。另一条根轨迹自实轴上 $(-3,0j)$ 开环极点沿着实轴负方向趋于无穷远。根轨迹如图 4.19 所示。

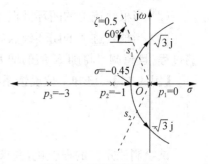

（2）确定闭环主导极点。

作 $\zeta=0.5$ 的阻尼线（$\theta=60°$）交根轨迹于 s_1 点，得到 $s_1=-0.37+0.64j$，其共轭根为 $s_2=-0.37-0.64j$，另外一个特征根可以由规则 10 求出，即

$$s_1+s_2+s_3=-4$$

图 4.19　系统根轨迹图

解得 $s_3=-3.26$，是 $(-\infty,-3]$ 分支上的点。该特征根到虚轴的距离与两个共轭复数极点到虚轴的距离之比为

$$A=\frac{3.26}{0.36}=9.06$$

$s_{1,2}$ 满足闭环主导极点的条件。由幅值条件可知，s_1 点对应的 K_r 值为

$$\begin{aligned}
K_r&=|s_1+p_1|\cdot|s_1+p_2|\cdot|s_1+p_3|\\
&=|-0.37+0.64j|\cdot|-0.37+0.64j+1|\cdot|-0.37+0.64j+3|\\
&=0.739\times0.898\times2.71=1.80
\end{aligned}$$

（3）估算系统的性能指标。

将闭环主导极点 $s_{1,2}$ 当作二阶系统的极点来估算系统的性能指标。自然振荡频率 ω_n 为

$$\omega_n=\sqrt{0.37^2+0.64^2}=0.739$$

阶跃响应超调量为

$$\sigma_p=e^{-\zeta\pi/\sqrt{1-\zeta^2}}\times100\%=e^{-0.5\pi/\sqrt{1-(0.5)^2}}\times100\%=16.3\%$$

调节时间为

$$t_s=\frac{3}{\zeta\omega_n}=\frac{3}{0.5\times0.78}=7.7(s)(\Delta=5\%)$$

系统的稳态误差系数为

$$K_p=\lim_{s\to0}G(s)=\lim_{s\to0}\frac{K}{s(s+1)(s+3)}=\infty$$

$$K_v=\lim_{s\to0}sG(s)=\frac{K}{3}=0.6$$

$$K_a = \lim_{s \to 0} s^2 G(s) = 0$$

所以,系统在单位斜坡给定信号作用下的稳态误差为

$$e_{sr} = 1/K_v = 1/0.6 = 1.67$$

系统的闭环传递函数可近似表示为

$$\Phi(s) = \frac{0.739^2}{s^2 + 2 \times 0.5 \times 0.739 s + 0.739^2} = \frac{0.546}{s^2 + 0.739 s + 0.546}$$

由以上可得到,系统的根轨迹图如图 4.19 所示。

4.4.2 闭环零、极点位置与系统瞬态响应的关系

控制系统的性能与闭环零极点的位置分布有直接的关系,系统的闭环零、极点位置与瞬态响应之间的关系可以归纳如下:

(1)系统的稳定性只取决于闭环极点在 s 平面的位置。若闭环极点位于左半 s 平面,则系统的瞬态响应呈收敛性,系统必定稳定。

(2)如果系统的闭环极点均为负实数,而且无闭环零点,则系统的瞬态响应一定为非振荡的,相应时间主要取决于距虚轴最近的闭环极点。离虚轴最近的闭环极点对系统的动态过程性能影响最大,起着决定性的主导作用。通常若其他极点离虚轴距离比主导极点离虚轴的距离大 5 倍以上,而且附近也无闭环零点,则其他闭环极点对系统的瞬态响应可以忽略。

(3)如果系统具有一对主导复数极点,则系统的瞬态响应呈振荡性质,其超调量主要取决于主导极点的衰减率 $\zeta/\sqrt{1-\zeta^2}$,并与其他零、极点接近坐标原点的程度有关,而调节时间主要取决于主导极点的实部 $\sigma = \zeta \omega_n$。

(4)如果除了一对主导复数极点之外,系统还具有若干实数零、极点,则零点的存在减小系统阻尼,使响应速度加快,超调量增加;实数极点的存在会增大系统的阻尼,使响应速度减慢,超调量减小。若要系统的快速性好,则闭环极点均应远离虚轴,以便使阶跃响应中的每个分量都衰减得更快。

(5)闭环零点可以削弱或抵消其附近闭环极点的作用。当某个零点与某个极点非常接近时,它们便称为一对偶极子。在一般情况下,偶极子对系统的瞬态响应的影响可以忽略,但如果偶极子的位置接近坐标原点,其影响往往需要考虑,但它们并不影响系统主导极点对系统的影响。

4.4.3 增加开环零点、开环极点对根轨迹的影响

1)增加开环零点对根轨迹的影响

由绘制根轨迹的规则可知,增加一个开环零点,对系统的根轨迹有以下四点影响:

(1)此开环零点改变了根轨迹在实轴上的分布;

(2)此开环零点改变了根轨迹渐近线的条数、与实轴的角度及截距;

（3）若增加的开环零点和某个极点重合或距离很近,则两者相互抵消。因此,可加入一个零点来抵消有损于系统性能的极点;

（4）根轨迹曲线将向左偏移,有利于改善系统的动态性能,而且所加的零点越靠近虚轴,则影响越大。

2）增加开环极点对根轨迹的影响

增加一个开环极点,对系统根轨迹有以下四点影响:

（1）同样此开环极点改变了根轨迹在实轴上的分布;

（2）此开环极点改变了根轨迹渐近线的条数、与实轴的角度及截距;

（3）改变了根轨迹的分支数;

（4）根轨迹曲线将向右偏移,不利于改善系统的动态性能,而且所增加的极点越靠近虚轴,这种影响就越大。

【例 4.12】 已知某系统的开环传递函数为

$$G(s)H(s)=\frac{K_r}{s(s+1)}$$

若为该系统增加一个开环极点 -3,或增加一个开环零点 -3,试分别讨论对系统根轨迹的影响和对系统动态性能的影响。

解 根据根轨迹绘制的步骤,绘制出如图 4.20 的根轨迹图。

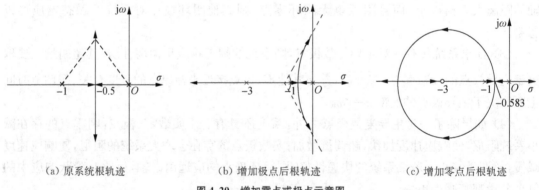

(a) 原系统根轨迹　　　　(b) 增加极点后根轨迹　　　　(c) 增加零点后根轨迹

图 4.20　增加零点或极点示意图

图 4.20(a)为原系统的根轨迹图,图 4.20（b）为增加开环极点后的开环传递函数的根轨迹图,其开环传递函数为

$$G(s)H(s)=\frac{K_r}{s(s+1)(s+3)}$$

图 4.20(c)为增加开环零点后的开环传递函数的根轨迹图,其开环传递函数为

$$G(s)H(s)=\frac{K_r(s+3)}{s(s+1)}$$

比较图 4.20(a)、(b)、(c)三幅图,可见:

（1）增加开环极点后,根轨迹及其分离点都向右偏移,而增加零点后使根轨迹及其分离

点都向左偏移；

（2）图 4.20(a)中，原来的二阶系统，当 K_r 从 0 增加至无穷大时，系统总是稳定的。而增加一个开环极点后的图 4.20(b)中，当 K_r 增加到一定程度时，有两条根轨迹跨越虚轴进入右半 s 平面，系统由原来的稳定系统变为不稳定系统；另外，当根轨迹在左半平面时，随着 K_r 的增大，阻尼角也随之增大，ζ 变小，振荡程度加剧，更何况特征根进一步靠近虚轴，衰减振荡过程变得很缓慢。总之，增加开环极点对系统的动态性能是不利的。

（3）图 4.20(c)中，增加开环零点的结果恰恰相反，当 K_r 从 0 增加到无穷大时，根轨迹始终都在左半 s 平面，系统总是稳定的。随着 K_r 的增大，闭环极点由两个负实数变为共轭复数，以后再变为实数，相对稳定性比原来更好，阻尼比 ζ 更大。因此，系统的超调量变小，调节时间变短，动态性能有明显提高。所以，在工程中，常采用增加零点的方法对系统进行校正。

4.5　应用 MATLAB 进行根轨迹分析

4.5.1　绘制基本根轨迹图

在进行根轨迹绘制时，MATLAB 提供了函数 rlocus( )函数来绘制系统的根轨迹图，其调用格式如下：

格式：rlocus(sys)

说明：sys 为闭环系统的开环传递函数 G(s)，此函数在当前窗口中绘制出闭环系统特征方程 $1+KrG(s)=0$ 的根轨迹图。

格式：rlocus(sys,k)

说明：此命令可用指定的反馈增益向量 k 来绘制根轨迹图。

格式：[r, k]=rlocus(sys)

说明：此命令只返回系统特征方程根位置的复数矩阵和相应的增益向量 k，而不绘制零极点图。

格式：rlocus(num, den)

说明：根据开环系统传递函数模型，直接在屏幕上绘制出系统的根轨迹图。开环增益的值从零到无穷大变化。

格式：rlocus(num, den, k)

说明：通过指定开环增益 k 的变化范围来绘制系统的根轨迹图。

格式：[r, k]=rlocus(num, den, k)

说明：不在屏幕上直接绘出系统的根轨迹图，而根据开环增益变化矢量 k，返回闭环系统特征方程 $1+k*num(s)/den(s)=0$ 的根 r，它有 length(k)行，length(den)−1 列，每行对应某个 k 值时的所有闭环极点。或者同时返回 k 与 r。若给出传递函数描述系统的分子项 num 为负，则利用 rlocus 函数绘制的是系统的零度根轨迹（正反馈系统或非最小相位系统）。需要画出根轨迹图，用下列画图命令：plot(r,")，画出了根轨迹。

要注意的一点是：因为增益是自动增加的，所以下列的两个开环传递函数，它们的根轨迹是相同的：

$$G(s)=\frac{K(s+2)}{(s+1)(s+4)(s+5)}\text{和}G(s)=\frac{20K(s+2)}{(s+1)(s+4)(s+5)}$$

因为对于这两个系统，系统的 num 和 den 是完全相同的。

【例 4.14】 已知单位反馈控制系统的开环传递函数为

$$G(s)=\frac{K}{s(s+2)(s+4)}$$

试分别绘制出控制系统的根轨迹图，系统增加零点 $z=-6$ 后的根轨迹，增加极点 $p=-3$ 后的根轨迹，增加极点 $p=5$ 后的根轨迹。

解　输入如下指令，得到系统的根轨迹如图 4.22(a)。

```
z=[];
p=[0,-2,-4];
k=1;
sys=zpk(z,p,k);
rlocus(sys)
```

系统增加零点 $z=-6$ 后，输入如下指令，得到系统的根轨迹如图 4.22(b)。

```
z=[-6];
p=[0,-2,-4];
k=1;
sys=zpk(z,p,k);
rlocus(sys)
```

系统增加极点 $p=-3$ 后，输入如下指令，得到系统的根轨迹如图 4.22(c)。

```
z=[];
p=[0,-2,-3,-4];
k=1;
sys=zpk(z,p,k);
rlocus(sys)
```

系统增加极点 $p=5$ 后，输入如下指令，得到系统的根轨迹如图 4.22(d)。

```
z=[];
p=[0,-2,-4,5];
k=1;
sys=zpk(z,p,k);
rlocus(sys)
```

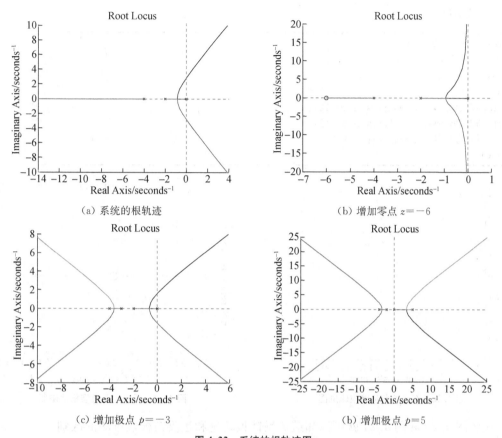

图 4.22　系统的根轨迹图

由图 4.22 可知：增加开环零点改变了根轨迹在实轴上的分布；根轨迹向左偏移，有利于改善系统的动态性能。增加开环极点改变了根轨迹在实轴上的分布；改变了根轨迹的分支数；根轨迹曲线向右偏移，不利于改善系统的动态性能。

【例 4.15】 已知单位反馈控制系统的开环传递函数为：

$$G(s)=\frac{K(s+2)}{(s+1)(s^2+4s+8)}$$

试分别绘制出正、负反馈控制系统的根轨迹图。

解　负反馈系统的根轨迹输入如下指令，得到的根轨迹如图 4.23 所示。

```
num= [1 2];
den=conv([1 1],[1 4 8]);
rlocus(num,den)
axis equal
set(findobj('marker','x'),'markersize',12);
set(findobj('marker','o'),'markersize',12);
v=[−4  0.5 −4 4]; axis(v);
```

对于正反馈控制系统绘制根轨迹，只要在 num 前加上负数符号即可，得到的根轨迹如

图 4.24 所示。

```
num=[-1  -2];
den=conv([1 1],[1 4 8]);
rlocus(num,den)
axis equal
set(findobj('marker','x'),'markersize',12);
set(findobj('marker','o'),'markersize',12);
v=[-4 0.5 -4 4]; axis(v);
axis(v);
```

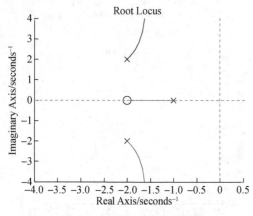

图 4.23　系统的负反馈根轨迹图

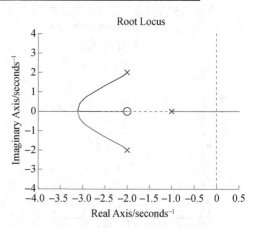

图 4.24　系统的正反馈根轨迹图

比较图 4.23 和图 4.24 就可以知道负反馈根轨迹和正反馈根轨迹图的区别：

（1）实轴上负反馈系统的根轨迹没有经过的区段，恰好由相应的正反馈系统的根轨迹所填补。

（2）在任一开环复数极点（或零点）处，正、负反馈系统根轨迹的出射角（或入射角）恰好相差 $180°$。

【例 4.16】　已知单位负反馈控制系统的开环传递函数为

$$G(s)=\frac{K(s+1)}{s^2(s+a)},a>0,K>0$$

试分别绘制出当 $a=10、9、8$ 和 1 时系统的根轨迹图。

解　输入如下指令

```
for a =[10 9 8 1];
z=[-1];
p=[0 0 -a];
k=1;
G(a)=zpk(z,p,k);
rlocus(G(a));
hold on
set(findobj('marker','x'),'markersize',8);
set(findobj('marker','x'),'linewidth',2);
```

```
set(findobj('marker','o'),'markersize',8);
set(findobj('marker','o'),'linewidth',2);
end
sgrid
```

根轨迹如图 4.25 所示。

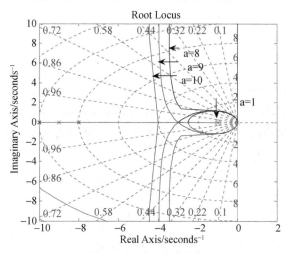

图 4.25　系统的根轨迹图

4.5.2　根轨迹分析系统性能

从第 3 章可知,系统的性能与阻尼比 ζ 和无阻尼自然振荡频率 ω_n 密切相关。一对共轭复数极点的阻尼比 ζ,可以用阻尼角来表示,即阻尼角 $\beta = \arccos\zeta$,而阻尼比 ζ 是一些通过原点的径向直线。它可以确定极点的角位置,而极点与原点间的距离则由无阻尼自然振荡频率 ω_n 确定,定常 ω_n 轨迹是一些圆。MATLAB 提供了在根轨迹上画定常 ζ 和定常 ω_n 的命令。

格式:sgrid

sgrid(z,wn)

说明:sgrid 命令是在现存的屏幕根轨迹或零极点图上绘制 ζ(z)值和 ω_n(wn)值所对应的格线。如果只需要一些特定的定常 ζ 线(如 $\zeta = 0.5$ 和 $\zeta = 0.707$)和特定的定常 ω_n 圆(如 $\omega_n = 0.5$、$\omega_n = 1$、$\omega_n = 3$),则可采用下列命令:

$$\text{sgrid}[0.5,\ 0.707],\ [0.5,\ 1,\ 3]$$

如果想略去全部的定常 ζ 线,或者全部的定常 ω_n 圆,则可以在命令 sgrid 的自变量中采用空括号[]。

例如,如果仅仅只要 $\zeta = 0.5$ 的定常阻尼比线,而不想把定常 ω_n 覆盖到该图上,则可以采用命令:

$$\text{sgrid}(0.5,[\ ])$$

【例 4.17】　已知单位反馈控制系统的开环传递函数为:

$$G(s)=\frac{K}{s^3+4s^2+10s}$$

试绘制出 ζ 分别为 0.5、0.707 和 ω_n 分别为 0.5、1、3 的根轨迹图。

解　输入如下指令

```
num=1;den=[1 4 10 0];
rlocus(num,den);
v=[-6 3 -4 4];axis(v);
axis equal
sgrid([0.5 0.707],[0.5 1 3]);
set(findobj('marker','x'),'markersize',12);
set(findobj('marker','x'),'linewidth',2.0);
```

得到如图 4.26 所示的 ζ 分别为 0.5、0.707 和 ω_n 分别为 0.5、1、3 的根轨迹图。

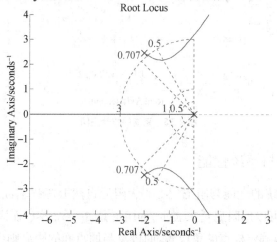

图 4.26　定常 ζ 和定常 ω_n 的根轨迹图

另外,在闭环系统的 MATLAB 分析中,经常需要求根轨迹上任意点的增益 K 值,这可以通过采用如下命令实现:

$$[k,p]=rlocfind(num,den)$$

说明:它要求屏幕上已经绘制好有关的根轨迹图,然后用此命令将产生一个光标,用来选择希望的闭环极点。命令执行结果:k 为对应选择点处根轨迹开环增益;p 为此点处的系统闭环特征根。不带输出参数项[k,p]时,同样可以执行,只是此时只将 k 的值返回到缺省变量 ans 中,如果选择的点不位于根轨迹上,则 rlocfind 命令也会给出这个选择点的坐标及这点的增益值,以及相应于这个 k 值的闭环极点的位置。因为,s 平面上每一个点都有一个增益值。

【例 4.18】 已知单位反馈系统的开环传递函数为

$$G(s)=\frac{K}{s(s+1)(0.5s+1)}$$

试用 MATLAB 语言绘制该系统的根轨迹,并求取具有阻尼比 $\zeta=0.5$ 的共轭闭环主导极点和其他闭环极点,并估算此时系统的性能指标。

解 输入如下指令

```
num=[1];
den=conv([1 0],conv([1 1],[0.5 1]));
rlocus(num,den);
set(findobj('marker','x'),'markersize',10);set(findobj('marker','x'),'linewidth',1.5);
v=[-4 3 -3 3];axis(v);axis equal
sgrid(0.5,[]);
[k1,p1]=rlocfind(num,den)
```

其运行结果如下

```
Select a point in the graphics window
selected_point =
    -0.3276 + 0.5714i
k1 =
    0.5136
p1 =
    -2.3311
    -0.3345 + 0.5734i
    -0.3345 - 0.5734i
```

输入如下指令

```
[k2,p2]=rlocfind(num,den)    %临界稳定时的增益与零极点
```

其运行结果如下

```
Select a point in the graphics window
selected_point =
    -0.0067 + 1.4068i
k2 =
    2.9556
p2 =
    -2.9919
    -0.0041 + 1.4056i
    -0.0041 - 1.4056i
```

得到如图 4.27 所示的系统根轨迹图。

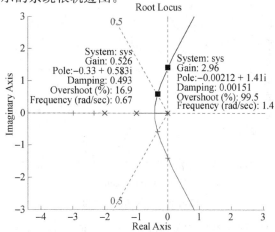

图 4.27 系统的根轨迹图

　　与前面用解析法求得的结果很接近,但略有出入,因为我们不可能把鼠标精确地配置到根轨迹与 $\zeta=0.5$ 直线相交的点上。

　　如果用鼠标右击根轨迹与 $\zeta=0.5$ 直线相交的点时,出现了这个点的动态性能指标。我们发现:

　　(1) 该点增益(Gain)为 0.526;

　　(2) 极点(Pole)位置为:$-0.33+0.583j$;

　　(3) 阻尼比(Damping):0.493(因为鼠标难以对准,会出现偏差);

　　(4) 最大超调量(Overshoot(%)):16.9;

　　(5) 无阻尼自然振荡角频率(Frequency(rad/s):0.67。

　　两种方法并不矛盾,而是相互互补。因为直接用鼠标点击虽然快捷,同时给出了系统的动态性能指标,但不能指出其余两个极点的值和位置。

　　系统的临界稳定时的增益为 2.96,与虚轴相交于 j1.41 这点,所以系统稳定的增益范围为 $0<K<2.96$。若要想知道其余两个极点的位置,则输入 rlocfind 命令求得。

　　【例 4.19】 已知单位反馈系统的开环传递函数为

$$G(s)=\frac{K(0.25s+1)}{s(0.5s+1)}$$

　　试用 MATLAB 语言绘制该系统的根轨迹,并判断使闭环控制系统稳定的 K 的取值范围。

　　解 输入如下指令

```
num=[0.25 1];
den=conv([1 0],[0.5 1]);
sys=tf(num,den);
rlocus(sys)
```

得到如图 4.28 所示的系统根轨迹图。

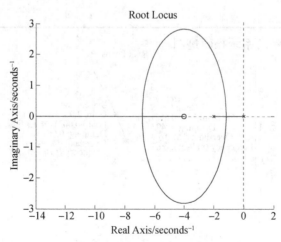

图 4.28　系统的根轨迹图

当参数 K 从 $0\rightarrow\infty$ 时,闭环系统根轨迹始终在 s 平面左侧,因此对应的闭环系统稳定。

小　结

根轨迹是通过开环传递函数用图示的方法直观地表示出系统闭环极点的分布情况,从而能够更容易分析控制系统的稳态性能与动态性能,还能直观地看出系统性能与传递函数的极点、零点在 s 平面上的分布位置有密切关系。本章主要介绍了根轨迹的概念、根轨迹的基本绘图规则、根轨迹的分析性能及 MATLAB 环境下根轨迹的画法。

(1) 根轨迹是指当系统中某个参量从 $0 \rightarrow \infty$ 时闭环特征根在 s 平面上移动的轨迹。而根轨迹法就是求解闭环系统特征根的一种图解求根法。

(2) 当系统开环传递函数零极点已知时,根据由闭环特征方程得到的相角条件和幅值条件,依据绘制常规根轨迹的规则,即可比较简便地绘制出根轨迹的大致形状。

(3) 利用绘制出的根轨迹可以确定系统闭环极点以及对系统动态性能的影响;还可以分析增加开环零点、开环极点和开环偶极子对控制系统的影响。

(4) 绘制广义根轨迹时,需要把特征方程化为与常规根轨迹特征方程类似的形式,使可变参数处于与常规根轨迹方程的开环根轨迹增益的位置上,就可用常规根轨迹的规则绘制广义根轨迹。

(5) 当系统中存在局部正反馈回路时,特征方程和相角条件发生变化。这时绘制根轨迹需要修改与相角条件相关的规则。

(6) 在 MATLAB 环境下,使用 MATLAB 语句绘制根轨迹减少了大量的计算,可以方便地绘制出系统开环零极点位置、系统的根轨迹、定常 ζ 轨迹和定常 ω_n 轨迹、确定根轨迹上任意点的开环根轨迹增益 K_r 值。

习　题

4.1　已知单位负反馈系统的开环传递函数为

$$G(s) = \frac{K_r}{(s+1)(s+2)(s+4)}$$

试绘制系统的根轨迹并判断使系统稳定的 K_r 的取值范围。

4.2　已知系统的开环传递函数为

(1) $G(s) = \dfrac{K_r}{s(s+1)(s+3)}$　　　　(2) $G(s) = \dfrac{K_r(s+5)}{s(s+1)(s+3)}$

(3) $G(s) = \dfrac{K_r(s+3)}{s(s^2+2s+2)}$　　　　(4) $G(s) = \dfrac{K_r}{s(s^2+4s+8)}$

试分别绘制系统的根轨迹。

4.3　设单位负反馈系统的开环传递函数为

$$G(s) = \frac{K_r}{s^2(s+2)}$$

(1) 试绘制系统根轨迹的大致图形,并对系统的稳定性进行分析;

(2) 若增加一个零点 $z = -1$,试问根轨迹有何变化,对系统稳定性有何影响?

4.4　已知单位负反馈系统的开环传递函数为

$$G(s) = \frac{K}{s(as+1)(s^2+2s+2)}$$

试求 $K = 4$ 时,以 a 为参变量的根轨迹图。

4.5 设负反馈控制系统的开环传递函数为

$$G(s)H(s)=\frac{10}{s(s+a)(s+1)}$$

试绘制以 a 为参变量的根轨迹,并计算系统稳定时 a 的取值范围。

4.6 设单位负反馈控制系统的开环传递函数为

$$G(s)=\frac{K_r(s+2)}{s(s+1)(s+3)}$$

试求:(1) 绘制出系统的根轨迹图;

(2) 确定 $\zeta=0.707$ 时的闭环极点和该点的增益。

4.7 设系统的结构如题图 4.1 所示。

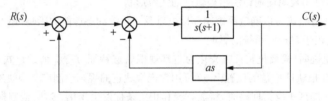

题图 4.1　系统结构图

要求:(1) 绘制以 a 为参量的根轨迹图;

(2) 求局部反馈时系统单位斜坡响应的稳态误差、阻尼比及调节时间;

(3) 确定临界阻尼时的 a 值。

4.8 设控制系统的开环传递函数为

$$G(s)H(s)=\frac{K_r(s+1)}{s^2(s+2)(s+4)}$$

试画出系统分别为正反馈和负反馈时的根轨迹,并分析它们的稳定性。

4.9 设单位负反馈系统的开环传递函数为

$$G(s)=\frac{K_r}{(s+3)(s+2)}$$

要求:(1) 试绘制系统的大致根轨迹;

(2) 若系统分别增加一个 $z=-5$、$z=-2.55$ 和 $z=-0.5$ 的开环零点,试绘制增加开环零点后系统的根轨迹,并分析增加开环零点后根轨迹的变化规律和对系统性能的影响。

4.10 已知单位负反馈系统的开环传递函数为

$$G(s)=\frac{K(s^2-2s+5)}{(2s+1)(s-0.5)}$$

试绘制系统的根轨迹,并确定使系统稳定的 K 的取值范围。

4.11 已知负反馈控制系统的结构图如题图 4.2 所示,试在根轨迹图上确定合适的 K 值使系统达到如下的性能指标:超调量 $\sigma_p \leqslant 25\%$,调节时间 $t_s \leqslant 3.8$ s,并且位置稳态误差尽可能小。

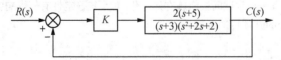

题图 4.2　系统的结构图

5 控制系统的频率特性法

在本章,你将学习
- 控制系统频率特性的概念
- 通过对零极点的分析,画出控制系统的伯德图和概略的极坐标图
- 如何利用频率特性图分析稳定性
- 如何利用频率特性分析控制系统的瞬态响应和稳态性能

利用微分方程求解系统瞬态过程,可以看出输出量随时间的变化,比较直观。但是用微分方程式求解系统的瞬态过程比较麻烦,系统越复杂,微分方程的阶次越高,求解微分方程的计算工作量越大。

在工程实践中,通常不希望进行大量繁杂的计算,而要求能够比较简单地分析出系统各参数对瞬态特性的影响以及加进某些环节以后对系统的瞬态特性又有怎样的改进。此外,在实际上往往并不需要把系统瞬态变化过程全部准确地计算出来,而希望有一种简单的判断瞬态过程的品质和稳态误差的方法。

频率特性是研究自动控制系统性能的又一种数学模型,它是间接地利用系统的开环特性分析闭环的响应,其特点是不但可以根据系统的开环频率特性去判断闭环系统的性能,而且能方便地分析系统中的参数对系统瞬态响应的影响,从而进一步指出改善系统性能的途径。

频率特性有明确的物理意义,对于一阶和二阶系统,频域性能指标和时域性能指标有确定的对应关系,对于高阶系统,则可以建立近似的对应关系。另外,许多元件和稳定系统的频率特性都可以用实验方法测定,并可以用多种形式的曲线表示,因此,对于一些机理复杂、难以采用解析方法的情况,这一点具有特别重要的意义。频率特性法已发展成为一种实用的工程方法,应用十分广泛。

本章介绍频率特性的基本概念和频率特性曲线的绘制方法,然后研究频率域稳定判据和频域性能指标的计算问题。

5.1 频率特性的基本概念

5.1.1 频率特性的定义

一般地讲,频率响应指的是在正弦输入信号的作用下,系统输出的稳态响应特性,而系统频率响应与正弦输入信号之间的关系称为频率特性。

分析如图 5.1 所示的 RC 电路图,设 RC 电路的初始条件为零,其传递函数为

$$G(s) = \frac{U_o(s)}{U_i(s)} = \frac{1}{Ts+1} \qquad (5.1)$$

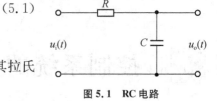

图 5.1　RC 电路

式中：$T = RC$——时间常数。

设输入电压 $u_i(t)$ 为正弦信号，即 $u_i(t) = U_{im}\sin\omega t$ 其拉氏变换为

$$U_i(s) = \frac{U_{im}\omega}{s^2 + \omega^2} \qquad (5.2)$$

将式(5.2)代入式(5.1)中，可以得到

$$U_o(s) = \frac{1}{Ts+1} \cdot \frac{U_{im}\omega}{s^2 + \omega^2} \qquad (5.3)$$

对式(5.3)进行拉氏反变换，可得

$$u_o(t) = \frac{U_{im}\omega T}{1+\omega^2 T^2}\mathrm{e}^{-\frac{t}{T}} + \frac{U_{im}}{\sqrt{1+\omega^2 T^2}}\sin(\omega t - \arctan\omega T) \qquad (5.4)$$

由式(5.4)可见，式中第一项是输出的瞬态分量，第二项是输出的稳态分量。当时间 $t \to \infty$ 时瞬态分量趋于零，所以上述电路的稳态响应可以表示为

$$\lim_{t \to \infty}u_o(t) = \frac{U_{im}}{\sqrt{1+\omega^2 T^2}}\sin(\omega t - \arctan\omega T) = U_{im}\left|\frac{1}{1+\mathrm{j}\omega T}\right|\sin(\omega t - \arctan\omega T) \qquad (5.5)$$

以上分析表明，当电路的输入为正弦信号时，其输出的稳态响应(频率响应)也是一个正弦信号，其频率和输入信号的频率相同，但幅值和相位发生了变化，其变化取决于 ω。

若把输出的稳态响应和输入正弦信号用复数表示，并求它们的复数比，可以得到

$$G(\mathrm{j}\omega) = \frac{\dot{U}_o}{\dot{U}_i} = \frac{1}{1+\mathrm{j}T\omega} \qquad (5.6)$$

这个复数比不仅与电路参数 T 有关，还与输入电压的频率 ω 有关，称为系统的频率特性。频率特性 $G(\mathrm{j}\omega)$ 仍然是一个复数，它可以写成

$$G(\mathrm{j}\omega) = |G(\mathrm{j}\omega)|\mathrm{e}^{\mathrm{j}\varphi(\omega)} = A(\omega)\mathrm{e}^{\mathrm{j}\varphi(\omega)} \qquad (5.7)$$

式中

$$A(\omega) = |G(\mathrm{j}\omega)| = \frac{1}{\sqrt{1+T^2\omega^2}}$$

$$\varphi(\omega) = \underline{/G(\mathrm{j}\omega)} = -\arctan T\omega$$

式(5.7)中：$A(\omega)$——系统幅频特性，即表示频率特性的幅值与频率的关系，是输出与输入信号的幅值之比；

　　　　　$\varphi(\omega)$——系统相频特性，即表示频率特性的相位与频率的关系，是输出与输入信号的相位之差。

可以证明,上述结论可以推广到任意的稳定的线性定常系统。于是由式(5.5)可以定义频率特性为:线性系统(或环节)在正弦函数的作用下稳态输出与输入之比。频率特性分为幅频特性和相频特性。

从式(5.6)可以看出,系统的频率特性 $G(j\omega)$ 与其传递函数 $G(s)$ 在结构上很相似,频率特性与传递函数之间有着确切的简单关系,即

$$G(s)\big|_{s=j\omega}=G(j\omega)=|G(j\omega)|e^{j\varphi(\omega)} \tag{5.8}$$

频率特性为传递函数中以 $j\omega$ 代换 s 的结果。

上述频率特性的定义既可以用于稳定的系统,也可以用于不稳定系统。稳定系统的频率特性可以用实验方法确定,即在系统的输入端施加不同频率的正弦信号,然后测量系统输出的稳态响应,再根据幅值比和相位差作出系统的频率特性曲线。由此可见,频率特性也是系统数学模型的一种表达形式。

对于不稳定系统,输出响应稳态分量中含有由系统传递函数的不稳定极点产生的呈发散或振荡的分量,所以不稳定系统的频率特性不能通过实验方法确定。

频率特性与微分方程和传递函数一样,也表征了系统的运动规律,成为系统频域分析的理论依据。系统的三种模型描述方法的关系可用图5.2说明。

图 5.2　频率特性、传递函数和微分方程三种系统描述之间的关系

5.1.2　频率特性的性质

(1) 由于传递函数仅仅取决于系统的结构及元件参数,而与系统的外界激励及各初始条件无关,所以频率特性也是如此。

(2) $G(j\omega)$、$A(\omega)$ 和 $\varphi(\omega)$ 都是频率 ω 的函数,它们都随着输入频率 ω 的变化而变化,而与输入幅值无关。

(3) 频率特性反映了系统性能,不同的性能指标,对系统的频率特性提出不同的要求。反之,根据系统的频率特性,就能确定系统的性能指标。

(4) 大多数自动控制系统具有低通滤波器的特性,即当 $\omega\rightarrow\infty$ 时,$A(\omega)$ 多趋于零。

(5) 频率特性仅适用于线性元件或系统。

5.1.3　频率特性的表示方法

工程上常用图形来表示频率特性,常用的有:

1) 幅相频率特性曲线

又简称为幅相曲线或极坐标图。以横轴为实轴,纵轴为虚轴,构成复数平面。系统(或环节)的开环频率特性

$$G(j\omega)H(j\omega)=A(\omega)e^{j\varphi(\omega)} \tag{5.9}$$

它可以在极坐标中以一个矢量表示,如图 5.3(a)所示。矢量的长度等于模 $A(\omega_i)$,而相对于极坐标的转角等于相位移 $\varphi(\omega_i)$。当 ω 给以不同的值时,$G(j\omega)H(j\omega)$ 的矢量终端将绘出一条曲线。这曲线称为系统(或环节)的开环幅相频率特性,也称为奈奎斯特(Nyquist)图或极坐标图,简称奈氏曲线(图)。顾名思义,频率特性的幅值及相位与频率 ω 的关系,都包含在这条曲线之中。

幅相频率特性在绘制时有两种方法。其一是根据

$$G(j\omega)H(j\omega)=A(\omega)e^{j\varphi(\omega)}$$

将极坐标重合在直角坐标中,取极点为直角坐标的原点,取极坐标轴为直角坐标的实轴。给 ω 以不同的值,分别计算矢量的长度 $A(\omega_i)$ 和相位 $\varphi(\omega_i)$,并绘于 $G(j\omega)H(j\omega)$ 复平面上,再按 ω 增加的方向,顺序连接成连续的矢端曲线,即为幅相频率特性曲线,如图 5.3(b)所示。

其二是把频率特性表示为

$$G(j\omega)H(j\omega)=R(\omega)+jI(\omega) \tag{5.10}$$

式(5.10)中:$R(\omega)$——频率特性的实部,称为实频特性;

　　　　　$I(\omega)$——频率特性的虚部,称为虚频特性。

也与第一种方法一样,给 ω 以不同的值,分别计算频率特性的实部 $R(\omega_i)$ 和虚部 $I(\omega_i)$,并绘于 $G(j\omega)H(j\omega)$ 复平面上,再按 ω 增加的方向,顺序连接成连续的曲线,如图 5.2(c)所示。

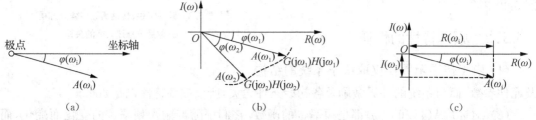

图 5.2　幅相频率特性表示法

2) 对数频率特性曲线

幅相特性曲线(极坐标图)具有一定的局限性,比如,在一个已有的系统中增加极点或零点,此时若要绘制幅相特性曲线,将需要重新计算频率响应。而且,这种形式频率响应的计算相当麻烦,且不能指出加入的各个极点或零点的影响。

为此,在工程实际中,又常常将频率特性画成对数坐标的形式。这种对数坐标图又称伯德(Bode)图,由对数幅频特性和对数相频特性两张图组成,是工程中广泛使用的一种曲线。

对数频率特性曲线的横坐标按 $\lg\omega$ 分度,单位为弧度/秒(rad/s),对数幅频特性的纵坐标按

$$L(\omega)=20\lg A(\omega) \tag{5.10}$$

线性分度,单位是分贝(dB)。对数相频特性的纵坐标按 $\varphi(\omega)$ 线性分度,单位为度(°),由此构成的坐标系称为半对数坐标系,如图 5.3 所示。

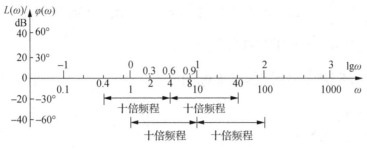

图 5.3　半对数坐标系

图中横坐标采用对数比例尺(或称对数标度),但标注角频率的真值(频率轴下方的标注),以方便读数。ω 每变化 10 倍,横坐标就增加一个单位长度,这个单位长度代表 10 倍频的距离,故称之为"10 倍频"或"10 倍频程"。ω 每变化一倍(称为一个倍频程),横坐标变化 0.301 单位长度,如 $\omega=1$,$\lg1=0$;$\omega=2$,$\lg2=0.301$;$\omega=4$,$\lg4=0.602$。一个 10 倍频程的间隔距离等于 $1/0.301=3.32$ 个一倍频程的间隔距离(亦即 3.32 个一倍频程的间隔距离)。

3) 对数幅相频率特性曲线

将对数幅频特性和对数相频特性画在一个图上,即以 $\varphi(\omega)$ (°)为线性分度的横轴,以 $L(\omega)=20\lg A(\omega)$ (dB)为线性分度的纵轴,以 ω 为参数绘制的 $G(j\omega)H(j\omega)$ 曲线,称为对数幅相频率特性曲线,或称为尼柯尔斯(Nichols)图或尼氏图。

本章只介绍幅相频率特性曲线(极坐标图)和伯德图。

5.2　幅相频率特性曲线(极坐标图)的绘制

一个自动控制系统可由若干个典型环节组成,要用频率特性的极坐标分析控制系统的性能,首先要掌握典型环节频率特性的极坐标图。

在频率响应法中,开环传递函数通常写成典型因子形式,即

$$G(s) = \frac{K \prod (\tau_i s + 1) \prod \left(\dfrac{s^2}{\omega_{nj}^2} + \dfrac{2\zeta_j s}{\omega_{nj}} + 1 \right)}{s^\nu \prod (T_k s + 1) \prod \left(\dfrac{s^2}{\omega_{nl}^2} + \dfrac{2\zeta_l s}{\omega_{nl}} + 1 \right)}$$

一般情况下,对应于上式所示传递函数具有以下一些基本因子:

(1) 因子 K,即常数,对应于增益环节;

(2) 因子 $\dfrac{1}{s}$,即位于原点的极点,对应于积分环节;

(3) 因子 s,即位于原点的零点,对应于微分环节;

(4) 因子 $\dfrac{1}{Ts+1}$,即负实轴上的极点,对应于惯性环节;

(5) 因子 $\tau s + 1$,即负实轴上的零点,对应于一阶微分环节;

(6) 因子 $\dfrac{1}{\left(\dfrac{s^2}{\omega_n^2} + \dfrac{2\zeta s}{\omega_n} + 1 \right)}$,即一对负实部共轭复极点,对应于振荡环节;

（7）因子$\dfrac{s^2}{\omega_n^2}+\dfrac{2\zeta s}{\omega_n}+1$，即一对负实部共轭复数零点，对应二阶微分环节；

（8）因子$e^{-\tau s}$，对应于纯时延（纯滞后）环节。

5.2.1　典型环节频率特性的极坐标图

1）比例环节

比例环节的频率特性为

$$G(\mathrm{j}\omega)=K \tag{5.11}$$

其幅频特性和相频特性为

$$\begin{cases} A(\omega)=K \\ \varphi(\omega)=0° \end{cases} \tag{5.12}$$

显然，其极坐标图不随频率ω而变，只是一个定点$(K,\mathrm{j}0)$，如图5.4所示。

2）积分环节

积分环节的频率特性为

$$G(\mathrm{j}\omega)=\dfrac{1}{\mathrm{j}\omega} \tag{5.13}$$

其幅频特性和相频特性为

$$\begin{cases} A(\omega)=\dfrac{1}{\omega} \\ \varphi(\omega)=-90° \end{cases} \tag{5.14}$$

当$\omega\to0$时，$A(0)\to\infty$；当$\omega\to\infty$时，$A(\infty)\to0$，其极坐标图如图5.5所示。

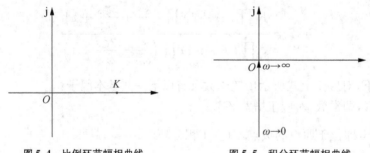

图5.4　比例环节幅相曲线　　　　图5.5　积分环节幅相曲线

3）微分环节

微分环节的频率特性为

$$G(\mathrm{j}\omega)=\mathrm{j}\omega \tag{5.15}$$

其幅频特性和相频特性为

$$\begin{cases} A(\omega)=\omega \\ \varphi(\omega)=90° \end{cases} \tag{5.16}$$

当 $\omega=0$ 时,$A(\omega)=0$;当 $\omega\to\infty$ 时,$A(\infty)\to\infty$,其极坐标图如图 5.6 所示。

4)惯性环节

惯性环节的频率特性为

$$G(j\omega)=\frac{1}{1+j\omega T} \tag{5.17}$$

其幅频特性和相频特性为

$$\begin{cases} A(\omega)=\dfrac{1}{\sqrt{1+\omega^2 T^2}} \\ \varphi(\omega)=-\arctan\omega T \end{cases} \tag{5.18}$$

当 $\omega=0$ 时,$A(0)=1$,$\varphi(\omega)=0°$;随着 ω 增加,$A(\omega)$ 减小,$\varphi(\omega)$ 也减小;当 $\omega\to\infty$ 时,$A(\infty)\to0$,$\varphi(\omega)=-90°$,其极坐标图为半圆,如图 5.7 所示。

5)一阶微分环节

一阶微分环节的频率特性为

$$G(j\omega)=1+j\omega T \tag{5.19}$$

其幅频特性和相频特性为

$$\begin{cases} A(\omega)=\dfrac{1}{\sqrt{1+\omega^2 T^2}} \\ \varphi(\omega)=\arctan\omega T \end{cases} \tag{5.20}$$

它与微分环节相比仅相差 1,只要把图 5.6 的曲线右移 1 就能得到一阶微分环节的幅相曲线,如图 5.8 所示。

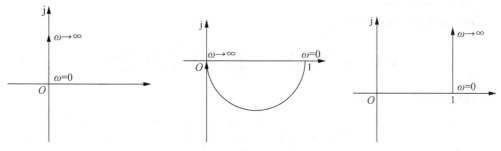

图 5.6 微分环节幅相曲线　　　图 5.7 惯性环节幅相曲线　　　图 5.8 一阶微分环节幅相曲线

6)振荡环节

振荡环节的频率特性为

$$G(j\omega)=\frac{\omega_n^2}{(j\omega)^2+2\zeta\omega_n j\omega+\omega_n^2}=\frac{1}{1-\left(\dfrac{\omega}{\omega_n}\right)^2+j2\zeta\left(\dfrac{\omega}{\omega_n}\right)} \tag{5.21}$$

其幅频特性和相频特性为

$$\begin{cases} A(\omega) = \dfrac{1}{\sqrt{\left(1 - \dfrac{\omega^2}{\omega_n^2}\right)^2 + 4\zeta^2\left(\dfrac{\omega}{\omega_n}\right)^2}} \\ \\ \varphi(\omega) = -\arctan \dfrac{2\zeta\dfrac{\omega}{\omega_n}}{1 - \dfrac{\omega^2}{\omega_n^2}} \end{cases} \tag{5.22}$$

当 $\omega = 0$ 时，$A(0) = 1$，$\varphi(\omega) = 0°$；当 $\omega \to \infty$ 时，$A(\infty) \to 0$，$\varphi(\omega) = -180°$；当 $\omega = \omega_n$ 时，$G(j\omega) = -j\dfrac{1}{2\zeta}$，图 5.9 表示不同 ζ 值的一组极坐标图。

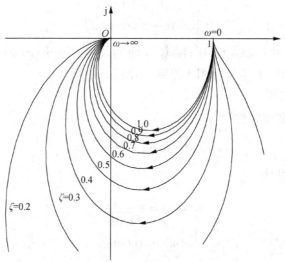

图 5.9 振荡环节幅相曲线

7）二阶微分环节

二阶微分环节的频率特性为

$$G(j\omega) = 1 + 2\zeta\left(j\dfrac{\omega}{\omega_n}\right) + \left(j\dfrac{\omega}{\omega_n}\right)^2 = \left(1 - \dfrac{\omega^2}{\omega_n^2}\right) + j\dfrac{2\zeta\omega}{\omega_n} \tag{5.23}$$

其幅频特性和相频特性为

$$\begin{cases} A(\omega) = \sqrt{\left(1 - \dfrac{\omega^2}{\omega_n^2}\right)^2 + 4\zeta^2\left(\dfrac{\omega}{\omega_n}\right)^2} \\ \\ \varphi(\omega) = \arctan \dfrac{2\zeta\dfrac{\omega}{\omega_n}}{1 - \dfrac{\omega^2}{\omega_n^2}} \end{cases} \tag{5.24}$$

当 $\omega = 0$ 时，$A(0) = 1$，$\varphi(\omega) = 0°$；当 $\omega \to \infty$ 时，$A(\infty) \to \infty$，$\varphi(\omega) = -180°$；当 $\omega = \omega_n$ 时，$G(j\omega) = j2\zeta$，图 5.10 所示为二阶微分环节的极坐标图。

8）纯时间延时环节

纯时间延时环节的频率特性为

$$G(j\omega) = e^{-jT\omega} \tag{5.25}$$

其幅频特性和相频特性为

$$\begin{cases} A(\omega) = 1 \\ \varphi(\omega) = -T\omega \end{cases} \tag{5.26}$$

可见，当 $\omega \to \infty$ 时，$\varphi(\infty) = -\infty°$，而幅值恒为 1，其极坐标图为单位圆，如图 5.11 所示。

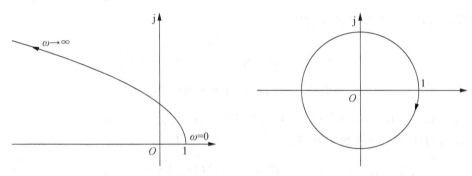

图 5.10　二阶微分环节幅相曲线　　　　图 5.11　纯时延环节幅相曲线

5.2.2　系统开环幅相曲线（极坐标图）的绘制

开环系统的幅相频率特性曲线简称为开环幅相曲线。准确的开环幅相曲线可以根据系统的开环幅频特性和相频特性的表达式，用解析计算法绘制。显然，这种方法比较麻烦。在一般情况下，只需要绘制概略开环幅相曲线，概略开环幅相曲线的绘制方法比较简单，但是概略曲线应保持曲线的重要特征，并且在要研究的点附近应有足够的准确性。

概略开环幅相曲线反映开环频率特性的三个重要因素：

（1）开环幅相曲线的起点（$\omega = 0$ 或 $\omega \to 0$）和终点 $\omega \to \infty$；

（2）开环幅相曲线与实轴的交点；

设 $\omega = \omega_x$ 时，$G(j\omega)H(j\omega)$ 的虚部为

$$\mathrm{Im}[G(j\omega_x)H(j\omega_x)] = 0 \tag{5.27}$$

或

$$\varphi(\omega_x) = \underline{/G(j\omega_x)H(j\omega_x)} = k\pi, k = 0, \pm1, \pm2, \cdots \tag{5.28}$$

称 ω_x 为穿越频率，而开环幅相曲线与实轴交点的坐标值为

$$\mathrm{Re}[G(j\omega_x)H(j\omega_x)] = G(j\omega_x)H(j\omega_x) \tag{5.29}$$

（3）开环幅相曲线的变化范围（象限、单调性）。

开环系统典型环节分解和典型环节幅相曲线的特点是绘制开环概略幅相曲线的基础，

下面通过一些例子加以介绍,最后总结出绘制开环概略幅相曲线的规律。

【例 5.1】 系统的开环传递函数为

$$G(s)H(s) = \frac{K}{(T_1 s+1)(T_2 s+1)} \qquad K, T_1, T_2 > 0 \qquad (5.30)$$

试概略绘制系统的幅相曲线。

解 系统的开环频率特性为

$$G(j\omega)H(j\omega) = \frac{K}{(1+j\omega T_1)(1+j\omega T_2)}$$

系统的开环幅频特性和相频特性为

$$\begin{cases} A(\omega) = \dfrac{K}{\sqrt{1+(T_1\omega)^2}\sqrt{1+(T_2\omega)^2}} \\ \varphi(\omega) = -\arctan T_1\omega - \arctan T_2\omega \end{cases}$$

当 $\omega=0$ 时,$A(0)=K$,$\varphi(\omega)=0°$;当 $\omega\to\infty$ 时,$A(\infty)\to0$,$\varphi(\omega)=-180°$。

将 $G(j\omega)H(j\omega)$ 分母实数化处理,得

$$\begin{aligned}
G(j\omega)H(j\omega) &= \frac{K(1-j\omega T_1)(1-j\omega T_2)}{(1+j\omega T_1)(1+j\omega T_2)(1-j\omega T_1)(1-j\omega T_2)} \\
&= \frac{K[(1-T_1 T_2\omega^2)-j(T_1+T_2)\omega]}{(1+\omega^2 T_1^2)(1+\omega^2 T_2^2)} \\
&= \frac{K(1-T_1 T_2\omega^2)}{(1+\omega^2 T_1^2)(1+\omega^2 T_2^2)} - j\frac{K(T_1+T_2)\omega}{(1+\omega^2 T_1^2)(1+\omega^2 T_2^2)}
\end{aligned}$$

于是系统的实频特性和虚频特性为

$$R(\omega) = \frac{K(1-T_1 T_2\omega^2)}{(1+\omega^2 T_1^2)(1+\omega^2 T_2^2)} \qquad (5.31)$$

$$I(\omega) = \frac{-K(T_1+T_2)\omega}{(1+\omega^2 T_1^2)(1+\omega^2 T_2^2)} \qquad (5.32)$$

曲线与虚轴的交点:令 $R(\omega)=0$,可求出开环幅相曲线与虚轴交点处的频率为

$$\omega = \frac{1}{\sqrt{T_1 T_2}} \qquad (5.33)$$

将式(5.33)代入式(5.32),可得出开环幅相曲线与虚轴交点的坐标为

$$\frac{-K\sqrt{T_1 T_2}}{(T_1+T_2)}$$

令 $I(\omega)=0$,得 $\omega=0$ 或 $\omega=\infty$,即系统开环幅相曲线除在起点和终点处外与实轴无交点。

由于 $I(\omega)\leqslant0$,$R(\omega)$ 可正可负,故系统开环幅相曲线在第 Ⅳ 和第 Ⅲ 象限内变化,系统概略开环幅相曲线如图 5.12 所示。

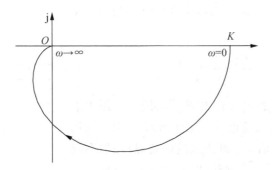

图 5.12 例 5.1 系统概略幅相曲线

【**例 5.2**】 系统的开环传递函数为

$$G(s)H(s)=\frac{K}{s(T_1 s+1)(T_2 s+1)} \qquad K,T_1,T_2>0 \qquad (5.34)$$

试概略绘制系统的开环幅相曲线。

解 系统的开环频率特性为

$$G(j\omega)H(j\omega)=\frac{K}{j\omega(1+j\omega T_1)(1+j\omega T_2)}$$

系统的开环的幅频特性和相频特性为

$$\begin{cases} A(\omega)=\dfrac{K}{\omega\ \sqrt{1+(T_1\omega)^2}\sqrt{1+(T_2\omega)^2}} \\ \varphi(\omega)=-90°-\arctan T_1\omega-\arctan T_2\omega \end{cases}$$

当 $\omega\to0$ 时,$A(0)=\infty$,$\varphi(\omega)=0°$;当 $\omega\to\infty$ 时,$A(\infty)\to0$,$\varphi(\infty)=-270°$。

根据系统的开环频率特性确定与实轴的交点:

$$G(j\omega)H(j\omega)=\frac{jK(1-j\omega T_1)(1-j\omega T_2)}{j\omega(1+j\omega T_1)(1+j\omega T_2)(+j)(1-j\omega T_1)(1-j\omega T_2)}$$

$$=\frac{K[-(T_1+T_2)\omega+j(-1+T_1 T_2\omega^2)]}{\omega(1+\omega^2 T_1^2)(1+\omega^2 T_2^2)}$$

于是系统的实频特性和虚频特性为

$$R(\omega)=\frac{-K(T_1+T_2)}{(1+\omega^2 T_1^2)(1+\omega^2 T_2^2)} \qquad (5.35)$$

$$I(\omega)=\frac{-K(1-T_1 T_2\omega^2)}{\omega(1+\omega^2 T_1^2)(1+\omega^2 T_2^2)} \qquad (5.36)$$

曲线与实轴的交点:令 $I(\omega)=0$,可求出开环幅相曲线与实轴交点处的频率为

$$\omega=\frac{1}{\sqrt{T_1 T_2}} \qquad (5.37)$$

将式(5.37)代入式(5.35),可得出开环幅相曲线与实轴交点的坐标为

$$\frac{-KT_1T_2}{T_1+T_2}$$

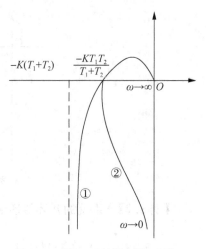

图 5.13　例 5.2 系统概略幅相曲线

系统开环幅相曲线如图 5.13 中曲线①所示。图中虚线为开环幅相曲线的低频渐近线。由于开环幅相曲线用于系统分析时不需要准确知道渐近线的位置,故一般系统的低频渐近线取坐标轴,图中曲线②为相应的系统概略开环幅相曲线。

5.2.3　开环幅相曲线的一般绘制规则

设系统开环传递函数的一般形式为

$$G(s)H(s) = \frac{K\prod_{i=1}^{m}(\tau_i s + 1)}{s^v \prod_{j=v+1}^{n}(T_j s + 1)} \tag{5.38}$$

当式(5.44)存在复极点、复零点时,系统的频率特性为

$$G(j\omega)H(j\omega) = \frac{K\prod_{i=1}^{d}(1+j\omega\tau_i)\prod_{k=1}^{g}\left[1+\left(\frac{j\omega}{\omega_{nk}}\right)^2+j2\zeta_k\frac{\omega}{\omega_{nk}}\right]}{s^v\prod_{j=1}^{e}(1+j\omega T_j)\prod_{l=1}^{f}\left[1+\left(\frac{j\omega}{\omega_{nl}}\right)^2+j2\zeta_l\frac{\omega}{\omega_{nl}}\right]} \tag{5.39}$$

式中:$d+2g=m$,$v+e+2f=n$。

总结上面各 $G(j\omega)H(j\omega)$ 的开环幅相曲线的形状、变化规律,我们则可得到:

假如一个系统的所有时间常数都为正,则可根据以下步骤画出它的开环幅相曲线:

(1) 幅相曲线的起始点($\omega=0$ 或 $\omega\rightarrow0$)与系统的类型 v 及放大系数 K 有关。$\varphi(0^+)=-90°\times v$,不同类型系统幅相曲线的起点如图 5.14 所示。

(2) 幅相曲线的终点($\omega\rightarrow\infty$),对于 $n>m$ 的系统以 $-(n-m)\cdot90°$ 的角度趋向原点。

当 $n=m$ 时,则式(5.39)的幅相曲线以 0° 趋于 $K\left[\prod_{i=1}^{m}\tau_i/\prod_{j=v+1}^{n}T_j\right]$ 点。对不同 $n-m$ 的系统,$\omega\rightarrow\infty$ 时幅相曲线如图 5.15 所示。

(3) 通过令 $R(\omega)=0$ 和 $I(\omega)=0$,则分别能求得 $G(j\omega)H(j\omega)$ 与实轴和虚轴的交点。

(4) 当 $n>m$,且 $G(s)H(s)$ 不包含有微分环节时,$G(j\omega)H(j\omega)$ 的幅相曲线是一个幅值单调衰减,相位也单调减小的光滑曲线。

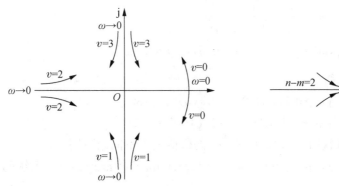
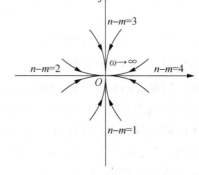

图 5.14 不同类型系统幅相曲线的起点　　　　图 5.15 $\omega \to \infty$ 幅相曲线的终点趋向

【例 5.3】 已知系统的开环传递函数为

$$G(s)H(s)=\frac{K(T_2 s+1)}{s^2(T_1 s+1)}$$

试绘制概略的幅相曲线。

解 方法一：系统的开环频率特性为

$$G(\mathrm{j}\omega)H(\mathrm{j}\omega)=\frac{K(1+\mathrm{j}\omega T_2)}{(\mathrm{j}\omega)^2(1+\mathrm{j}\omega T_1)}$$

将 $G(\mathrm{j}\omega)H(\mathrm{j}\omega)$ 有理化处理，得

$$
\begin{aligned}
G(\mathrm{j}\omega)H(\mathrm{j}\omega)&=\frac{K(1+\mathrm{j}\omega T_2)(1-\mathrm{j}\omega T_1)}{-\omega^2(1+\mathrm{j}\omega T_1)(1-\mathrm{j}\omega T_1)}\\
&=\frac{K(1+\omega^2 T_1 T_2)+\mathrm{j}K\omega(T_2-T_1)}{-\omega^2(1+\omega^2 T_1{}^2)} \qquad (5.40)\\
&=\frac{K(1+\omega^2 T_1 T_2)}{-\omega^2(1+\omega^2 T_1{}^2)}-\mathrm{j}\frac{K(T_2-T_1)}{\omega(1+\omega^2 T_1^2)}
\end{aligned}
$$

从式(5.40)中可看出，系统的幅相曲线与实轴、虚轴无交点，且 $R(\omega)<0$，$I(\omega)$ 的正负取决于时间常数 T_1 和 T_2 的数值大小。

(1) $T_2<T_1$：由于 $T_2<T_1$，$I(\omega)>0$，因此当 $0<\omega<\infty$ 时，系统的幅相曲线位于第二象限，如图 5.16(a)所示。

(2) $T_2>T_1$：由于 $T_2>T_1$，$I(\omega)<0$，因此当 $0<\omega<\infty$ 时，系统的幅相曲线位于第三象限，如图 5.16(b)所示。

(3) $T_2=T_1$：系统的幅相曲线沿负实轴变化，如图 5.16(c)所示。

方法二：系统的开环频率特性为

$$G(\mathrm{j}\omega)H(\mathrm{j}\omega)=\frac{K(1+\mathrm{j}\omega T_2)}{(\mathrm{j}\omega)^2(1+\mathrm{j}\omega T_1)}$$

系统的开环的幅频特性和相频特性为

$$\begin{cases} A(\omega) = \dfrac{K}{\omega^2} \dfrac{\sqrt{1+(T_2\omega)^2}}{\sqrt{1+(T_1\omega)^2}} \\ \varphi(\omega) = -180° + \arctan\omega T_2 - \arctan\omega T_1 \end{cases}$$

该系统是Ⅱ型($\upsilon=2$)系统。

系统幅相曲线的起点:当 $\omega \to 0$ 时,$A(0)=\infty$,$\varphi(0)=-180°$;

系统幅相曲线的终点:当 $\omega \to \infty$ 时,$A(\infty) \to 0$,$\varphi(\infty)=-180°$。

系统的幅相曲线的形状视时间常数 T_1 和 T_2 的数值大小不同而不同:

(1) $T_2 < T_1$:由于 $T_2 < T_1$,因此当 $0 < \omega < \infty$ 时,$\arctan\omega T_2 < \arctan\omega T_1$,系统的幅相曲线位于第二象限,如图 5.16(a)所示。

(2) $T_2 > T_1$:由于 $T_2 > T_1$,因此当 $0 < \omega < \infty$ 时,$\arctan\omega T_2 > \arctan\omega T_1$,系统的幅相曲线位于第三象限,如图 5.16(b)所示。

(3) $T_2 = T_1$:此时,$\varphi(\omega)=-180°$,当 $0 < \omega < \infty$ 时,系统的幅相曲线沿负实轴变化,如图 5.16(c)所示。

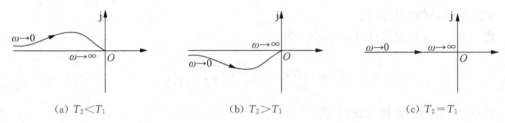

(a) $T_2 < T_1$　　　　　　　(b) $T_2 > T_1$　　　　　　　(c) $T_2 = T_1$

图 5.16　例 5.3 系统的幅相曲线

5.3　对数频率特性曲线

由于在伯德图中 $G(j\omega)$ 的幅值是用对数表示的,$G(j\omega)$ 中各因子的乘法运算变成了加法,相位关系也是以普通的方法相加或相减。因此,这些因子的曲线可以通过作图的方法加在一起得到整个传递函数的频率响应曲线。而且,这些曲线采用后面所介绍的渐近线近似表示时还可以进一步简化伯德图的绘制过程。

5.3.1　典型环节的对数频率特性图

1)比例环节

比例环节的对数幅频特性和对数相频特性为

$$\begin{cases} L(\omega) = 20\lg K \\ \varphi(\omega) = 0° \end{cases} \tag{5.41}$$

比例环节的对数频率特性如图 5.17 所示。对数幅频特性是一平行于 ω 轴,高度为 $20\lg K$(dB)的直线,对数相频特性是一与 0°线重合的直线。

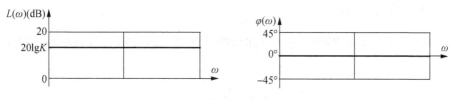

图 5.17 比例环节的伯德图

2）积分环节和微分环节

积分环节的对数幅频特性和对数相频特性分别为

$$\begin{cases} L(\omega)=20\lg\dfrac{1}{\omega}=-20\lg\omega \\ \varphi(\omega)=-90° \end{cases} \tag{5.42}$$

由式(5.42)可知,对数幅频特性曲线是一条斜率为 -20 dB/dec 的直线,并与 ω 轴相交于 $\omega=1$ 处。即横坐标 $\lg\omega$ 每增加单位长度(ω 每增加十倍时),纵坐标 $L(\omega)$ 减少 20 dB,故斜率是 -20 dB/dec,dec 表示十倍频程。对数相频特性是一条平行于横坐标的直线。

对于在原点有多重极点的情况,我们可以类似地有对数幅频特性

$$L(\omega)=20\lg\dfrac{1}{|(j\omega)^{\upsilon}|}=-20\upsilon\lg\omega \tag{5.43}$$

相频特性

$$\varphi(\omega)=-\upsilon90° \tag{5.44}$$

在这种情况下,由于是多重极点的缘故,对数幅频特性曲线的斜率为 -20υ dB/dec。

积分环节 s^{-1} 和 s^{-2} 的对数幅频特性曲线图和相频特性曲线图见图 5.18。

传递函数在原点的零点,即因子 s 称为微分环节。微分环节的对数幅频特性为

$$L(\omega)=20\lg|j\omega|=20\lg\omega \tag{5.45}$$

式中的斜率为 $+20$ dB/dec,相频特性则为

$$\varphi(\omega)=90° \tag{5.46}$$

同理也可得到原点处有多重零点(多重微分)的情况。环节 s 和 s^2 的对数幅频特性图和相频特性图也显示于图 5.18 中。

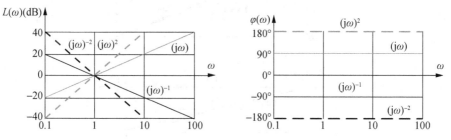

图 5.18 积分环节的伯德图

3）惯性环节和一阶微分环节

传递函数的负实极点,即因子$\dfrac{1}{Ts+1}$称为惯性环节。该环节的对数幅频特性由下式给出为

$$L(\omega)=20\lg\frac{1}{\sqrt{1+\omega^2T^2}}=-20\lg\sqrt{1+\omega^2T^2} \tag{5.47}$$

当$\omega\ll\dfrac{1}{T}$时其渐近线为

$$L(\omega)=-20\lg1=0 \tag{5.48}$$

而$\omega\gg\dfrac{1}{T}$时的渐近线则为

$$L(\omega)=-20\lg T\omega=-20\lg T-20\lg\omega \tag{5.49}$$

这是一条斜率为-20 dB/dec的直线,并与0 dB线相交于$\omega=\dfrac{1}{T}$处。两条渐近线在角频率$\omega=\dfrac{1}{T}$处相会,该角频率称为转折频率(又称交接频率)。

惯性环节的对数幅频特性图见图5.19。为了进行比较,表5.1给出了该环节幅频特性的精确值和使用近似表示所得到的值。我们可以看到,精确的幅频特性与渐近特性之间最大的差异为3 dB。因此,$\omega>\dfrac{1}{T}$时用高频渐近线替代精确特性以及$\omega<\dfrac{1}{T}$时用低频渐近线替代精确特性是一种合理的假设。

惯性环节的相频特性为

$$\varphi(\omega)=-\arctan T\omega \tag{5.50}$$

相频特性曲线及其直线近似特性如图5.19所示。这一直线近似特性在转折频率处的相位值是正确的,而且对于所有的频率与实际的相频特性曲线之间的差异都在6°之内。该近似特性将为简便地确定传递函数$G(s)$的相频特性的形态提供一种有用的手段。但是,经常还会需要精确的相频特性曲线,这可通过必要的计算获取。

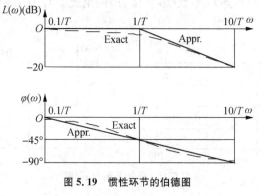

图 5. 19　惯性环节的伯德图

表 5.1　惯性环节对数频率特性的精确值和近似值

$T\omega$	0.1	0.5	0.76	1	1.31	2	5	10
$L(\omega)$ 的精确值(dB)	−0.04	−1.0	−2.0	−3.0	−4.3	−7.0	−14.2	−20.04
$L(\omega)$ 的近似值(dB)	0	0	0	0	−2.3	−6.0	−14.0	−20.0
$\varphi(\omega)$ 的精确值(°)	−5.7	−26.6	−37.4	−45.0	−52.7	−63.4	−78.7	−84.3
$\varphi(\omega)$ 的近似值(°)	0	−31.5	−39.5	−45.0	−50.3	−58.3	−76.5	−90.0

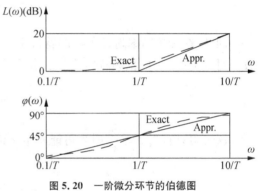

传递函数的负实零点,即因子 $G(s)=\tau s+1$ 称为一阶微分环节。它的伯德图可以通过与惯性环节相类似的方法获取。该环节的对数渐近幅频特性曲线如图 5.20 所示,小于转折频率时为零,而大于转折频率时则用一条斜率为 $+20$ dB/dec 的直线表示。实际的对数幅频特性曲线位于直线近似特性之上,在转折频率处具有最大的误差为 $+3$ dB。相频特性曲线及其直线近似特性显示于图 5.20,图中相位角是从 $0°$ 变化到 $+90°$。

图 5.20　一阶微分环节的伯德图

注意,如果 $\tau=T$,一阶微分环节 $\tau s+1$ 的对数幅频特性曲线和相频特性曲线是惯性环节 $\dfrac{1}{Ts+1}$ 的对数幅频特性曲线和相频特性曲线关于频率轴的镜像。

4) 振荡环节和二阶微分环节

传递函数的共轭复极点,即形式为 $G(s)=\dfrac{\omega_n^2}{s^2+2\zeta\omega_n s+\omega_n^2}$ 的因子称为振荡环节。振荡环节的频率特性可写成

$$G(j\omega)=\cfrac{1}{\left(1-\dfrac{\omega^2}{\omega_n^2}\right)+2j\zeta\dfrac{\omega}{\omega_n}} \tag{5.51}$$

对数幅频特性为

$$L(\omega)=-20\lg\sqrt{\left(1-\dfrac{\omega^2}{\omega_n^2}\right)^2+\left(2\zeta\dfrac{\omega}{\omega_n}\right)^2} \tag{5.52}$$

当 $\omega\ll\omega_n$ 时,渐近特性为

$$L(\omega)=0 \tag{5.53}$$

特性曲线与 0 dB 线重合。当 $\omega\gg\omega_n$ 时,渐近特性为

$$L(\omega)=-20\lg\dfrac{\omega^2}{\omega_n^2}=-40\lg\omega+40\lg\omega_n \tag{5.54}$$

特性曲线如图 5.21 所示,是一条斜率为 -40 dB/dec、与 0 dB 线相交于转折频率 $\omega=\omega_n$ 处的

直线。这两条渐近线在转折频率 $\omega = \omega_n$ 处会合。

在 $\omega = \omega_n$ 处，实际的幅频特性为

$$|G(j\omega_n)| = \frac{1}{2\zeta} \tag{5.55}$$

或者

$$L(\omega_n) = 20\lg\frac{1}{2\zeta} \tag{5.56}$$

因此，在转折频率附近实际的特性曲线将有别于渐近特性，其差别则是阻尼比 ζ 的函数。对式（5.52）的幅频特性关于 ω 求导并置其为零，结果显示，若幅频特性存在峰值，则

$$\omega_m = \omega_n \sqrt{1 - 2\zeta^2} \tag{5.57}$$

这表明只有当 $\zeta < \frac{\sqrt{2}}{2}$ 时才可能发生极值。如果这一条件满足，则得到的极值为

$$M_m = \frac{1}{2\zeta\sqrt{1-\zeta^2}}, \zeta < \frac{\sqrt{2}}{2} \tag{5.58}$$

即

$$L(\omega_m) = 20\lg\frac{1}{2\zeta\sqrt{1-\zeta^2}} \tag{5.59}$$

式（5.59）是以分贝表示的幅频特性的极值。该环节的伯德图见图 5.21。注意，实际的幅频特性曲线可以在直线近似特性之下也可以在其之上。

在 $\omega = \omega_n$ 附近，用渐近线得到的对数幅频特性存在较大的误差。$\omega = \omega_n$ 时，用渐近线得到

$$L(\omega_n) = 20\lg1 \text{ dB} = 0 \text{ dB}$$

而用准确特性时，得到

$$L(\omega = \omega_n) = 20\lg\left(\frac{1}{2\zeta}\right)\text{dB}$$

在 $\zeta = 0.5$ 时，二者相等。在 ζ 不同时，精确曲线如图 5.21 所示。所以，对于振荡环节，以渐近线代替实际对数幅频特性时，要特别加以注意。如果 ζ 在 $0.47 \sim 0.7$ 范围内，误差不大，而当 ζ 很小时，要考虑用一个尖峰加以修正，才能获得较准确的特性曲线。

振荡环节的相频特性为

$$\varphi(\omega) = -\arctan\frac{2\zeta\frac{\omega}{\omega_n}}{1-\frac{\omega^2}{\omega_n^2}} \tag{5.60}$$

在低频部分,有

$$\lim_{\omega \to 0}\varphi(\omega) = -\arctan 0 = 0° \tag{5.61}$$

考虑到适当的象限(当 $\omega > \omega_n$ 时,式(5.51)分母的实部小于 0,因此分母位于第二象限),在高频部分的相位为

$$\lim_{\omega \to \infty}\varphi(\omega) = -180° \tag{5.62}$$

但是,如图 5.21 所示,相位从 $0°$ 转变为 $-180°$ 的速率取决于阻尼比 ζ。同时还应注意,在 $\omega = \omega_n$ 处的相频特性曲线取值为 $-90°$。尽管在许多情况下不够精确,相频特性有时也采用直线近似特性。近似特性规定为从低于 ω_n 十倍频程开始到高于 ω_n 十倍频程结束,从 $0°$ 变化到 $-180°$ 的一条直线。

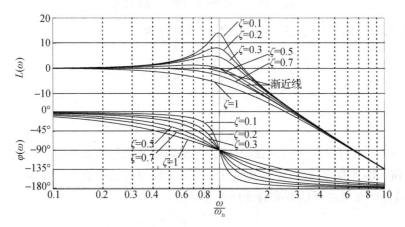

图 5.21 振荡环节的伯德图

二阶微分环节的对数幅频特性和对数相频特性分别为

$$L(\omega) = 20\lg \sqrt{\left(1 - \frac{\omega^2}{\omega_n^2}\right)^2 + \left(2\zeta\frac{\omega}{\omega_n}\right)^2} \tag{5.63}$$

$$\varphi(\omega) = \arctan \frac{2\zeta\dfrac{\omega}{\omega_n}}{1 - \dfrac{\omega^2}{\omega_n^2}} \tag{5.64}$$

显然,二阶微分环节和振荡环节的对数频率特性以横轴互为镜像对称,只要改变其对数频率特性的符号,就可以得到二阶微分环节的对数频率特性,如图 5.22 所示为 $\zeta = 0.5$ 时的二阶微分环节的对数频率特性。

5.3.2 开环对数频率特性的绘制

系统的开环频率特性为

$$G(j\omega)H(j\omega) = \prod_{i=1}^{n} G_i(j\omega) = \prod_{i=1}^{n} A_i(\omega) e^{j\sum_{i=1}^{n}\varphi_i(\omega)} = A(\omega)e^{j\varphi(\omega)} \tag{5.65}$$

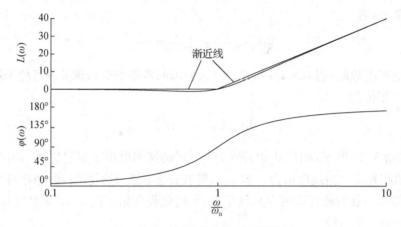

图 5.22　二阶微分环节的对数频率特性

故系统的开环对数幅频特性和开环对数相频特性为

$$L(\omega) = 20\lg A(\omega) = \sum_{i=1}^{n} 20\lg A_i(\omega) \tag{5.66}$$

$$\varphi(\omega) = \sum_{i=1}^{n} \varphi_i(\omega) \tag{5.67}$$

由式(5.65)~式(5.67)表明,系统开环传递函数做典型环节分解后,可先作出各典型环节的对数幅频率特性曲线,然后采用叠加方法即可方便地绘制系统开环对数频率特性曲线。

【例 5.4】　已知单位反馈系统的开环传递函数

$$G(s) = \frac{K}{s(Ts+1)}$$

试绘制系统的开环对数频率特性曲线。

解　系统的对数幅频特性和开环对数相频特性为

$$\begin{aligned}
L(\omega) &= 20\lg A(\omega) \\
&= 20\lg K - 20\lg \omega - 20\lg \sqrt{1+\omega^2 T^2} \\
&= L_1(\omega) + L_2(\omega) + L_3(\omega)
\end{aligned}$$

$$\begin{aligned}
\varphi(\omega) &= 0° - 90° - \arctan \omega T \\
&= \varphi_1(\omega) + \varphi_2(\omega) + \varphi_3(\omega)
\end{aligned}$$

分别作出各典型环节对数频率特性曲线,如图 5.23 所示。

图 5.23 中,L_1、L_2、L_3 分别为比例环节、积分环节和惯性环节的对数幅频特性曲线;φ_1、φ_2、φ_3 分别为比例环节、积分环节和惯性环节的对数相频特性曲线。将各典型环节的对数幅频特性曲线叠加,即得系统开环对数幅频特性曲线,见图 5.23 中的 $L(\omega)$。在转折频率附近加以修正可得到精确曲线。将各典型环节的对数相频特性曲线叠加,即得系统开环对数相频特性曲线,见图 5.23 中的 $\varphi(\omega)$。

分析图 5.23 中系统的对数频率特性渐近线特点,同时,鉴于系统开环对数幅频渐近线在控制系统的分析与设计中具有十分重要的作用,以下着重介绍根据开环传递函数直接绘制出开环对数幅频特性渐近线的方法。

对于任意的开环传递函数,可按照典型环节分解,将组成系统的各典型环节分为三部分:① $\dfrac{K}{s^v}$;② 一阶环节,包括惯性环节、一阶微分环节以及对应的非最小相位环节,转折频率为 $\dfrac{1}{T}$;③ 二阶环节,包括振荡环节、二阶微分环节以及对应的非最小相位环节,转折频率为 ω_n。

记 ω_{min} 为最小转折频率,并称

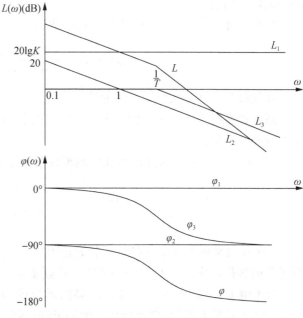

图 5.23　例 5.4 的对数频率特性曲线

$\omega < \omega_{min}$ 的频率范围为低频段。于是,开环对数幅频渐近特性曲线的绘制按以下步骤进行:

(1) 将系统的开环传递函数化成典型环节串联组成的标准形式;

(2) 确定各一阶环节和二阶环节的转折频率,将各转折频率标注在半对数坐标图的 ω 轴上;

(3) 绘制低频段渐近特性曲线。由于一阶环节和二阶环节的对数幅频渐近特性曲线在转折频率前为 0 dB/dec,在转折频率处斜率发生变化,因此在 $\omega < \omega_{min}$ 频段内,开环系统对数幅频渐近特性曲线的斜率取决于 $\dfrac{K}{\omega^v}$,因而直线斜率为 $-20v$ dB/dec。为获取低频渐近线,还需要确定该直线上的一点,可以采用以下方法:

方法一:取特定频率 $\omega_0 = 1$,则 $L_a(1) = 20\lg K$;方法二:取 $L_a(\omega_0) = 0$,则有 $\dfrac{K}{\omega_0^v} = 1$,于是可得 $\omega_0 = K^{\frac{1}{v}}$。

过点 $(\omega_0, L_a(\omega_0))$ 在 $\omega < \omega_{min}$ 范围内作斜率为 $-20v$ dB/dec 的直线,显然,若 $\omega_0 > \omega_{min}$,则点 $(\omega_0, L_a(\omega_0))$ 位于低频渐近特性曲线的延长线上。

(4) 作 $\omega \geqslant \omega_{min}$ 频段渐近特性曲线。在 $\omega \geqslant \omega_{min}$ 频段,系统开环对数幅频渐近特性曲线表现为分段折线,每两个相邻转折频率之间为直线,在每个转折频率处,斜率发生变化,变化规律取决于该转折频率对应的典型环节。比如,若遇到惯性环节的转折频率,则把直线斜率增加 -20 dB/dec;若遇到一阶微分环节的转折频率,则把直线斜率增加 20 dB/dec;若遇到振荡环节的转折频率,则把直线斜率增加 -40 dB/dec;若遇到二阶微分环节的转折频率,则把直线斜率增加 40 dB/dec。这样就能得到系统的对数幅频特性渐近线。

(5) 若有必要,可以利用误差修正曲线,对转折频率附近的曲线进行修正,则可以得到

精确的特性曲线。

【例 5.5】 已知某系统的开环传递函数为

$$G(s)H(s)=\frac{50(s+1)}{s(5s+1)(s^2+2s+25)}$$

试绘制其开环对数幅频特性曲线。

解 此系统是由一个比例环节、一个一阶微分环节、一个积分环节、一个惯性环节和一个振荡环节组成。

（1）将系统的开环传递函数化成典型环节串联组成的标准形式，即

$$G(s)H(s)=\frac{2(s+1)}{s(5s+1)\left(\frac{s^2}{5^2}+\frac{2\times0.2}{5}s+1\right)}$$

（2）在横坐标上标出各典型环节的转折频率，即惯性环节的转折频率 $\omega_1=0.2$，一阶微分环节的转折频率 $\omega_2=1$，振荡环节的转折频率 $\omega_3=5$。

（3）由于 $v=1$，故在 $\omega=1$ 时，低频段延长线的分贝值是 6.02 dB，过此点作一斜率为 $-20(\text{dB/dec})$ 的直线，它就是低频段的渐近线；然后从最低频率到最高频率检查，在 $\omega_1=0.2$ 处，曲线斜率由 $-20\ \text{dB/dec}$ 变为 $-40\ \text{dB/dec}$；在 $\omega_2=1$ 处，曲线斜率由 $-40\ \text{dB/dec}$ 变为 $-20\ \text{dB/dec}$；在 $\omega_3=5$ 处，曲线斜率由 $-20\ \text{dB/dec}$ 变为 $-60\ \text{dB/dec}$，得到系统的开环幅频特性渐近线，如图 5.24 所示。

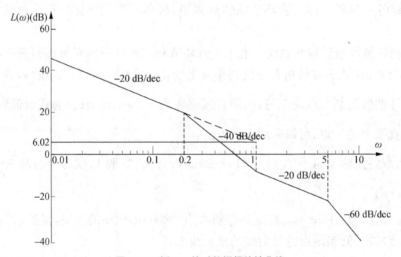

图 5.24 例 5.5 的对数幅频特性曲线

5.3.3 最小相位系统

在 s 右半平面上既没有极点，又没有零点的传递函数称为最小相位传递函数，对应的系统称为最小相位系统。反之，在 s 右半平面上有极点或零点的传递函数称为非最小相位传递函数，对应的系统称为非最小相位系统。

最小相位系统具有如下一些特性：

（1）对于开环极点都在左半 s 平面，且 $n \geqslant m$ 的系统，所有具有相同开环对数幅频特性的系统，最小相位系统的相位变化范围是最小的。

（2）最小相位系统在 ω 趋向于无穷大时，相位为 $-90°(n-m)$，对数幅频特性曲线的斜率为 $-20(n-m)\mathrm{dB/dec}$。

【例 5.6】 有系统

$$G_1(\mathrm{j}\omega)H_1(\mathrm{j}\omega) = \frac{1+\mathrm{j}\omega T_1}{1+\mathrm{j}\omega T_2}$$

$$G_2(\mathrm{j}\omega)H_2(\mathrm{j}\omega) = \frac{1-\mathrm{j}\omega T_1}{1+\mathrm{j}\omega T_2}$$

其中，$T_2 > T_1 > 0$。试作出系统的幅频特性及相位图。

解 $G_1(\mathrm{j}\omega)H_1(\mathrm{j}\omega)$ 是最小相位系统。显然，这两个系统的对数幅频特性完全相同，而相频特性却完全不同。最小相位系统的相位 $\varphi_1(\omega)$ 变化范围很小，而非最小相位系统的相位 $\varphi_2(\omega)$ 随着 ω 的增加从 $0°$ 变化到趋于 $-180°$，如图 5.25 所示。

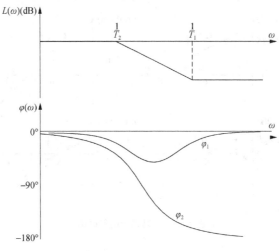

图 5.25　例 5.6 的伯德图

5.3.4 从伯德图求开环传递函数

正弦信号可以用于测量控制系统的开环频率响应。通过实验的方法可以获得在许多频率上输出的幅值和相位。这些数据用于获取精确的对数幅频和相频特性曲线。利用幅频特性渐近线的斜率必定为 $\pm20\ \mathrm{dB/dec}$ 的整数倍数这一实际情况，在精确的幅频特性图上画出渐近线。对于最小相位传递函数，由渐近幅频特性曲线就可以确认斜率改变处的频率即为相应环节的转折频率，由此可以确定传递函数的各个环节。按照这样的方法，根据这些渐近线就可以确定系统的型别和各个环节大约的时间常数，然后就可以综合成开环传递函数。

考虑写成典型环节形式的开环传递函数

$$G(s)H(s) = \frac{K \prod (\tau_i s + 1)}{s^v \prod (T_j s + 1) \prod \left(\dfrac{s^2}{\omega_{\mathrm{n}k}^2} + \dfrac{2\zeta_k s}{\omega_{\mathrm{n}k}} + 1 \right)}$$

显然,在低于最小转折频率的低频部分,对数幅频渐近特性的斜率－20υ dB/dec 是由开环传递函数中的积分环节数 υ,即系统的型别决定的。同时,这一部分的高度取决于常数增益,即开环增益 K 的大小。

（1）0 型系统

0 型系统的开环积分环节数为 $\upsilon=0$。它的渐近对数幅频特性曲线如图 5.26 所示,在低频部分是一条高度为 20lg$K$ 的水平线。

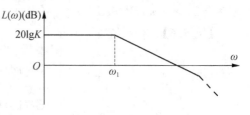

图 5.26　0 型系统的伯德图

（2）Ⅰ型系统

Ⅰ型系统的开环积分环节数为 $\upsilon=1$。它的渐近对数幅频特性曲线在低频部分的斜率为－20 dB/dec,而低频部分的渐近线或者它的延长线在 $\omega=1$ 处的高度则为 20lg$K$。而且可以证明,低频部分的渐近线或者它的延长线将与 0 dB 线相交于 $\omega=K$ 处。图 5.27 是Ⅰ型系统一些典型的幅频特性曲线。

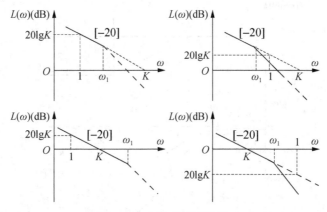

图 5.27　Ⅰ型系统的伯德图

（3）Ⅱ型系统

Ⅱ型系统的开环积分环节数为 $\upsilon=2$。它的渐近对数幅频特性曲线在低频部分的斜率为－40 dB/dec,而低频部分的渐近线或者它的延长线在 $\omega=1$ 处的高度则为 20lg$K$。而且可以证明,低频部分的渐近线或者它的延长线将与 0 dB 线相交于 $\omega=\sqrt{K}$ 处。图 5.28 是Ⅱ型系统一些典型的幅频特性曲线。

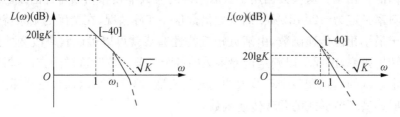

图 5.28　Ⅱ型系统的伯德图

【例 5.7】　图 5.29 是一个直流伺服电机－放大器组合系统(输出为电机轴的角速度,输入为施加的电压)的渐近幅频特性曲线图。确定该组合系统的传递函数。

解 由曲线图很容易得到,给组合系统的传递函数为

$$G(s)=\frac{K}{\frac{s}{\alpha}+1}=\frac{K\alpha}{s+\alpha}$$

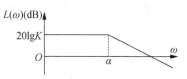

图 5.29 直流伺服电机－放大器
组合系统的对数幅频渐近特性曲线

【**例 5.8**】 由图 5.30 所示渐近对数幅频特性曲线确定一个典型 Ⅱ 型系统的传递函数,图中转折频率 ω_1、ω_2 以及 ω_c 均为已知。假设该传递函数是最小相位的。

解 由渐近幅频特性曲线可见,该传递函数具有以下形式

$$G(s)=\frac{K(T_1s+1)}{s^2(T_2s+1)}=\frac{K\left(\dfrac{s}{\omega_1}+1\right)}{s^2\left(\dfrac{s}{\omega_2}+1\right)}$$

曲线图既没有指明起始部分或其延长线在 $\omega=1$ 处的高度,也没有指明起始部分或其延长线与 0 dB 线的交点。在这种情况下,增益 K 可以利用渐近幅频特性的表达式确定,即

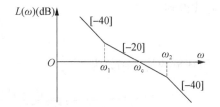

图 5.30 例 5.8 的对数幅频渐近特性曲线

$$L(\omega_c)=20\lg\frac{K\sqrt{\left(\dfrac{\omega_c}{\omega_1}\right)^2+0}}{\omega_c^2\sqrt{0+1}}=0$$

或者

$$\frac{K\dfrac{\omega_c}{\omega_1}}{\omega_c^2}=1$$

求解这一方程得到

$$K=\omega_1\omega_c$$

因此,传递函数为

$$G(s)=\frac{\omega_1\omega_c\left(\dfrac{s}{\omega_1}+1\right)}{s^2\left(\dfrac{s}{\omega_2}+1\right)}$$

【**例 5.9**】 某控制环节的幅频特性曲线如图 5.31 所示,图中实线是渐近特性曲线,而虚线则是精确的特性曲线。如果该环节是最小相位的,试确定它相应的传递函数。

解 由给定的幅频特性曲线,该传递函数有三个串

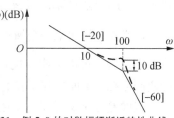

图 5.31 例 5.9 的对数幅频渐近特性曲线图

联的环节,并可写成如下形式

$$G(s) = \frac{K\omega_n^2}{s(s^2 + 2\zeta\omega_n s + \omega_n^2)}$$

渐近特性曲线与 ω 轴在 $\omega = 10$ 处相交。由于该传递函数只有一个积分环节,所以增益环节为

$$K = 10$$

很容易看到,振荡环节的转折频率为 $\omega_n = 100$,而且,振荡环节在 $\omega_n = 100$ 处的幅值为 $\frac{1}{2\zeta}$,于是有

$$20\lg \frac{1}{2\zeta} = 10$$

求解此式得到

$$\zeta = 0.158$$

因此,该环节的传递函数为

$$G(s) = \frac{10 \cdot 100^2}{s(s^2 + 2 \times 0.158 \times 100s + 100^2)} = \frac{10^5}{s(s^2 + 31.6s + 10^4)}$$

5.4 奈奎斯特(Nyquist)稳定判据

奈奎斯特稳定判据是在复变函数的幅角原理的基础上,提出了根据系统的开环频率特性判别闭环系统稳定性的准则。闭环系统的绝对稳定性可以由开环频率特性曲线图解确定,无需实际求出闭环极点,所以这种判据在实际工程中得到了广泛的应用。

5.4.1 幅角原理

幅角原理与复变量解析函数的映射理论有关。为了能够有一个全面的了解,我们先对这一理论作简要的回顾,然后再不加证明地介绍幅角原理。

设 $F(s)$ 是复变量 $s = \sigma + j\omega$ 的一个函数。由于一般地讲 $F(s)$ 也是复数,我们可以写成

$$F(s) = U(\sigma, \omega) + jV(\sigma, \omega) \tag{5.68}$$

式中:$U(\sigma, \omega)$ 和 $V(\sigma, \omega)$ 是实函数。

定义在 s 平面某一个域内的函数 $F(s)$ 在该域内解析的充分必要条件是它的导数 $\frac{dF}{ds}$ 在该域内连续。可以证明,s 的所有有理函数在 s 平面内除了奇点处外处处解析。因此,所有传递函数在 s 平面内除了在它们的极点处外处处解析。

就像复变量 s 可以表示在一个实轴为 σ 和虚轴为 ω 的平面上一样,$F(s)$ 也可以用一个实轴为 U 和虚轴为 V 的平面表示。前者称为 s 平面,而后者则称为 F 平面。

对于 s 平面内的任意一点 $s=\sigma+j\omega$，根据给定的 σ 和 ω 数值找出相应的 U 和 V 的数值，将 s 平面内的这一点就被"映射"到 F 平面内。例如，考虑函数

$$F(s)=\frac{2s+3}{s+5}$$

对于 $s_t=1+2j$，我们得到

$$F(s_t)=\frac{2(1+2j)+3}{1+2j+5}=0.95-j0.33$$

这一"映射"关系见图 5.32。

在这两个平面之间的相应关系称为映射或变换。对于一个解析函数 $F(s)$ 而言，如果 $F(s)$ 在 s 平面内任意给定的某一点是解析的，则该点被映射到 F 平面内唯一的一点。这一概念可以延伸到将 s 平面内一条直线或曲线映射到的 F 平面。特别是，如果 $F(s)$ 在 s 平面内的一条光滑曲线上每一点都解析，该曲线将映射为 F 平面内的一条光滑曲线。

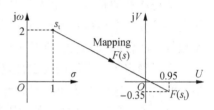

图 5.32　函数 F(s) 的映射

如果在 s 平面上任选一条不穿过 $F(s)$ 的任一零点和极点的封闭曲线 Γ_s，通过 $F(s)$ 的映射关系，则在 F 平面上必有对应的一条封闭曲线 Γ_F。当复变量 s 在 s 平面上沿封闭曲线 Γ_s 顺时针运动一周时，在 F 平面上映射的封闭曲线 Γ_F，其运动方向可能是顺时针的，也可能是逆时针的，它完全取决于特征函数 $F(s)$ 本身的特性。人们感兴趣的不是映射封闭曲线 Γ_F 的具体形状，而是包围 F 平面坐标原点的次数和运动方向，因为这两者与系统的稳定性密切相关。

幅角原理：设 $F(s)$ 是除了在有限个极点处处处解析的函数。如果 s 平面内的一条闭合曲线 Γ_s 包围了 $F(s)$ 的 Z 个零点和 P 个极点，并且 Γ_s 不经过 $F(s)$ 的任何零点和极点，那么当 s 按顺时针方向沿 Γ_s 绕行一周时，F 平面内相应的闭合曲线 Γ_F 包围 F 平面的原点圈数为

$$R=P-Z \tag{5.69}$$

$R<0$ 表示 Γ_F 顺时针包围 F 平面的原点，$R>0$ 表示 Γ_F 逆时针包围 F 平面的原点，$R=0$ 表示 Γ_F 不包围 F 平面的原点。

5.4.2　奈奎斯特稳定判据

1）复变函数 $F(s)$ 的选择

控制系统的稳定性判定是在已知开环传递函数的条件下进行的，为此，首先选择合适的复变函数 $F(s)$。

令 $G(s)H(s)=\dfrac{P(s)}{Q(s)}$，则有特征函数

$$F(s)=1+G(s)H(s)=1+\frac{P(s)}{Q(s)}=\frac{P(s)+Q(s)}{Q(s)} \tag{5.70}$$

系统闭环传递函数为

$$\Phi(s)=\frac{C(s)}{R(s)}=\frac{G(s)}{1+G(s)H(s)}=\frac{G(s)Q(s)}{P(s)+Q(s)} \tag{5.71}$$

对照式(5.70)、式(5.71)可以看出,特征函数 $F(s)$ 的极点就是系统开环传递函数的极点,特征函数 $F(s)$ 的零点则是系统闭环传递函数的极点。因此根据闭环系统的稳定条件,要使闭环控制系统稳定,特征函数 $F(s)$ 的全部零点都必须位于左半 s 平面内。因此,可选择该特征函数来应用辐角原理。

值得注意的是,$F(s)$ 和开环传递函数 $G(s)H(s)$ 只相差一个常数 1,因此,将闭合 Γ_F 曲线向左平移一个单位长度即可获得一条新的闭合曲线 Γ_{GH},闭合曲线 Γ_F 包围 F 平面原点的圈数等于闭合曲线 Γ_{GH} 包围 F 平面 $(-1,0j)$ 点的圈数。

为了确定闭环系统的稳定性,就有必要确定是否有任何闭环极点,即 $F(s)$ 的零点在右半 s 平面内。这可以按如下方法解决:

(1) 在 s 平面内选择一条包围整个右半 s 平面的闭合曲线 Γ_s;

(2) 在 F 平面内绘制 $\Gamma_F(\Gamma_{GH})$ 并确定 $\Gamma_F(\Gamma_{GH})$ 包围原点($(-1,0j)$ 点)的圈数 R。

2) s 平面闭合曲线 Γ_s 的选择

闭环系统的稳定性取决于系统闭环传递函数的极点,即特征函数 $F(s)$ 在右半 s 平面的零点数目 Z。因为已知 $F(s)$ 的极点就是 $G(s)H(s)$ 的极点,应用辐角定理,只要选择 Γ_s 包围整个右半 s 平面,就能通过 $\Gamma_F(\Gamma_{GH})$ 的图形决定 R,从而就能求出 Z,进而就能判别系统的稳定性。包围整个右半 s 平面的 Γ_s,称之为奈奎斯特轨线或奈氏路径。

图 5.33(a)是一条奈奎斯特轨线。如果 $F(s)$ 在 s 平面的原点或者 $j\omega$ 轴上某些点有极点,为了满足辐角原理的条件,必须对奈奎斯特轨线进行修改,这可以如图 5.33(b) 所示沿无穷小半圆绕过这些极点。

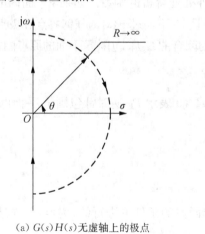 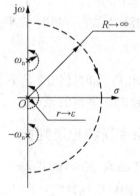

(a) $G(s)H(s)$ 无虚轴上的极点　　　　　(b) $G(s)H(s)$ 有虚轴上的极点

图 5.33　s 平面的闭合曲线 Γ_s

当 $G(s)H(s)$ 无虚轴上的极点时,见图 5.33(a),s 平面的闭合曲线 Γ_s 由两部分组成:

(1) $s=\infty e^{j\theta}$,$\theta\in[-90°,0°]$,即以原点为圆心,第Ⅳ象限中半径为无穷大的四分之一圆; $s=j\omega$,$\omega\in(-\infty,0]$,即负虚轴。

（2）$s=\infty e^{j\theta}$，$\theta\in[0°,90°]$，即以原点为圆心，第 I 象限中半径为无穷大的四分之一圆；$s=j\omega$，$\omega\in[0,+\infty)$，即正虚轴。

当 $G(s)H(s)$ 在虚轴上有极点时，为避开开环虚极点，在图 5.33(a) 所选闭合曲线的基础上加以扩展，构成如图 5.33(b) 所示的闭合曲线 Γ_s。

（1）开环系统含有积分环节时，在原点附近，取 $s=\varepsilon e^{j\theta}$，$\theta\in[-90°,90°]$，即以原点为圆心，半径为无穷小的半圆。

（2）开环系统含有等幅振荡环节时，在 $\pm j\omega_n$ 附近，取 $s=\pm j\omega_n+\varepsilon e^{j\theta}$，$\theta\in[-90°,90°]$，即圆心为 $(0,\pm j\omega_n)$，半径为无穷小的半圆。

3）$G(s)H(s)$ 闭合曲线 Γ_{GH} 的绘制

由图 5.33 可知，s 平面闭合曲线（奈奎斯特轨线）Γ_s 关于实轴对称，同时，$G(s)H(s)$ 是实系数有理分式函数，因此，闭合曲线 Γ_{GH} 关于实轴对称，故只需要绘制 Γ_{GH} 在 $\text{Im}s\geqslant0$，$s\in\Gamma_s$ 对应的曲线段，得到 Γ_{GH} 的半闭合曲线，称为奈奎斯特曲线，仍然记为 Γ_{GH}。

（1）若 $G(s)H(s)$ 无虚轴上的极点

当 $s=j\omega$，$\omega\in[0,+\infty)$ 时，Γ_{GH} 对应开环幅相曲线；

当 $s=\infty e^{j\theta}$，$\theta\in[0°,90°]$ 时，对应原点 $(n>m)$ 或 $(K^*,0j)$ 点 $(n=m)$，其中，K^* 为开环根轨迹增益。

（2）若 $G(s)H(s)$ 中含有积分环节时

当 $s=j\omega$，$\omega\in[0,+\infty)$ 时，Γ_{GH} 对应开环幅相曲线；

$s=\infty e^{j\theta}$，$\theta\in[0°,90°]$ 时，对应原点 $(n>m)$ 或 $(K^*,0j)$ 点 $(n=m)$，其中，K^* 为开环根轨迹增益；

当 $s=\varepsilon e^{j\theta}$，$\theta\in[0°,90°]$ 时，设

$$G(s)H(s)=\frac{1}{s^\upsilon}G_1(s),\upsilon>0,|G_1(j0)|\neq\infty \tag{5.72}$$

考虑到 ε 为无穷小的正数，故 $G_1(\varepsilon e^{j\theta})=G_1(j0)$，所以有

$$G(s)H(s)\Big|_{s=\varepsilon e^{j\theta}}\approx\infty e^{j[\angle\frac{1}{\varepsilon^\upsilon e^{j\theta}}+\angle G_1(\varepsilon e^{j\theta})]}=\infty e^{j[\upsilon\times(-\theta)+\angle G_1(\varepsilon e^{j\theta})]} \tag{5.73}$$

对应的曲线为从 $G_1(j0)$ 点起，半径为 ∞，圆心角为 $\upsilon\times(-\theta)$ 的圆弧，也就是说，可以从 $G(j0_+)H(j0_+)$ 点起，逆时针作半径无穷大，圆心角为 $\upsilon\times90°$ 的圆弧，如图 5.34 所示为 $\upsilon=1$ 的半闭合 Γ_F 曲线。

4）闭合曲线 Γ_F 包围原点圈数 R 的计算

根据半闭合曲线 Γ_{GH} 可获得 Γ_F 包围原点的圈数 R。设 N 为 Γ_{GH} 穿越 $(-1,0j)$ 点左侧负实轴的次数，N_+ 表示正穿越（从上向下穿越）的次数，N_- 表示负穿越（从下向上穿越）的次数，则

$$R=2N=2(N_+-N_-) \tag{5.74}$$

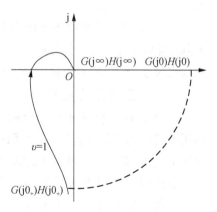

图 5.34 F 平面半闭合 Γ_{GH} 曲线

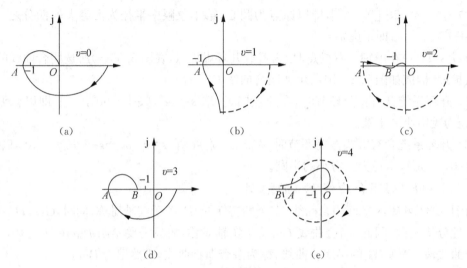

图 5.35　系统开环半闭合曲线 Γ_{GH}

在图 5.35 中，虚线部分为按照系统型别 υ 补作的圆弧，点 A，B 为奈氏曲线与负实轴的交点，按照穿越负实轴上 $(-\infty,-1)$ 段的方向，分别有：

图(a)中，A 点位于 $(-1,0j)$ 左侧，Γ_{GH} 从下向上穿越，为一次负穿越，因此，$N_- = 1$，$N_+ = 0$，$R = 2(N_+ - N_-) = -2$。

图(b)中，A 点位于 $(-1,0j)$ 右侧，$N_+ = N_- = 0$，$R = 0$。

图(c)中，点 A，B 均位于 $(-1,0j)$ 左侧，在点 A 处 Γ_{GH} 从下向上穿越，为一次负穿越，$N_- = 1$，在点 B 处 Γ_{GH} 从上向下穿越，为一次正穿越，$N_+ = 1$，$R = 2(N_+ - N_-) = 0$。

图(d)中，点 A，B 均位于 $(-1,0j)$ 左侧，在点 A 处 Γ_{GH} 从下向上穿越，为一次负穿越，$N_- = 1$，在点 B 处 Γ_{GH} 从上向下运动至实轴并停止，因此为半次正穿越，$N_+ = \frac{1}{2}$，$R = -1$。

图(e)中，点 A，B 均位于 $(-1,0j)$ 左侧，A 点对应 $\omega = 0$，随着 ω 的增大，Γ_{GH} 离开负实轴进入第二象限，为半次负穿越，而 B 点对应另外一次负穿越，因此，$N_- = \frac{3}{2}$，$N_+ = 0$，$R = 2(N_+ - N_-) = -3$。

Γ_F 包围原点圈数 R 等于闭合曲线 Γ_{GH} 包围 $(-1,0j)$ 的圈数。计算 R 的过程中应注意正确判断半闭合曲线 Γ_{GH} 穿越 $(-1,0j)$ 点左侧负实轴时的方向、半次穿越（穿越发生时的起点或终点位于 $(-1,0j)$ 点左侧的负实轴上）和虚线圆弧所产生的穿越次数。

5) 奈奎斯特稳定判据

选择如图 5.33 所示的闭合曲线 Γ_s，该闭合曲线包围了整个 s 右半平面（不含虚轴），根据闭环稳定的条件，若已知开环系统在不含虚轴的 s 右半平面的极点数（也即实部大于 0 的开环极点数）和半闭合曲线 Γ_{GH} 的情况下，可得下述的奈奎斯特稳定判据（奈氏判据）。

奈氏判据：反馈控制系统闭环稳定的充分必要条件是闭合曲线 Γ_{GH} 不穿过 $(-1,0j)$ 点且逆时针包围临界点 $(-1,0j)$ 的圈数 R 等于开环传递函数的正实部极点数 P。

由辐角原理可知，闭环系统正实部极点数，即函数 $F(s) = 1 + G(s)H(s)$ 的正实部零点

数为

$$Z=P-R=P-2N \tag{5.75}$$

当 $P \neq R$ 时,$Z \neq 0$,系统闭环不稳定。当 Γ_{GH} 穿过 $(-1,0j)$ 点时,说明存在 $s=\pm\omega_n$,使得 $G(j\omega_n)H(j\omega_n)=-1$,即闭环特征方程存在纯虚根,则系统可能临界稳定。因此,计算穿越次数时,应注意不要计入 Γ_{GH} 穿过 $(-1,0j)$ 点的次数。

考虑到前文所述的 R 的计算方法,奈氏判据也可以描述为:

奈氏判据:反馈控制系统闭环稳定的充分必要条件是当 ω 从零变化到无穷大时,半闭合 Γ_{GH} 曲线不穿过 $(-1,0j)$ 点且在 $(-1,0j)$ 左侧穿越负实轴的次数 N 满足

$$N=N_+ - N_- = \frac{P}{2} \tag{5.76}$$

其中,P 为开环传递函数的正实部极点数(右半 s 平面的极点数)。

【例 5.10】 系统的开环传递函数为

$$G(s)H(s)=\frac{K}{(T_1s+1)(T_2s+1)}$$

试用奈氏判据判别闭环系统的稳定性。

解 在例 5.1 中已绘出系统的奈氏曲线如图 5.12 所示。当参数 K、T_1、T_2 为任何正值时,系统的两个开环极点 $\frac{-1}{T_1}$、$\frac{-1}{T_2}$ 均为负实数,即在右半 s 平面内无开环极点,式(5.75)中 $P=0$。从图 5.12 可看到,奈氏曲线不包围点 $(-1,0j)$ 点,即 $R=0$,故闭环系统总是稳定的。

【例 5.11】 系统的开环传递函数为

$$G(s)H(s)=\frac{K}{s(T_1s+1)(T_2s+1)}$$

试用奈氏判据判别闭环系统的稳定性。

解 在例 5.2 中已绘出系统在 $0<\omega<\infty$ 时的幅相特性曲线,由于 $\upsilon=1$,因此需要按 υ 作补充圆弧,得到半闭合的 Γ_{GH} 曲线(又称作为奈奎斯特曲线,奈氏曲线),如图 5.36 所示。

由例 5.2 可知,Γ_{GH} 与实轴交点的坐标为 $\left(-\frac{KT_1T_2}{T_1+T_2},0j\right)$,因此,如果 $\frac{KT_1T_2}{T_1+T_2}>1$,则 Γ_{GH} 在 $(-1,0j)$ 左侧由一次负穿越,$N_-=1$,而 $N_+=0$,$P=0$,根据奈氏判据,闭环系统不稳定。减小 K 值,使得 $K=(T_1+T_2)/T_1T_2$,此时 Γ_{GH} 曲线穿过临界点;继续减小 K 值,当 $K<(T_1+T_2)/T_1T_2$ 时,$N_+=N_-=0$,闭环系统是稳定的。

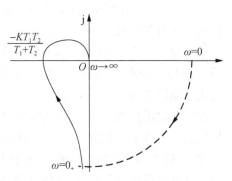

图 5.36 例 5.11 开环系统的奈氏曲线

【例 5.12】 系统的开环传递函数为

$$G(s)H(s)=\frac{K(T_2s+1)}{s^2(T_1s+1)}$$

试用奈氏判据判断闭环系统的稳定性。

解 没有极点位于右半 s 平面，$P=0$；

在例 5.3 中已绘出系统在 $0<\omega<\infty$ 时的奈氏曲线，由于 $\upsilon=2$，因此需要按 υ 作补充圆弧，得到奈氏曲线如图 5.37 所示。下面分几种情况讨论：

（1）$T_2<T_1$：系统的奈氏曲线如图 5.37(a) 所示，由图看出，奈氏曲线在 $(-1,0\mathrm{j})$ 左侧由一次负穿越，$N_-=1$，而 $N_+=0$，$P=0$，根据奈氏判据，闭环系统不稳定。

（2）$T_2>T_1$：系统的奈氏曲线如图 5.37(b) 所示，由图看出，$N_+=N_-=0$，$N=\dfrac{P}{2}=0$，闭环系统是稳定的。

（3）$T_1=T_2$：这时 $\varphi(\omega)=-180°$，即当 ω 从 $0_+\to+\infty$ 变化时，奈氏曲线沿负实轴变化，如图 5.37(c) 所示，奈氏曲线正好通过点 $(-1,\mathrm{j}0)$，闭环系统处于临界稳定状态。

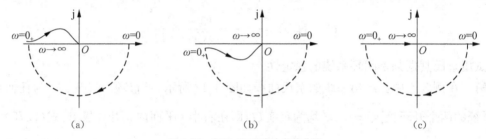

图 5.37　例 5.12 系统的奈氏曲线

5.4.3　奈奎斯特稳定判据在伯德图上的应用

由于频率特性的幅相曲线较难绘制，考虑到幅相曲线和伯德图之间存在一定的对应关系，所以人们希望利用开环伯德图来判断闭环系统的稳定性。此处的关键问题是，极坐标图中在点 $(-1,\mathrm{j}0)$ 左侧正、负穿越负实轴的情况在对数坐标中是如何反映的，也即在伯德图中如何确定穿越次数 N 或 N_+ 和 N_-。

在复平面上，半闭合 Γ_{GH} 分成两段：开环幅相曲线和开环系统存在积分环节时所补作的半径为无穷大的虚圆弧，而 N 的确定取决于 $A(\omega)>1$ 时 Γ_{GH} 穿越负实轴的次数，而负实轴对应的相角为 $-180°$。因此，正、负穿越在伯德图上反映为，在 $L(\omega)>0$ 的频段内，随着 ω 的增加，相频特性由上而下穿过 $-180°$ 线为负穿越，反之，相频特性由下而上穿过 $180°$ 线为正穿越，伯德图上的正、负穿越仍用"+"、"—"号来表示，如图 5.38 所示（伯德图上的正、负穿越）。

利用伯德图分析闭环系统稳定性的奈氏稳定

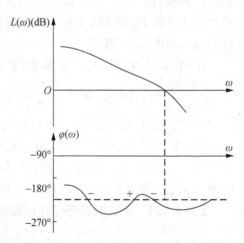

图 5.38　伯德图上正、负穿越的图示

判据可叙述如下:闭环系统稳定的充要条件是:$L(\omega)>0$ 所有频段内,相频特性曲线对—180°线的正、负穿越次数之差等于 $P/2$,其中 P 为开环正实部极点个数。再利用公式 $Z=P-2N$,就可求得闭环系统在右半 s 平面的极点数。需注意的是,当开环系统含有积分环节时,相频特性应补 ω 由 $0\to0^+$ 的部分,根据积分环节的个数 υ,在对数相频特性的低频段($\omega\to0$ 时)向上补作 $\upsilon\times90^\circ$ 的虚直线,此时,补作的虚直线所产生的穿越皆为负穿越。

【例 5.13】 已知系统的开环传递函数为

$$G(s)H(s)=\frac{K}{s^2(Ts+1)},K>0,T>0$$

试利用对数频率特性判断系统的稳定性。

解 系统的对数频率特性

$$L(\omega)=20\lg A(\omega)$$
$$=20\lg K-20\lg\omega^2-20\lg\sqrt{1+\omega^2T^2}$$
$$\varphi(\omega)=0^\circ-180^\circ-\arctan\omega T$$

绘制系统的伯德图如图 5.39 所示。判断本图 N_- 时应注意,由于伯德图只画出 $\omega>0$ 的特性,而本系统为Ⅱ型系统,相频特性应补 ω 由 $0\to0^+$ 的部分,所以在低频有一虚线穿越—180°线。$N_+=0,N_-=1,N=N_+-N_-=-1$,则 $R\neq\dfrac{P}{2}$,系统闭环不稳定,在右半 s 平面上的极点数为:$Z=P-2N=0-2\times(-1)=2$。

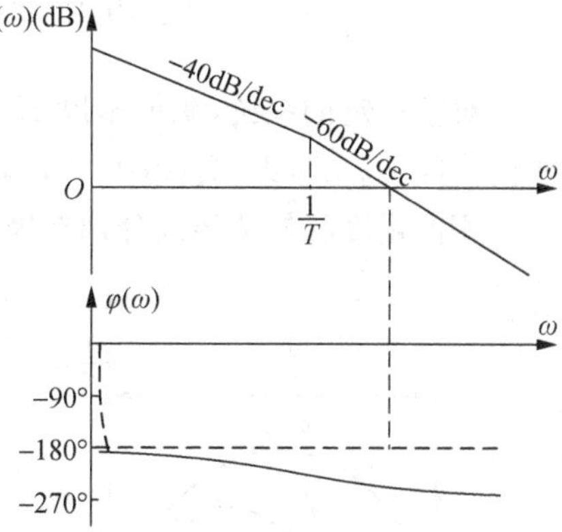

图 5.39 例 5.13 系统的伯德图

5.5 稳定裕度

用系统的开环频率特性不仅可以判断系统闭环时的稳定性,而且还可以定量地反映系统的相对稳定性,即稳定的程度。由奈氏稳定判据可知,若系统开环稳定($P=0$),则闭环系统稳定的充要条件是开环频率特性不包围(-1,0j)点;如果开环频率特性正好穿过(-1,0j)点,则意味着系统处于稳定的临界状态,因此系统开环频率特性靠近(-1,0j)的程度表征了系统的相对稳定性,它距离(-1,0j)点越远,闭环系统的相对稳定性越高。

系统的相对稳定性通常用相位裕度和幅值裕度来衡量。

1)相位裕度 γ

系统的开环频率特性的幅值为 1 时,即 $A(\omega)=1$ 或 $L(\omega)=0$,系统开环频率特性的相位移 $\varphi(\omega)$ 与—180°的差值来衡量系统的相对稳定性,并以 γ 来表示这个角度,称为相位裕度,所对应的频率 ω_c 称为幅值穿越频率,即

$$\gamma=180^\circ+\varphi(\omega_c) \tag{5.77}$$

式中：ω_c 满足 $A(\omega_c) = 1$

相位裕度 γ 的物理意义是：对于闭环稳定系统，如果系统开环相频特性再滞后 γ，则系统将处于临界稳定状态。

对于稳定的系统，其相位裕度为正，$\gamma > 0$；对于不稳定的系统，其相位裕度为负，$\gamma < 0$。

2）幅值裕度 K_g

系统开环相频特性为 $-180°$ 时，系统开环频率特性幅值 $A(\omega)$ 的倒数称为幅值裕度，记作 K_g，所对应的频率 ω_g 称为相位穿越频率，即

$$K_g = \frac{1}{A(\omega_g)} \tag{5.77}$$

式中 ω_g 满足 $\varphi(\omega_g) = -180°$。

幅值裕度 K_g 的物理意义是：对于闭环稳定系统，如果系统的开环系数再放大 K_g 倍，则系统将处于临界稳定状态。

如果用分贝表示幅值裕度，则有

$$K_g(dB) = 20\lg K_g = 20\lg\frac{1}{A(\omega_g)} = -20\lg A(\omega_g) \tag{5.78}$$

对于稳定的系统，幅值裕度 $K_g > 1$，即 $K_g(dB) > 0$，幅值裕度为正；对于不稳定的系统，幅值裕度 $K_g < 1$，即 $K_g(dB) < 0$，幅值裕度为负。

相位裕度和幅值裕度分别在极坐标图和伯德图上的表示如图 5.40(a) 和 (b) 所示。

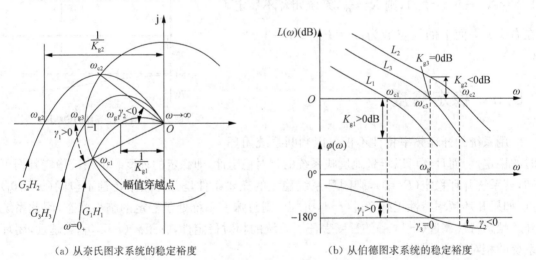

(a) 从奈氏图求系统的稳定裕度   (b) 从伯德图求系统的稳定裕度

图 5.40　由频率特性图决定幅值裕度和相位裕度

显然，相位裕度和幅值裕度越大，系统的稳定性越好。但是稳定裕度过大会影响系统的其他性能，例如系统响应的快速性。工程上一般选择相位裕度 γ 为 $30° \sim 60°$，幅值裕度 $K_g(dB)$ 为 $(6 \sim 20)dB$

3）幅值穿越频率 ω_c 的计算

幅值穿越频率 ω_c 的确定对计算系统的相位裕度至关重要，是本章计算内容的重点和难

点。为了计算简单,往往利用各典型环节的渐近特性。ω_c 的计算可按以下步骤进行。

(1) 按分段描述的方法写出对数幅频特性曲线的渐近方程表达式,即

$$L(\omega)=\begin{cases} 20\lg A_1(\omega) & \omega_0 \leqslant \omega \leqslant \omega_1 \\ 20\lg A_2(\omega) & \omega_1 \leqslant \omega \leqslant \omega_2 \\ \vdots & \vdots \\ 20\lg A_{m-1}(\omega) & \omega_{m-2} \leqslant \omega \leqslant \omega_{m-1} \\ 20\lg A_m(\omega) & \omega_{m-1} \leqslant \omega \leqslant \omega_m \end{cases} \tag{5.79}$$

(2) 按顺序求 $A_i(\omega)=1$ 之解 ω,考查 $\omega_{i-1} \leqslant \omega \leqslant \omega_i$ 是否成立。若成立,则 $\omega_c=\omega$,停止计算;若 $\omega_{i-1} \leqslant \omega \leqslant \omega_i$ 不成立,则 $i=i+1$,重新计算 $A_i(\omega)=1$。

4) 幅值裕度 K_g 的计算

幅值裕度计算的难点在于相位穿越频率 ω_g 的计算,这里介绍计算幅值裕度的两种方法。

方法一:将系统的开环幅相频率特性用实部和虚部表示,令虚部等于零,求出相位穿越频率 ω_g,代入实部求出与实轴的交点坐标,便可以求解幅值裕度。

方法二:根据系统的相频特性 $\varphi(\omega_g)=-180°$,用试探法求出相位穿越频率 ω_g,便可以求解幅值裕度。

【例 5.14】 系统的开环传递函数为

$$G(s)H(s)=\frac{K}{s(s+1)(0.1s+1)}$$

试求解下列问题:

(1) $K=5$ 时,绘制出系统的开环对数幅频特性曲线,并求出幅值穿越频率 ω_c 和相位裕度 γ。

(2) 求出系统处于临界稳定状态的 K 值。

解 (1) 绘制 $K=5$ 时系统的开环对数幅频特性曲线:在横坐标上标出各典型环节的转折频率,即两个惯性环节的转折频率分别为 $\omega_1=1$ 和 $\omega_2=10$。由于 $K=5$,可得 $20\lg K=14$ dB。在图中 $\omega=1$ 处标出 $L(1)=14$ dB,过此点画一条斜率为 -20 dB/dec 的直线,它就是低频段的渐近线。然后随着 ω 的增加,在各转折频率处依次改变斜率,直接绘制出开环对数幅频特性曲线的渐近线。在 $\omega=1$ 处,曲线斜率由 -20 dB/dec 变为 -40 dB/dec;在 $\omega=10$ 处,曲线斜率由 -40 dB/dec 变为 -60 dB/dec。系统的开环对数幅频特性曲线如图 5.41 所示。

确定幅值穿越频率 ω_c:由图 5.41 可知,$1<\omega_c<10$,于是有

$$\frac{K}{\omega_c\omega_c}=1$$

求出幅值穿越频率 $\omega_c=2.24$。

确定相位裕度:

$$\gamma=180°+\varphi(\omega_c)=180°-90°-\arctan 2.24\times 1-\arctan 2.24\times 0.01=11.5°$$

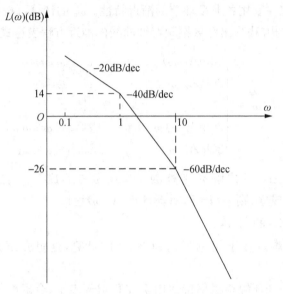

图 5.41   例 5.14 系统的对数幅频特性

(2) 要确定处于临界稳定状态的 K 值,就先要计算系统的幅值裕度
令

$$\varphi(\omega_g) = -90° - \arctan\omega_g - \arctan 0.1\omega_g = -180°$$

可以求出 $\omega_g = 3.16$,在 $\omega_g = 3.16$ 时的幅值为

$$A(3.16) = \frac{5}{3.16\sqrt{3.16^2+1}\sqrt{(3.16\times0.1)^2+1}} = 0.4549$$

因此幅值裕度

$$K_g = \frac{1}{0.4549} = 2.198$$

由上式可知,若开环增益增大 2.198 倍,即 $K = 5\times2.198 = 10.99$,则系统处于临界稳定状态。

5.6   开环频率特性与系统性能指标的关系

在采用频率特性法对系统进行分析、设计时,通常是以频域指标为依据。然而,系统的频域指标毕竟是一种间接的概略性指标,总不如时域指标那么直接、准确。考虑到对数频率特性在实际工程中的广泛应用,这里主要讨论开环频率特性与系统性能指标的关系。

5.6.1   闭环频率特性及其性能指标

一个系统的闭环频率特性为

$$M(\text{j}\omega) = \frac{C(\text{j}\omega)}{R(\text{j}\omega)} = \frac{G(\text{j}\omega)}{1 + G(\text{j}\omega)H(\text{j}\omega)} = M(\omega)\text{e}^{\text{j}\varphi_M(\omega)} \tag{5.80}$$

式中：$M(\omega)$——闭环幅频特性；

　　$\varphi_M(\omega)$——闭环相频特性。

式(5.80)描述了开环频率特性与闭环频率特性之间的关系，根据此式求出不同频率处所对应的闭环幅值和相位，即可得到系统的闭环频率特性，从而绘制出闭环幅频特性曲线和闭环相频特性曲线。图 5.42 所示是系统的闭环幅频特性。显然，闭环频率特性的作图不方便。随着计算机技术的发展，近年来，多采用专门的计算机软件来解决，而很少采用徒手作图法来完成了。

由图 5.42 可见，闭环幅频特性从 $M(0)=1$ 开始，其低频部分变化缓慢，曲线较为平缓，随着 ω 的不断增加，特性出现谐振峰值，继而以较大的陡度衰减至零。大多数控制系统都具有此典型的低通滤波器特性，该特性常用几个特征量来表示，即谐振峰值 M_p、谐振频率 ω_p、带宽频率 ω_b 和剪切速度，如图 5.42 所示。这些特征量又称为频域性能指标，它们在很大程度上能间接地反映出系统时域响应的品质，且与时域性能指标直接有关。

1）谐振峰值 M_p

谐振峰值 M_p 是闭环系统幅频特性的最大值，它反映了系统的相对稳定性。通常，M_p 值越大，系统阶跃响应的超调量 σ_p 也越大，因而系统的相对稳定性就比较差。通常希望系统的谐振峰值 M_p 在 1.1～1.4 之间。

2）谐振频率 ω_p

谐振频率 ω_p 是闭环系统幅频特性出现谐振峰值时所对应的频率，它在一定程度上反映了系统瞬态响应的速度。ω_p 值越大，瞬态响应越快。

3）带宽频率 ω_b

当闭环系统频率特性的幅值 $M(\omega)$ 由其初始值 $M(0)$ 减小到 $0.707M(0)$（或零频率分贝值以下 3 dB）时，所对应的频率 ω_b 称为带宽频率。$0 \sim \omega_b$ 的频率范围称为系统的带宽。系统的带宽反映了系统对噪声的滤波特性，同时也反映了系统的响应速度。带宽越大，瞬态响应速度越快，但对高频噪声的过滤能力越差。

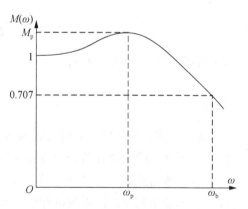

图 5.42　闭环系统的幅频特性曲线

4）剪切速度

剪切速度是指在高频时频率特性衰减的快慢。在高频区衰减越快，对于信号和干扰两者的分辨能力越强。但是往往是剪切速度越快，谐振峰值越大。

5.6.2　控制系统频域指标与时域指标的关系

1）典型二阶系统

典型二阶系统开环频率特性为

$$G(\mathrm{j}\omega)H(\mathrm{j}\omega)=\frac{\omega_n^2}{\mathrm{j}\omega(\mathrm{j}\omega+2\zeta\omega_n)} \tag{5.81}$$

其开环的幅频特性和相频特性分别为

$$A(\omega)=\frac{\omega_n^2}{\omega\sqrt{\omega^2+(2\zeta\omega_n)^2}} \tag{5.82}$$

$$\varphi(\omega)=-90°-\arctan\frac{\omega}{2\zeta\omega_n} \tag{5.83}$$

令 $A(\omega)=1$，得

$$\omega_c=\omega_n\sqrt{\sqrt{4\zeta^4+1}-2\zeta^2} \tag{5.84}$$

可得系统相位裕度为

$$\gamma=180°+\varphi(\omega_c)=\arctan\frac{2\zeta}{\sqrt{\sqrt{4\zeta^4+1}-2\zeta^2}} \tag{5.85}$$

在时域分析中已知

$$\sigma_p=\mathrm{e}^{-\frac{\pi\zeta}{\sqrt{1-\zeta^2}}}\times100\% \tag{5.86}$$

$$t_s=\frac{3}{\zeta\omega_n},\ (\Delta=0.05) \tag{5.87}$$

式(5.87)与式(5.84)相乘，得

$$t_s\omega_c=\frac{3}{\zeta}\sqrt{\sqrt{4\zeta^4+1}-2\zeta^2} \tag{5.88}$$

考虑式(5.85)和式(5.88)，得

$$t_s\omega_c=\frac{6}{\tan\gamma} \tag{5.89}$$

　　从式(5.85)和式(5.86)可以看出：γ 越小(即 ζ 小)，σ_p 就越大；反之，γ 越大，σ_p 就越小。通常，为了使二阶系统在阶跃函数作用下所引起的过程不至于振荡过分以及调节时间不至于太长，一般希望 $30°\leqslant\gamma\leqslant60°$。从式(5.89)可见，如果相位裕度 γ 已经给定，那么 t_s 与 ω_c 成反比，即如果两个二阶系统的相位裕度 γ 相同，那么它们的最大超调量 σ_p 也相同，这样，ω_c 较大的系统，其调节时间 t_s 必然较短。

　　典型二阶系统的闭环频率为

$$M(\mathrm{j}\omega)=\frac{\omega_n^2}{(\mathrm{j}\omega)^2+2\zeta\omega_n(\mathrm{j}\omega)+\omega_n^2}=\frac{1}{1-\left(\dfrac{\omega}{\omega_n}\right)^2+\mathrm{j}2\zeta\left(\dfrac{\omega}{\omega_n}\right)} \tag{5.90}$$

其闭环的幅频特性和相频特性分别为

$$M(\omega)=\frac{1}{\sqrt{\left(1-\dfrac{\omega^2}{\omega_n^2}\right)^2+4\zeta^2\dfrac{\omega^2}{\omega_n^2}}} \tag{5.91}$$

$$\varphi_M(\omega)=-\arctan\frac{2\zeta\dfrac{\omega}{\omega_n}}{1-\left(\dfrac{\omega}{\omega_n}\right)^2} \tag{5.92}$$

因为谐振频率必发生在 $M(\omega)$ 的极值处,所以令

$$\frac{\mathrm{d}M(\omega)}{\mathrm{d}\omega}=0$$

得谐振频率为

$$\omega_p=\omega_n\sqrt{1-2\zeta^2}, 0\leqslant\zeta\leqslant0.707 \tag{5.93}$$

将 ω_p 值代入式(5.91),可求得幅频特性的峰值为

$$M_p=\frac{1}{2\zeta\sqrt{1-\zeta^2}}, 0\leqslant\zeta\leqslant0.707 \tag{5.94}$$

图 5.43 给出了 M_p 与 ζ 的关系曲线,从曲线可看出:M_p 越小,系统的阻尼性能越好,当 $\zeta>0.707$ 时,二阶系统不产生谐振;若 M_p 值较高,则系统的动态过程超调量大,收敛慢,平稳性和快速性都较差。

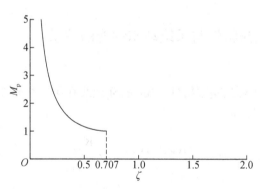

图 5.43 M_p 与 ζ 的关系曲线

当 $\omega=0$ 时,$M(0)=1$;当 $\omega=\omega_b$ 时,令 $M(\omega_b)=0.707$,故有

$$\frac{1}{\sqrt{\left(1-\dfrac{\omega_b^2}{\omega_n^2}\right)^2+4\zeta^2\dfrac{\omega_b^2}{\omega_n^2}}}=0.707 \tag{5.95}$$

解式(5.95),得

$$\omega_b=\omega_n\sqrt{(1-2\zeta^2)+\sqrt{4\zeta^4-4\zeta^2+2}} \tag{5.96}$$

$$\omega_{\mathrm{b}}t_{\mathrm{s}} = \frac{3}{\zeta}\sqrt{(1-2\zeta^2) + \sqrt{4\zeta^4 - 4\zeta^2 + 2}} \tag{5.97}$$

对于给定的谐振峰值 M_{p}，调节时间 t_{s} 与带宽频率 ω_{b} 成反比，频带宽度越宽，则调节时间 t_{s} 越短。实际上，如果系统有较宽的通频带，则表明系统自身的"惯性"很小，故动作过程迅速，系统的快速性好。

2）高阶系统

高阶系统的谐振峰值 M_{p} 的确定，在工程上常采用下述经验公式

$$M_{\mathrm{p}} = \frac{1}{\sin\gamma} \tag{5.98}$$

对于高阶系统、频域指标和时域指标不存在解析关系，通过对大量系统的研究，归纳为下述两个近似估算时域指标公式

$$\sigma_{\mathrm{p}} = 0.16 + 0.4\left(\frac{1}{\sin\gamma} - 1\right), 35° \leqslant \gamma \leqslant 90° \tag{5.99}$$

$$t_{\mathrm{s}} = \frac{K_0\pi}{\omega_{\mathrm{c}}} \tag{5.100}$$

式中：$K_0 = 2 + 1.5\left(\frac{1}{\sin\gamma} - 1\right) + 2.5\left(\frac{1}{\sin\gamma} - 1\right)^2, 35° \leqslant \gamma \leqslant 90°$。

应用上述经验公式估算高阶系统的时域指标一般偏于保守，即实际性能比估算结果要好。

5.6.3　开环对数幅频特性与系统动态性能的关系

1）低频段

低频段通常是指开环对数幅频特性 $L(\omega)$ 的渐近线在第一个转折频率以前的区段，在低频段，系统的开环频率特性为

$$G(\mathrm{j}\omega)H(\mathrm{j}\omega) = \frac{K}{(\mathrm{j}\omega^\nu)} \tag{5.101}$$

其对数幅频特性为

$$L(\omega) = 20\lg K - 20\nu\lg\omega \tag{5.102}$$

式(5.102)是直线方程，斜率为 -20 dB/dec，直线通过 $\omega = 1$，$L(1) = 20\lg K$ 这一点；同时直线或其延长线在 $\omega = \sqrt[\nu]{K}$ 处通过 0 dB 线，如图 5.44 所示，所以，由低频段的斜率和直线位置可求出串联积分环节个数 ν 和开环放大系数 K。因此，开环对数幅频特性曲线的低频段反映出系统的静态性能，低频段斜率的绝对值越大，位置越高，对应于串联积分环节的数目越多（类型越高），开环放大系数越大，故闭环系统在满足稳定的条件下，低频段斜率的绝对值越大，其稳态误差越小，动态响应的最终精度越高。

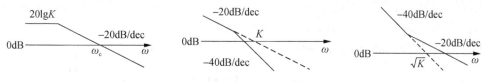

图 5.44 伯德图上的开环放大系数

2）中频段

中频段是指开环对数幅频特性曲线 $L(\omega)$ 在幅值穿越频率 ω_c 附近的区段，在这一区段的特征量为幅值穿越频率 ω_c 和中频段宽度 h，h 为幅值穿越频率 ω_c 所对应的频率段的两端转折频率之比

$$h=\frac{\omega_2}{\omega_1} \tag{5.107}$$

现设某系统的开环频率特性为

$$G(\mathrm{j}\omega)H(\mathrm{j}\omega)=\frac{K}{(\mathrm{j}\omega)(1+\mathrm{j}\omega T_1)(1+\mathrm{j}\omega T_2)},T_1>T_2>0$$

设 $\frac{1}{T_1}=\omega_1,\frac{1}{T_2}=\omega_2$，则有

$$\gamma=180°+\varphi(\omega_c)=180°-90°-\arctan\frac{\omega_c}{\omega_1}-\arctan\frac{\omega_c}{\omega_2}$$

当 $\omega_c<\omega_1$ 时，在 ω_c 处的斜率为 -20 dB/dec，则 $\gamma>0°$；

当 $\omega_1<\omega_c<\omega_2$ 时，在 ω_c 处的斜率为 -40 dB/dec，则 γ 可能大于 $0°$，也可能小于 $0°$；

当 $\omega_c>\omega_2$ 时，在 ω_c 处的斜率为 -60 dB/dec，则 $\gamma<0°$。

因此，控制系统中频段的分析如下：

（1）如果 $L(\omega)$ 在 ω_c 处的穿越斜率保持为 -20 dB/dec，而且该段还保持一定的中频段宽度 h，一般 $h\geqslant5$，可以保证系统的相位裕度 $\gamma>0$，那么系统一定是稳定的，且动态性能比较好，如图 5.45 所示。

（2）如果 $L(\omega)$ 在 ω_c 处的穿越斜率为 -40 dB/dec，那么系统或者是不稳定的，或者即使是稳定的，其平稳性也极差，会有较大的振荡产生。

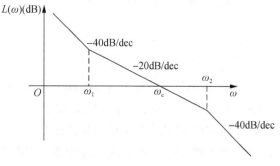

图 5.45 对数幅频特性的中频段

（3）如果 $L(\omega)$ 在 ω_c 处的穿越斜率保持为 -20 dB/dec，而两端的转折频率 ω_1、ω_2 很近，也就是说，不能保持中频段宽度 h 为足够的宽度，那么，系统的动态性能也是比较差的。

3）高频段

高频段是指开环对数幅频特性曲线 $L(\omega)$ 在中频段以后（$\omega>\omega_c$）的区段。如果高频段特性是由时间常数的环节来决定的,由于其转折频率远离 ω_c,所以对系统的动态性能影响不大。然而从系统抗干扰的角度看,高频段是很重要的。

若单位反馈系统的闭环频率特性为

$$M(j\omega) = \frac{G(j\omega)}{1+G(j\omega)} \tag{5.108}$$

由于在高频段,一般 $L(\omega) = 20\lg A(\omega) \ll 0$,即 $A(\omega) \ll 1$,故有

$$M(\omega) = \frac{|G(j\omega)|}{|1+G(j\omega)|} \approx |G(j\omega)| = A(\omega) \tag{5.109}$$

即在高频段,闭环幅频特性近似等于开环幅频特性。

因此,开环对数幅频特性高频段的幅值,直接反映了系统对输入端高频信号的抑制能力,高频段分贝值越低,系统抗干扰能力越强。

总之,在开环对数频率特性的三个频段中,低频段决定了系统的稳态精度;中频段决定了系统的平稳性和快速性;高频段决定了系统的抗干扰能力。三个频段的划分并没有严格的确定性准则,但是三个频段的概念,为直接运用开环幅频特性判别稳定的闭环系统的动态性能,指出了原则和方向。

5.7　用 MATLAB 进行频域分析

1) 求取频率响应的 MATLAB 函数

(1) bode 函数

功能:求连续系统的 Bode 频率响应。

格式:[mag,phase,w]=bode(sys)

[mag,phase]=bode(sys,w)

bode(sys)

bode(sys,w)

bode(sys1,sys2,…,sysn)

说明:该函数可计算出连续时间 LTI 系统的幅频和相频响应曲线(即伯德图)。输入参数中,sys 为由 tf、zpk、ss 等函数定义的模型对象,w 为预先定义的频率向量或频率范围,当 w 缺省时,则自动选取合适的频率点进行计算;返回参数中,mag 表示频率响应的幅值,即幅频特性计算结果向量,注意是实际幅值,其单位不是 dB,phase 表示频率响应的相角,即相频特性计算结果向量,w 为计算频率特性时所用到的频率向量。特别地,当要计算某一频率处的频率响应时,只需要将 w 定义为一个标量数值即可。当不带返回参数时,可在当前图形窗口中直接绘制出 LTI 系统的伯德图;bode(sys1,sys2,…,sysn)表示可以同时在一个窗口绘制多个系统的频率特性曲线。

（2）nyquist 函数

功能：求连续系统的奈氏曲线。

格式：[re,im,w]＝nyquist(sys)

　　　[re,im]＝nyquist(sys,w)

　　　nyquist(sys)

　　　nyquist(sys,w)

　　　nyquist(sys1,sys2,…,sysn)

说明：该函数用来计算并绘制系统的 nyquist 曲线。输入参数的定义与 bode 函数相同；返回参数中，re 表示频率响应的实部，即实频特性计算结果向量，im 表示频率响应的虚部，即相频特性计算结果向量，w 为计算频率特性时所用到的频率向量。特别地，当要计算某一频率处的频率响应时，只需要将 w 定义为一个标量数值即可。当不带返回参数时，可在当前图形窗口中直接绘制出 LTI 系统的 nyquist 曲线；nyquist(sys1,sys2,…,sysn)表示可以同时在一个窗口绘制多个系统的频率特性曲线。

（3）nichols

功能：求连续系统的 Nichols(尼柯尔斯)曲线。

格式：[mag,phase,w]＝nichols(sys)

　　　[mag,phase]＝nichols(sys,w)

　　　nichols(sys)

　　　nichols(sys,w)

　　　nichols(sys1,sys2,…,sysn)

说明：该函数可计算连续时间 LTI 系统的 Nichols 频率响应曲线，Nichols 曲线能够分析开环和闭环系统的特性。当不带输出变量引用函数时，可在当前图形窗口中直接绘制出系统的 Nichols 曲线。输入参数和返回参数的定义与 bode 函数相同。

（4）ngrid

功能：绘制 Nichols(尼柯尔斯)曲线网格。

格式：ngrid

　　　ngrid('new')

说明：该函数可给 Nichols 曲线图加上网格线；ngrid('new')可在绘制网络前清除原图，然后再设置成 hold on，这样后续 nichols 命令可以与网格绘制在一起。

（5）margin

功能：求线性定常系统的稳定裕度。

格式：[gm,pm,wcp,wcg]＝margin(mag,phase,w)

　　　[gm,pm,wcp,wcg]＝margin(sys)

　　　margin(sys)

说明：该函数可根据系统的模型或从频率响应数据中计算出幅值裕度、相位裕度以及相应的穿越频率，mag,phase,w 是由 bode 或 nichols 函数求出的幅频特性、相频特性数值以及对应的频率向量。幅值和相位裕度是针对开环 SISO 系统而言的，它指示出当系统闭环时的相对稳定性。当不带返回参数时,将绘制系统的 bode 图,并在 bode 图上标注出幅值裕度、相位裕度以及相应的穿越频率。

2) 应用举例

【例 5.15】 典型二阶系统

$$G(s) = \frac{\omega_n^2}{s^2 + 2\zeta\omega_n s + \omega_n^2}$$

试:(1) 绘制 $\omega_n = 5$ 时,ζ 取不同值时的伯德图。

(2) 绘制 $\zeta = 0.707$ 时,ω_n 取不同值时的伯德图。

解 (1) MATLAB 程序如下:

```
wn=5;
w=logspace(-1,1,100);
for kc=0.1:0.1:1;
  num=[wn^2];
  den=[1   2*kc*wn   wn^2];
  g=tf(num,den);
  bode(g,w);
  hold on;
end
grid
hold off
```

执行后,可得到如图 5.46 所示的系统伯德图。可以看出:当阻尼比 ζ 较小时,系统频率响应在自然频率 ω_n 附近将出现较强的振荡。

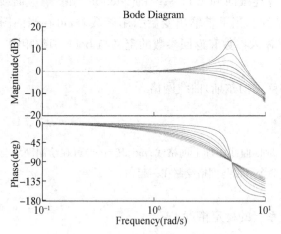

图 5.46 $\omega_n = 5$ 时,不同 ζ 系统的伯德图

（2）MATLAB 程序如下：

```
kc=0.707;
w=logspace(-1,1,100);
for wn=1:1:10;
    num=[wn^2];
    den=[1   2*kc*wn   wn^2];
    g=tf(num,den);
    bode(g,w);
    hold on;
end
hold off
grid
```

执行后，可得到如图 5.47 所示的系统伯德图。可以看出：当自然频率 ω_n 增加时，Bode 图的带宽将增加，使得系统的时域响应速度变快。

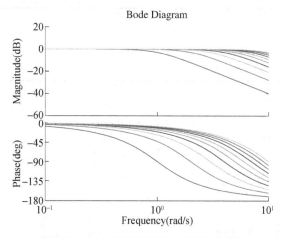

图 5.47　$\zeta=0.707$ 时，不同 ω_n 系统的伯德图

【例 5.16】　已知控制系统的开环传递函数为

$$G(s)=\frac{K}{(s+1)(0.5s+1)(0.2s+1)}$$

试绘制出奈氏曲线，并用奈氏稳定判据判定开环放大系数 K 为 10 和 50 时闭环系统的稳定性。

解　当 $K=10$ 时，MATLAB 程序如下：

```
G=tf(10,conv([1 1],conv([0.5 1],[0.2 1])))
nyquist(G)
set(findobj('marker','+'),'markersize',10)
set(findobj('marker','+'),'linewidth',1.5)
```

运行结果如图 5.48 所示。

当 $K=50$ 时，MATLAB 程序如下：

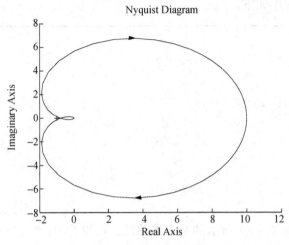

图 5.48　$K=10$ 时,开环系统奈氏图

```
G=tf(50,conv([1 1],conv([0.5 1],[0.2 1])));
nyquist(G)
set(findobj('marker','+'),'markersize',10)
set(findobj('marker','+'),'linewidth',1.5)
```

运行结果如图 5.49 所示。

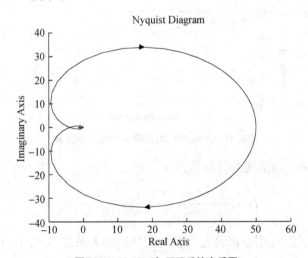

图 5.49　$K=50$ 时,开环系统奈氏图

由上面两个开环系统的奈氏图可知,当 $K=10$ 时,奈氏图不包围$(-1,0j)$点,因此闭环系统是稳定的;当 $K=50$ 时,奈氏图顺时针包围$(-1,0j)$点两圈,表明闭环系统不稳定,有两个右半 s 平面的极点。

【例 5.17】 已知系统的开环传递函数为

$$G(s)=\frac{K}{s(s+1)(0.1s+1)}$$

分别判定当开环放大系数 $K=5$ 和 $K=20$ 时闭环系统的稳定性,并求相位裕度和幅值裕度。

解　MATLAB 程序如下：

```
figure(1)
G=tf(5,conv([1 0],conv([1 1],[0.1 1])));
margin(G)
grid
figure(2)
G=tf(20,conv([1 0],conv([1 1],[0.1 1])));
margin(G)
grid
```

执行后，可得到如图 5.50、图 5.51 所示的系统伯德图，图中可以看出：系统开环是稳定的。当 $K=5$ 时，$\gamma=13.6°>0$，$K_g=6.85$ dB，闭环系统稳定；当 $K=20$ 时，$\gamma=-9.66°<0$，$K_g=-5.19$ dB<0，闭环系统不稳定。

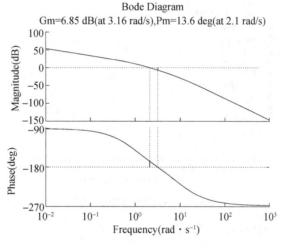

图 5.50　$K=5$ 时，系统伯德图

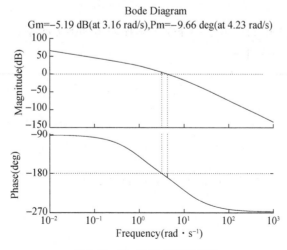

图 5.51　$K=20$ 时，系统伯德图

【例5.18】 设一高阶系统的开环的传递函数为

$$G(s) = \frac{0.000\ 1s^3 + 0.021\ 8s^2 + 1.043\ 6s + 9.359\ 9}{0.000\ 6s^3 + 0.026\ 8s^2 + 0.063\ 65s + 6.271\ 1}$$

试绘制出该系统的 Nichols 图。

解 MATLAB 程序如下：

```
num=[0.0001  0.0218  1.0436  9.3599];
den=[0.0006  0.0268  0.6365  6.2711];
g=tf(num,den);
ngrid('new');nichols(g);
```

运行该程序可得高阶连续系统的尼氏图,如图 5.52 所示。

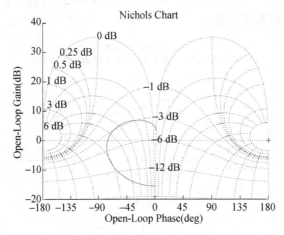

图 5.52　高阶连续系统的尼氏图

【例5.19】 系统的闭环传递函数为

$$G(s) = \frac{4}{s^2 + 2s + 4}$$

要求画出系统的幅频特性,并求出系统的谐振峰值和谐振频率。

解 MATLAB 程序如下：

```
num=4;
den=[1 2 4];
g0=tf(num,den);
w=[0:0.01:3];
[mag,pha]=bode(g,w);
for i=2:(length(w)-1);
    if (mag(i+1)-mag(i))<0 & (mag(i)-mag(i-1))>0;
        mp=mag(i);
        wp=w(i);
    end
end
```

```
mp,wp
plot(w,mag);grid
xlabel('Frequency(rad/s)');
ylabel('Magnitude');
axis([0 3 0.5 1.2]);
title('闭环幅频特性曲线');
```

执行后,可得到如下结果:

mp =

  1.154 7

wp =

  1.410 0

系统的幅频特性曲线如图 5.53 所示。

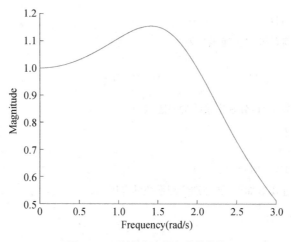

图 5.53　系统的闭环幅频特性曲线

小　结

(1) 频率特性法是在频域内应用图解法评价系统性能的一种工程方法,频率特性法不必求解系统的微分方程就可以分析系统的动态和稳态时域性能。频率特性可以由实验方求出,这对于一些难以列写出系统动态方程的场合,频率特性法具有重要的工程实用意义。

(2) 频率特性法分析常用两种图解方法:极坐标图(奈氏图)和对数坐标图(伯德图),伯德图不但计算简单,绘图容易,而且能直观地显示时间常数等系统参数变化对系统性能的影响。因此更加具有工程实用意义。

(3) 控制系统一般由若干典型环节所组成,熟悉典型环节的频率特性可以方便地获得系统的开环频率特性,利用奈氏图可以方便地分析闭环系统的性能。

(4) 开环系统的对数坐标频率特性曲线(伯德图)是控制系统分析和设计的主要工具。开环对数幅频特性曲线的低频段表征了系统的稳态性能;中频段表征了系统的动态性能;高频段则反映了系统抗干扰的能力。

（5）奈奎斯特稳定判据是利用系统的开环幅相频率特性 $G(j\omega)H(j\omega)$ 曲线——又称奈氏曲线，是否包围 Γ_{GH} 平面中的 $(-1,j0)$ 点来判断闭环系统的稳定性。它不但能判断闭环系统的绝对稳定性（稳态性能），还能分析系统的相对稳定性（动态性能）。

（6）伯德图是与奈氏图对应的另一种频域图示方法，绘制伯德图比绘制奈氏图要简便得多。因此，利用伯德图来分析系统稳定性及求取稳定裕度——相位裕度和幅值裕度，也比奈氏图方便。

（7）谐振频率 ω_p，谐振峰值 M_p 和带宽频率 ω_b 是重要的闭环频域性能指标，根据它们与时域性能指标间的转换关系，可以估计系统的重要时域性能指标 t_p、σ_p 和 t_s 等。

习　题

5.1　若系统单位阶跃响应

$$c(t)=1-1.8e^{-4t}+0.8e^{-9t} \qquad (t\geqslant0)$$

试确定系统的频率特性。

5.2　已知单位负反馈系统的开环传递函数为

$$G(s)=\frac{10}{s+1}$$

当系统的输入函数如下时，分别求系统的稳态输出。

（1）$r(t)=\sin(t+30°)$

（2）$r(t)=\sin(2t-45°)$

（3）$r(t)=\sin(t+30°)-2\cos(2t-45°)$

5.3　已知系统的开环传递函数如下，试分别绘制系统的奈氏图。

（1）$G(s)H(s)=\dfrac{1}{s(s+1)}$

（2）$G(s)H(s)=\dfrac{1}{(s+1)(2s+1)}$

（3）$G(s)H(s)=\dfrac{1}{s(s+1)(2s+1)}$

（4）$G(s)H(s)=\dfrac{1}{s^2(s+1)(2s+1)}$

5.4　试绘制题 5.3 中的各系统的伯德图。

5.5　已知系统的开环传递函数如下，试分别绘制系统的伯德图。

（1）$G(s)H(s)=\dfrac{2}{(2s+1)(8s+1)}$

（2）$G(s)H(s)=\dfrac{50}{s(6s+1)(s^2+s+1)}$

（3）$G(s)H(s)=\dfrac{8(s+0.1)}{s(s^2+s+1)}$

（4）$G(s)H(s)=\dfrac{10(s+0.2)}{s^2(s+1)}$

5.6　设开环系统的奈氏图如题图 5.1 所示，其中 p 为右半 s 平面上的开环根的个数，υ 为开环积分环节的个数，试用奈氏判据判定系统的稳定性。

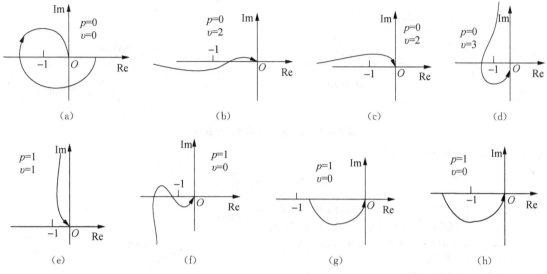

题图 5.1 系统的奈氏图

5.7 设系统的开环传递函数为

$$G(s)H(s) = \frac{20}{s(0.2s+1)(0.04s+1)}$$

试绘制系统的开环对数频率特性曲线,并判定闭环系统的稳定性。

5.8 设单位负反馈系统的开环传递函数为

$$G(s)H(s) = \frac{10}{s(0.1s+1)(0.5s+1)}$$

试绘制系统的奈氏曲线和伯德图,并求相位裕度和幅值裕度。

5.9 已知三个最小相位系统的开环对数幅频渐近线如题图 5.2 中所示,试:

(1) 写出它们的传递函数。

(2) 概略画出各个传递函数所对应的开环对数相频特性和奈氏图。

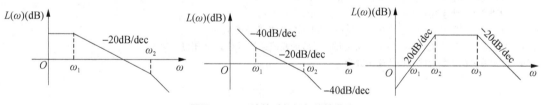

题图 5.2 系统的对数幅频特性曲线

5.10 试求题图 5.2 中的各相位裕度,并判定其稳定性。

5.11 在题图 5.3 中,图(a)和图(b)分别为 Ⅰ 型和 Ⅱ 型系统的对数幅频特性渐近线。试证明图(a)中的 $\omega = K_v$,图(b)中的 $\omega = \sqrt{K_a}$

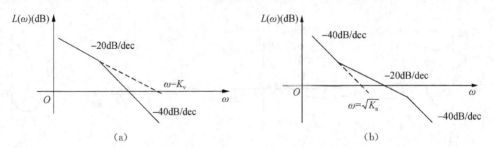

题图 5.3　系统的对数幅频特性曲线

5.12　某单位反馈系统的开环传递函数为

$$G(s)H(s)=\frac{K}{s(T_1s+1)(T_2s+1)}$$

其中 $T_1=0.1$ s，$T_2=10$ s，开环对数幅频特性如题图 5. 4 所示。设对数幅频特性斜率为 -20 dB/dec 的线段的延长线与零分贝线交点的角频率为 10 rad/s。试求：

(1) 系统的放大系数。

(2) 系统的幅值穿越频率。

(3) 系统是否稳定。

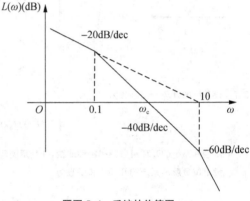

题图 5.4　系统的伯德图

5.13　设单位负反馈系统的开环传递函数为

$$G(s)=\frac{as+1}{s^2}$$

试确定使相位裕度等于 45° 的 a 值.

5.14　设单位负反馈系统的开环传递函数为

$$G(s)=\frac{K}{(0.01s+1)^3}$$

试确定使相位裕度等于 45° 的 K 值.

5.15　已知单位反馈系统的开环传递函数为

$$G(s)=\frac{K}{s(s+1)(0.1s+1)}$$

(1) 试确定使系统的幅值裕度等于 20 dB 的 K 值。

(2) 试确定使系统的相位裕度等于 60° 的 K 值。

5.16　对于典型二阶系统，若 $\sigma_p=20\%$，$t_s=3$ s，试求系统的相位裕度 γ。

5.17　对于典型二阶系统，若 $\omega_n=4$，$\zeta=0.6$，试求系统的幅值穿越频率 ω_c 和相位裕度 γ。

5.18　已知单位反馈系统的开环传递函数为

$$G(s)=\frac{14}{s(0.1s+1)}$$

试求系统的幅值穿越频率 ω_c、相位裕度 γ 以及闭环频率特性的谐振峰值 M_p、带宽频率 ω_b，并分别用两组特征量估算出系统的时域指标超调量 σ_p 和调节时间 t_s。

6 控制系统的校正方法

在本章,你将学习
- 如何利用频率特性设计串联校正
- 如何利用频率特性设计反馈校正

6.1 前言

反馈控制系统的性能是控制系统设计时首先需要考虑的重要问题之一。众所周知,一个良好的控制系统应当具有以下一些性质:

(1) 系统应当是稳定的,并且被控量应当能以适当的速度跟随输入的变化,同时没有过大的振荡或超调。

(2) 系统应当以尽可能小的误差运行。

(3) 系统应当有能力减小扰动的影响,即具有一定的扰动抑制能力。

但是,很少有反馈控制系统不需要进行任何调整就能获得优良的控制性能。有的时候,期望的最佳性能指标不可能一一兼顾,此时,通常需要在众多的性能指标之间达到某种均衡,以得到可以接受的性能,这样,就需要对系统的参数进行调整。

增益补偿可以通过增益的调整来满足某个简单的性能要求,但是,我们发现仅仅改变系统的单个参数往往不能满足系统的多种性能要求。如:考虑一个系统,描述该系统的开环传递函数为

$$G_0(s) = \frac{K}{s(0.2s+1)} \tag{6.1}$$

假设我们希望闭环系统满足以下的性能要求:
(1) 单位斜坡引起的稳态误差不大于 0.003 16;
(2) 相位裕度不小于 45°。

对于第一个要求,静态速度误差系数可由以下公式算出:

$$e_{ss} = \frac{1}{K_v} = \frac{1}{K} \leqslant 0.003\ 16$$

由此,可以求得所需的开环增益为 $K = K_v = 316$。图 6.1 画出了 $K = 316$ 时的伯德图,此时稳态误差满足要求,由图可见,原系统的增益穿越频率 $\omega_{c0} = 40$ rad/s,经过计算可得相位裕度为 $\gamma_0 \approx 7°$。

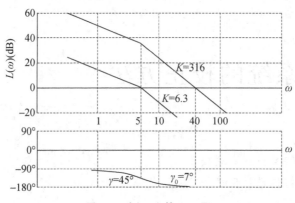

图 6.1　式(6.1) 的 Bode 图

由图还可以看到(当然,也可以通过计算得到),如果穿越频率在 $\omega=5$ rad/s 处时,则相位裕度将是 45°。因此,为了满足第二个要求,在该频率处的幅值必须为零分贝。对于本例,要求 $K=6.3$,图 6.1 中也给出了与这一增益对应的对数幅频特性曲线。很明显,在本例中,仅靠调整增益是不可能同时满足系统的两个性能要求的。因此,需要采取一定的措施,在系统原有结构的基础上引入新的附加环节,以作为同时改善系统稳态性能和动态性能的手段。

这种用添加新的环节去改善系统性能的过程称为对控制系统的校正,并把所附加的环节称为校正装置。工业过程控制中所用的 PID 控制器就属于校正装置。

校正装置的设计是自动控制系统全局设计中的重要组成部分。设计者的任务是在不改变系统基本部分的情况下,选择合适的校正装置,并计算、确定其参数,以使系统满足各项性能指标的要求。

6.2　系统校正的基本概念

6.2.1　性能指标

性能指标是衡量控制系统性能优劣的尺度,也是校正控制系统的技术依据。校正装置的设计通常是针对某些具体性能指标来进行的。性能指标的提出应切合实际,以满足生产要求为度,切忌盲目追求高指标而忽视经济性,甚至脱离实际。

常用的性能指标如下:

1) 稳态性能指标

常用稳态误差系数 K_p、K_v、K_a,它们能够反映出系统的控制精度。

2) 动态性能指标

(1) 时域指标:超调量 σ_p、调节时间 t_s、峰值时间 t_p、阻尼比 ζ 等。

(2) 频域指标:频域指标又分开环、闭环两种:

① 开环频域指标:相位裕度 γ、幅值裕度 K_g、幅值穿越频率 ω_c。

② 闭环频域指标:谐振峰值 M_p、带宽频率 ω_b、谐振频率 ω_p。

在工程应用中,习惯采用频率法进行控制系统的校正,因此,通常通过近似公式进行时域性能指标和频域性能指标之间的转换,由第 5 章可知,有两种情况:

① 二阶系统频域指标与时域指标的关系

谐振峰值

$$M_p = \frac{1}{2\zeta \sqrt{1-\zeta^2}}, \zeta \leqslant 0.707 \tag{6.1}$$

谐振频率

$$\omega_p = \omega_n \sqrt{1-2\zeta^2}, \zeta \leqslant 0.707 \tag{6.2}$$

带宽频率

$$\omega_b = \omega_n \sqrt{1-2\zeta^2 + \sqrt{1+(1-2\zeta^2)^2}} \tag{6.3}$$

幅值穿越频率

$$\omega_c = \omega_n \sqrt{\sqrt{1+4\zeta^4} - 2\zeta^2} \tag{6.4}$$

相位裕度

$$\gamma = \arctan \frac{2\zeta}{\sqrt{\sqrt{1+4\zeta^4} - 2\zeta^2}} \tag{6.5}$$

超调量

$$\sigma_p = e^{\frac{-\pi\zeta}{\sqrt{1-\zeta^2}}} \times 100\% \tag{6.6}$$

调节时间

$$t_s = \frac{3}{\zeta\omega_n} \text{或} \ \omega_n t_s = \frac{6}{\tan\gamma} \tag{6.7}$$

② 高阶系统频域指标与时域指标的关系

谐振峰值

$$M_p = \frac{1}{\sin\gamma} \tag{6.8}$$

超调量

$$\sigma_p = 0.16 + 0.4(M_p - 1), 1 \leqslant M_p \leqslant 1.8 \tag{6.9}$$

调节时间

$$t_s = \frac{K_0 \pi}{\omega_c} \tag{6.10}$$

$$K_0 = 2 + 1.5(M_p - 1) + 2.5(M_p - 1)^2, 1 \leqslant M_p \leqslant 1.8$$

6.2.2　校正方式

按照校正装置在系统中的连接方式,控制系统的校正方式有串联校正、反馈校正和复合校正三种。

如果校正装置接在系统误差测量点之后,串接在系统前向通道中,这种校正方式称为串联校正,如图 6.2(a)所示,图中 $G_c(s)$ 是校正装置的传递函数,为了减少功耗,校正装置通常接在前向通道中信号能量较低的部位;如果校正装置接在系统局部反馈通道中,这种校正方式称为反馈校正,如图 6.2(b)所示。由于 $G_c(s)$ 的负反馈作用,故它除了使系统的性能得到改善之外,还能抑制系统参数的波动和降低非线性因数对系统性能的影响。

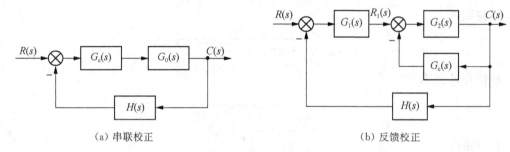

（a）串联校正　　　　　　　　　　　（b）反馈校正

图 6.2　系统的校正方式

复合校正方式是在系统主反馈回路之外采用的校正方法,如图 6.3(a)、(b)所示,其中图(a)为按输入补偿的复合控制形式,图(a)为按扰动补偿的复合控制形式,复合控制不但可以在保持系统稳定的前提下,极大地减小乃至消除稳态误差,而且几乎可以抑制所有可测量的扰动,因此,在高精度的控制系统中,复合控制得到了广泛的应用。

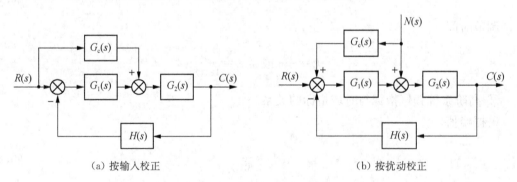

（a）按输入校正　　　　　　　　　　（b）按扰动校正

图 6.3　控制系统的复合校正

在控制系统设计中,选用何种校正装置,主要取决于系统结构的特点、选择的元件、信号的性质、经济条件及设计者的经验等。一般来说,串联校正简单,较易实现。

由此可见,控制系统的校正不会像系统分析那样只有单一答案,这就是说,能够满足性能指标的校正方案不是唯一的,在最终确定校正方案时应该根据技术和经济两方面以及其他一些附加限制综合考虑。

6.2.3　校正装置的设计方法

在控制系统设计中,采用的设计方法一般依据性能指标的形式而定。常用的工程设计方法有频率法、根轨迹法和计算机辅助设计。如果系统提出时域性能指标,可以采用根轨迹校正法,由于本书篇幅所限在此不作介绍。当系统提出频域指标时,校正将采用频率特性法,而且是较为方便通用的开环频率特性法。如果频域指标是闭环的,可以大致换算成开环频域指标进行校正,然后对校正后的系统,分析计算它的闭环频域指标以作验算。同样,如果系统提出的是时域指标,也可利用它和频域指标的近似关系,先用频域法校正,然后再进行验算。计算机辅助设计是把设计者的分析、判断、推理和决策能力与计算机的快速运算、准确的信息处理和存储能力结合起来,共同有效地工作,以完成预期的设计任务。

计算机辅助设计通常都带有试探的性质,但由于计算机运算速度快、计算精度高等突出优点,以致加快了设计进度,减轻了设计人员的劳动,提高了设计质量,因而普遍受到人们的重视与欢迎。

必须指出:在计算机辅助设计中,计算机只是起到辅助作用,起主导作用的仍是人。因此,一名优秀的自动控制工程技术人员,必须具有扎实的控制理论知识,并应具备熟练使用计算机的能力和软件开发的能力。

6.3　串联校正

在串联校正中,根据校正元件对系统性能的影响,又可分为超前校正、滞后校正和滞后-超前校正。

6.3.1　超前校正

1)超前网络的特性

如图 6.4 所示为一个无源超前网络的电路图,其传递函数为

$$G_c(s)=\frac{U_o(s)}{U_i(s)}=\frac{1}{\alpha}\frac{\alpha Ts+1}{Ts+1} \tag{6.11}$$

式中:$\alpha=\dfrac{R_1+R_2}{R_2}>1$;$T=\dfrac{R_1 R_2}{R_1+R_2}C$。

由式(6.11)看出串入无源超前网络后,系统的开环放大系数要下降 α 倍,会降低系统的稳态性能,故在使用时必须增加一个放大系数为 α 的附加放大器,这样无源超前网络的传递函数为

$$\alpha G_c(s)==\frac{\alpha Ts+1}{Ts+1} \tag{6.12}$$

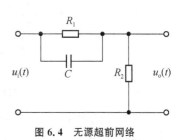

图 6.4　无源超前网络

根据式(6.12)作出无源超前网络的伯德图,如图6.5所示。显然,超前网络对数频率特性在 $1/(\alpha T)\sim 1/T$ 之间的输入信号有明显的微分作用,在该频率范围内,输出信号的相位比输入信号的相位超前,超前网络的名称由此而得。图6.5表明,在最大超前角频率 ω_m 处,具有最大超前角 φ_m,且 ω_m 正好处于频率在 $1/(\alpha T)$ 和 $1/T$ 的几何中心。证明如下:

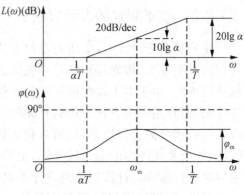

图 6.5 式(6.12)的伯德图

超前网络式(6.12)的相位计算为

$$\varphi_c(\omega)=\arctan\alpha\omega T-\arctan\omega T=\arctan\frac{(\alpha-1)\omega T}{1+\alpha\omega^2 T^2}$$

$$(6.13)$$

将式(6.13)对 ω 求导并令其为零,得超前相角最大时的角频率为

$$\omega_m=\frac{1}{\sqrt{\alpha}T}\qquad(6.14)$$

将式(6.14)代入式(6.13),得最大超前角

$$\varphi_m=\arctan\frac{\alpha-1}{2\sqrt{\alpha}}=\arcsin\frac{\alpha-1}{\alpha+1}\qquad(6.15)$$

或写为

$$\alpha=\frac{1+\sin\varphi_m}{1-\sin\varphi_m}\qquad(6.16)$$

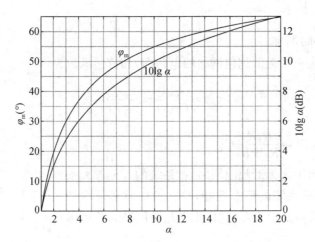

图 6.6 无源超前网络 α 与 φ_m 和 $10\lg\alpha$ 的关系曲线

图6.6给出了 φ_m 与 α 的关系曲线。从图中可看到,φ_m 随 α 的增大而增加,但当 $\alpha>15$ 后,随着 α 的增大,φ_m 几乎不增加,故一般很少取 $\alpha>15$。此外,由图6.5可明显看出 φ_m 处

的对数幅值

$$L_c(\omega_m) = 20\lg|\alpha G_c(j\omega_m)| = 10\lg\alpha \tag{6.17}$$

设 ω_1 为频率 $1/(\alpha T)$ 和 $1/T$ 的几何中心,应有

$$\lg\omega_1 = \frac{1}{2}\left(\lg\frac{1}{\alpha T} + \lg\frac{1}{T}\right) \tag{6.18}$$

解得 $\omega_1 = \dfrac{1}{\sqrt{\alpha}T}$,与式(6.14)完全相同。故超前相角最大时的角频率 φ_m 确实是 $1/(\alpha T)$ 和 $1/T$ 的几何中心。

2)利用伯德图设计超前校正网络

超前校正的基本原理是利用超前网络的相位超前特性去增大系统的相位裕度,以改善系统的瞬态响应。

利用伯德图设计超前校正网络的步骤如下:

(1)求出满足稳态指标的开环放大系数 K 值。

(2)根据求得的 K 值,画出未校正系统的伯德图。并计算出其幅值穿越频率 ω_c、相位裕度 γ、幅值裕度 K_g。

(3)由

$$\varphi_m = \gamma' - \gamma + \Delta \tag{6.19}$$

确定需要对系统增加的相位超前角 φ_m。式(6.19)中 γ' 和 γ 分别为期望的相位裕度和未校正系统(即原系统)的相位裕度,Δ 为增加超前校正网络后,使幅值穿越频率向右方移动所带来的原系统相位的滞后量,一般该滞后量为 $5° \sim 12°$。

(4)利用式(6.16)确定 α 值。

$$\alpha = \frac{1+\sin\varphi_m}{1-\sin\varphi_m}$$

(5)确定校正后系统的幅值穿越频率 ω_c'。为了最大限度利用超前网络的相位超前量,ω_c' 应与 ω_m 相重合。由式(6.17)可知,在 ω_m 处 $|\alpha G_c(j\omega)|$ 的值是 $10\lg\alpha$,所以 ω_c' 应选在未校正系统的 $L(\omega) = -10\lg\alpha$ 处。

(6)确定校正装置的传递函数。令 $\omega_m = \omega_c' = 1/(\sqrt{\alpha}T)$,从而求出超前校正网络的两个转折频率 $\omega_1 = \dfrac{1}{\alpha T}$ 和 $\omega_2 = \dfrac{1}{T}$,并以此写出校正装置具有的传递函数为

$$G_c(s) = \frac{\dfrac{s}{\omega_1}+1}{\dfrac{s}{\omega_2}+1} \tag{6.20}$$

(7)验算校正后系统的相位裕度 γ。如指标不满足,则需从步骤(3)开始,适当增加 Δ,重复上述设计过程,直到获得满意的结果为止。

【例 6.1】 设单位反馈控制系统的开环传递函数

$$G(s)=\frac{K}{s(0.04s+1)}$$

试设计一超前校正装置,以满足下述性能指标。

(1) 相位裕度不小于 45°;

(2) $r(t)=t$ 时,$e_{ss}\leqslant0.01$ rad。

解　(1) 满足稳态指标,确定开环放大系数 K 值。给定要求为

$$e_{ss}\leqslant0.01=\frac{1}{K_v}=\frac{1}{K}$$

所以,开环放大系数应为

$$K=100$$

(2) 画出 $K=100$ 的未校正系统的渐近伯德图,如图 6.7 所示。

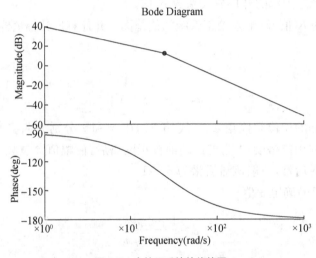

图 6.7　未校正系统的伯德图

由第 5 章中的方法,可以算得 $\omega_c\approx50$ rad/s;$\gamma=26.6°$;$K_g=\infty$,不满足指标要求,需进行校正。

(3) 由式(6.19)得

$$\varphi_m=\gamma'-\gamma+\Delta=45°-26.6°+5°=23.4°$$

(4) 确定 α 值。

$$\alpha=\frac{1+\sin\varphi_m}{1-\sin\varphi_m}=\frac{1+\sin23.4°}{1-\sin23.4°}=2.618$$

(5) 确定校正后系统的幅值穿越频率 ω_c'。

$$L(\omega_c')=-10\times\lg\alpha=-10\times\lg2.618=-4.2 \text{ dB}$$

即

$$20\lg\left|G(j\omega'_c)\right|\approx20\lg\frac{100}{\dfrac{\omega'^2_c}{25}}=-4.2$$

可以解得 $\omega'_c=63.7\ \text{rad/s}$，即 $\omega_m=63.7\ \text{rad/s}$。

（6）确定校正装置的传递函数。计算校正装置的转折频率

$$\frac{1}{T}=\sqrt{\alpha}\omega_m=\sqrt{2.618}\times63.7=103.1$$

$$\frac{1}{\alpha T}=\frac{103.1}{2.618}=39.4$$

所以校正装置的传递函数为

$$G_c(s)=\frac{\dfrac{s}{\omega_1}+1}{\dfrac{s}{\omega_2}+1}=\frac{0.025\ 4s+1}{0.009\ 7s+1}$$

（7）验算校正后系统的性能指标。校正后系统的开环传递函数为

$$G_c(s)G(s)=\frac{100(0.025\ 4s+1)}{s(0.04s+1)(0.009\ 7s+1)}$$

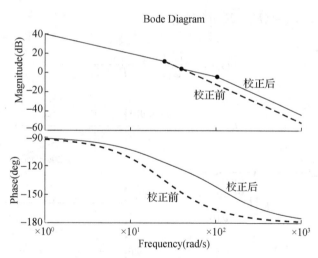

图 6.8　例 6.1 系统校正前后的伯德图

其伯德图如图 6.8 所示。由开环传递函数，可根据渐近幅频特性算得幅值穿越频率，令

$$20\lg\left|G_c(j\omega'_c)G(j\omega'_c)\right|\approx20\lg\frac{100\times0.025\ 4\omega'_c}{\omega'_c\times0.04\omega'_c}=0$$

可得 $\omega'_c=63.5\ \text{rad/s}$，进一步可以算出相位裕度

$$\gamma' = 180° + \varphi(\omega'_c) + \varphi_c(\omega'_c)$$
$$= 180° - 90° - \arctan(0.04 \times 63.5) + \arctan(0.025\ 4 \times 63.5) - \arctan(0.011\ 6 \times 63.5)$$
$$= 48.1° > 45°$$

满足指标要求。

3）关于超前校正的一些说明

（1）若在 $\omega = \omega_c$ 附近的对数幅频特性曲线斜率小于或等于 $-60\ \text{dB/dec}$，一般不采用相位超前校正。

（2）若在 $\omega = \omega_c$ 附近相频特性下降很快（一般具有一个滞后环节或在 ω_c 附近有两个接近的惯性环节或有一个振荡环节），相位超前校正无效。

（3）若所期望的带宽是比未校正系统的窄，则不能采用相位超前校正。

（4）一般很少取 $\alpha > 15$。

6.3.2　滞后校正

1）滞后网络的特性

如图 6.9 所示为一个无源滞后网络的电路图，其传递函数为

$$G_c(s) = \frac{U_o(s)}{U_i(s)} = \frac{R_2 Cs + 1}{(R_1 + R_2)Cs + 1} \tag{6.21}$$

令 $\beta = \dfrac{R_2}{R_1 + R_2} < 1, T = (R_1 + R_2)C$，则有

$$G_c(s) = \frac{U_o(s)}{U_i(s)} = \frac{\beta Ts + 1}{Ts + 1} \tag{6.22}$$

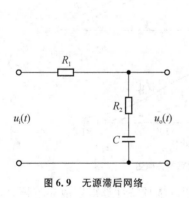

图 6.9　无源滞后网络

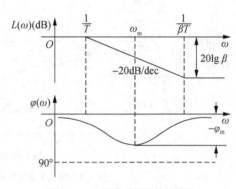

图 6.10　无源滞后网络的伯德图

无源滞后网络的对数频率特性如图 6.10 所示，由图可见，滞后网络在频率 $1/T \sim 1/(\beta T)$ 之间呈积分效应，而对数相频率呈滞后特性。与超前网络类似，最大滞后角 φ_m 发生在角频率 ω_m 处，且 ω_m 为其两个转折频率 $1/T$ 和 $1/(\beta T)$ 的几何中心，即 $\omega_m = \dfrac{1}{\sqrt{\beta} T}$。因此，在采用无源滞后网络进行串联校正时，应力求避免最大滞后角 φ_m 发生在开环幅值穿越频

率 ω_c' 附近。由图 6.10 可知,无源滞后网络始终都存在一个滞后相角,这将降低系统的相角裕度,为减小这个滞后相角的影响,通常将滞后校正设置在低频段,即将 $1/(\beta T)$ 设置在 ω_c' 的左侧足够远的地方,这样,在开环幅值穿越频率 ω_c' 附近,滞后相角相当小,对稳定裕度的影响也得以降低。

2)利用伯德图进行滞后校正

串联滞后校正的作用主要有两条:其一是提高系统低频响应放大系数,减小系统的稳态误差,同时基本保证系统的瞬态性能不变;其二是滞后网络的低通滤波器特性,将使系统高频响应的放大系数衰减,降低系统的幅值穿越频率,提高系统的相位裕度,以改善系统的稳定性和某些瞬态性能。

利用伯德图设计滞后校正网络的步骤如下:

(1)求出满足稳态指标的开环放大系数 K 值。

(2)根据求得的 K 值,画出未校正系统的伯德图。并计算出其幅值穿越频率 ω_c、相位裕度 γ、幅值裕度 K_g。

(3)确定校正后系统的幅值穿越频率 ω_c'。

选择一频率 ω_c',使得在 $\omega=\omega_c'$ 时,未校正系统的相位为

$$\varphi(\omega_c')=-180°+\gamma'+\Delta \tag{6.23}$$

式(6.23)中:γ'——期望的相位裕度;

Δ——相位滞后校正网络在 $\omega=\omega_c'$ 点所引起的相位滞后量,一般该滞后量为 $5°$ ~ $12°$。

(4)根据下列关系式确定滞后网络参数 β 和 T。

为了使校正后系统的幅值穿越频率为 ω_c',必须把原系统的 $L(\omega_c')$ 衰减到零分贝,此时可利用校正网络在高频区的增益衰减特性,使得 $L(\omega_c')+L_c(\omega_c')=0$,即

$$L(\omega_c')=-20\lg\beta \tag{6.24}$$

由式(6.24)即可求得 β。

从理论上讲,$1/(\beta T)$ 离开 ω_c' 越远,相位滞后网络的滞后特性对系统影响越小。所以 $1/(\beta T)$ 选得越小越好。但要 $1/(\beta T)$ 小,则要求 T 大,给物理实现带来具体困难,所以一般选 $1/(\beta T)$ 在 ω_c' 的 $1/4$ 到 $1/10$ 倍频处,即

$$\frac{1}{\beta T}=\left(\frac{1}{4}\sim\frac{1}{10}\right)\omega_c' \tag{6.25}$$

由式(6.25)可计算出 T。于是可以写出校正装置具有的传递函数为

$$G_c(s)=\frac{\beta Ts+1}{Ts+1}$$

(5)验算校正后系统的相位裕度 γ' 和幅值裕度 K_g'。如指标不满足,则需从步骤(3)开始,适当增加 Δ,重复上述设计过程,直到获得满意的结果为止。

【例 6.2】 设控制系统的开环传递函数为

$$G(s)=\frac{K}{s(0.1s+1)(0.2s+1)}$$

若要求校正后系统的速度误差系数为 $100\ \mathrm{s}^{-1}$,相位裕度不小于 $40°$,幅值裕度不小于 $10\ \mathrm{dB}$,试设计串联滞后校正装置。

解 (1)确定满足稳态指标的开环放大系数 K 值

$$K_\mathrm{v}=100\ \mathrm{s}^{-1}=K$$

故未校正系统的开环传递函数为

$$G(s)=\frac{100}{s(0.1s+1)(0.2s+1)}$$

(2)画出未校正系统的渐近伯德图,如图 6.11 所示。

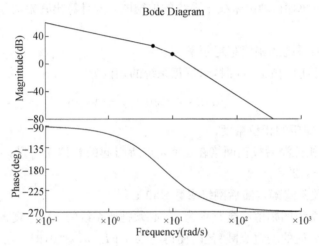

图 6.11 例 6.2 未校正系统的伯德图

由图 6.11,根据渐近对数幅频特性,未校正系统的幅值穿越频率 ω_c 满足

$$\frac{100}{\omega_\mathrm{c}\times0.1\omega_\mathrm{c}\times0.2\omega_\mathrm{c}}=1$$

根据上式可以计算出 $\omega_\mathrm{c}=17.1\ \mathrm{rad/s}$,进一步可以算得相位裕度 $\gamma=-43.4°$,相位穿越频率 $\omega_\mathrm{g}=7.07\ \mathrm{rad/s}$,幅值裕度 $K_\mathrm{g}=-16.5\ \mathrm{dB}$。显然,未校正系统是不稳定的,又从相频特性看出,相位裕度为负,若采用超前校正,需要提供的超前相角过大,且在 $\omega=\omega_\mathrm{c}$ 附近,对数幅频特性曲线斜率等于 $-60\ \mathrm{dB/dec}$,因此,可以预计到串联超前校正很难奏效。在这种情况下,可以考虑采用串联滞后校正。

(3)确定校正后系统的幅值穿越频率 ω_c'。

考虑由于相位滞后网络而引起的相位滞后量,选 $\Delta=5°$ 时,根据

$$\varphi(\omega_\mathrm{c}')=-90°-\arctan0.1\omega_\mathrm{c}'-\arctan0.2\omega_\mathrm{c}'=-180°+\gamma'+\Delta=-135°$$

可得

$$\frac{0.1\omega_c'+0.2\omega_c'}{1-0.02\omega_c'^2}=1$$

可解得 $\omega_c'=2.8$ rad/s。

（4）确定滞后网络参数 β 和 T。

在 $\omega_c'=2.8$ rad/s 处，根据图 6.11，按渐近幅频特性可以算出未校正系统的幅值为 $L(2.8)=31$ dB，于是由式（6.24），有

$$20\lg\beta=-L(\omega_c')=-31$$

得 $\beta=0.028$，又

$$\frac{1}{\beta T}=\frac{1}{10}\times\omega_c'=\frac{2.8}{10}=0.28 \text{ rad/s}$$

得到 $\beta T=3.57$，于是 $T=3.57/0.028=127.5$。

所以校正装置的传递函数为

$$G_c(s)=\frac{3.57s+1}{127.5s+1}$$

（5）验算校正后系统的性能指标。校正后系统的开环传递函数为

$$G_c(s)G(s)=\frac{100(3.57s+1)}{s(0.1s+1)(0.2s+1)(127.5s+1)}$$

校正前后的伯德图如图 6.12 所示。由图 6.12，利用渐近对数幅频特性，有

$$\frac{100\times3.57\omega_c'}{\omega_c\times127.5\omega_c'}=1$$

即 $\omega_c'=2.8$ rad/s，相位裕度

$$\gamma'=180°-90°+\arctan3.57\omega_c'-\arctan0.1\omega_c'-\arctan0.2\omega_c'=39.6°$$

基本满足了设计要求。

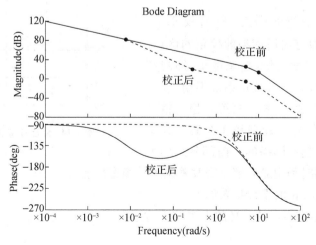

图 6.12　校正前后系统的伯德图

3) 关于滞后校正的一些说明

(1) 滞后校正装置实质是一种低通滤波器。因此,滞后校正使低频信号具有较高的放大系数。而同时降低了较高幅值穿越频率附近的放大系数,因而改善了相位裕度。

(2) 由于滞后校正装置的衰减作用,使幅值穿越频率向低频移动,从而使相位裕度满足要求。但是,滞后校正装置将降低系统的带宽,并且导致比较缓慢的瞬态响应。

最后指出,在有些应用方面,采用滞后校正可能会得出由于时间常数大而不能实现的结果,在这种情况下,最好采用串联滞后-超前校正。

6.3.3　滞后-超前校正

1) 滞后-超前网络的特性

如图 6.13 所示为一个无源滞后-超前校正网络的电路图,其传递函数为

$$G_c(s) = \frac{U_o(s)}{U_i(s)} = \frac{(R_1 C_1 s + 1)(R_2 C_2 s + 1)}{R_1 R_2 C_1 C_2 s^2 + (R_1 C_1 + R_2 C_2 + R_1 C_2)s + 1} \tag{6.26}$$

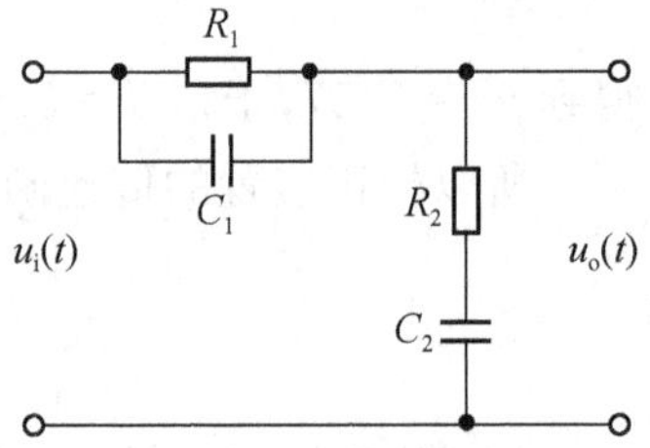

因为式(6.26)的分母可以分解为两个一阶因子的乘积,故令 $\alpha T_1 = R_1 C_1, \beta T_2 = R_2 C_2, \alpha\beta = 1, R_1 C_1 + R_2 C_2 + R_1 C_2 = T_1 + T_2$,于是式(6.26)可以写成

$$G_c(s) = \frac{U_o(s)}{U_i(s)} = \frac{(\alpha T_1 s + 1)(\beta T_2 s + 1)}{(T_1 s + 1)(T_2 s + 1)} \tag{6.27}$$

图 6.13　滞后-超前网络

设式(6.27)中 $\alpha > 1$,则有 $\frac{\alpha T_1 s + 1}{T_1 s + 1}$ 为一超前环节,$\frac{\beta T_2 s + 1}{T_2 s + 1}$ 为一滞后环节。当 $\alpha = 10, \beta = 0.1, T_1 = 0.1T, T_2 = 100T$ 时其伯德图如图 6.14 所示。

2) 利用伯德图进行滞后-超前校正

这种校正方法兼有滞后和超前校正的优点,即校正后系统响应速度较快,超调量小,抑制高频噪声的性能也较好。当未校正系统不稳定,且要求校正后系统响应速度、相位裕度和稳定精度较高时,以采用串联滞后-超前校正为宜。其基本原理是利用滞后-超前网络的超前部分来增大系统的相位裕度,同时利用滞后部分来改善系统的稳态性能。

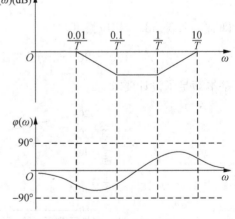

图 6.14　滞后-超前网络的伯德图

串联滞后-超前校正的设计步骤如下:

(1) 求出满足稳态指标的开环放大系数 K 值。

（2）根据求得的 K 值,画出未校正系统的伯德图,并计算出其幅值穿越频率 ω_c、相位裕度 γ、幅值裕度 K_g。

（3）确定校正后系统的幅值穿越频率 ω_c'。

选择一频率 ω_c',使得在 $\omega = \omega_c'$ 时能通过校正网络超前环节所提供的相位超前量,使系统既满足相位裕度要求,又能通过滞后环节的作用,把此点原幅频特性衰减到零分贝。

（4）确定滞后-超前网络中滞后环节的角频率 $1/(\beta T_2)$ 和 $1/T_2$。选择

$$\frac{1}{\beta T_2} = \left(\frac{1}{5} \sim \frac{1}{10}\right)\omega_c' \tag{6.28}$$

由于 $\beta = 1/\alpha$,所以既要考虑到 β 的选择能把在 $\omega = \omega_c'$ 点的幅频特性曲线 $L(\omega_c')$ 衰减到零分贝,即 $20\lg\alpha > L(\omega_c')$,又必须考虑到 α 的选择能使超前环节在 $\omega = \omega_c'$ 点有足够的相位超前量,使系统相位裕度满足指标要求。β 确定了,T_2 也就确定了。

（5）确定滞后-超前网络中超前环节的角频率 $1/(\alpha T_1)$ 和 $1/T_1$。过 $L(\omega) = -L(\omega_c')$ 及 $\omega = \omega_c'$ 的交点,作一斜率为 $20\ \mathrm{dB/dec}$ 的直线,它与 $20\lg\beta$ 线及 $0\ \mathrm{dB}$ 线的交点,则分别为角频率 $1/(\alpha T_1)$ 和 $1/T_1$。

（6）验算校正后系统的相位裕度 γ' 和幅值裕度 K_g'。如指标不满足,则需从步骤（3）重复上述设计过程,直到获得满意的结果为止。

【例 6.3】 单位反馈控制系统其传递函数为

$$G(s) = \frac{K}{s(s+1)(s+2)}$$

现希望速度误差系数为 $10\ \mathrm{s}^{-1}$,相位裕度为 $\gamma' \geqslant 45°$,幅值裕度大于或等于 $10\ \mathrm{dB}$,试设计一相位滞后-超前装置。

解 （1）根据稳态指标确定开环放大系数 K 值。
因为 $K_v = 10$,由

$$K_v = \frac{K}{2}$$

得 $K = 20$。

（2）未校正系统的性能分析
未校正系统的开环传递函数为

$$G(s) = \frac{10}{s(s+1)\left(\dfrac{1}{2}s+1\right)}$$

其伯德图如图 6.15 所示。根据渐近幅频特性,有

$$\frac{10}{(\omega_c \times \omega_c \times \omega_c)/2} = 1$$

因此可得 $\omega_c = 2.71\ \mathrm{rad/s}$,进一步可得

$$\gamma = 180° - 90° - \arctan\omega_c - \arctan 0.5\omega_c = -33.3°$$

令 $\varphi(\omega_g) = -90° - \arctan\omega_g - \arctan 0.5\omega_g = -180°$，可得 $\omega_g = 1.414$ rad/s，进一步可以算得幅值裕度 $K_g = -10.5$ dB，这表明未校正系统是不稳定的。

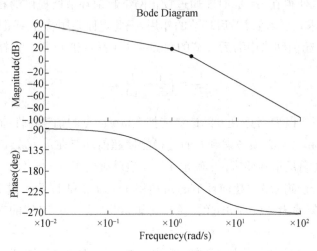

图 6.15　例 6.3 未校正系统的伯德图

此系统若采用超前校正，需要补偿超过 $78.3°$ 的超前角，同时，未校正系统的对数幅频特性在 ω_c 处的斜率达到 -60 dB/dec，一级串联超前校正不可行，但若用多级串联超前校正，则又会导致幅值穿越频率过大，因此，对本例来说，超前校正不可行。若采用滞后校正，则需要将幅值穿越频率左移至 0.49 rad/s 附近才能获得所需的相位裕度，对应的 β 很小，T 很大，存在物理实现的困难，而且系统的响应速度变得很慢。此时，可以考虑采用滞后-超前校正。

（3）确定校正后系统的幅值穿越频率 ω'_c。选择 $\omega'_c = 1.414$ rad/s，因为在该频率处未校正系统的相角 $\varphi(j1.414) = -180°$，通过超前环节提供 $40°$ 相位超前量是完全可能的；另外，在这一点未校正系统的渐近幅频特性的幅值为 $L(1.414) = 14$ dB，要把它衰减到零分贝也是很容易的。

（4）确定滞后-超前网络中滞后环节的角频率 $1/(\beta T_2)$ 和 $1/T_2$。选择

$$\frac{1}{\beta T_2} = \frac{1}{10}\omega'_c = \frac{1}{10} \times 1.414 = 0.141\ 4\ \text{rad/s}$$

另选 $\alpha = 10$，$\beta = 0.1$，因为这样可以保证超前环节提供大于 $50°$ 的相位超前量，满足 $20\lg\alpha > 14$ dB 且有足够的余量。于是

$$\frac{1}{T_2} = \beta \times 0.141\ 4 = 0.1 \times 0.141\ 4 = 0.014\ 1\ \text{rad/s}$$

故滞后环节的传递函数为

$$\frac{(\beta T_2 s + 1)}{(T_2 s + 1)} = \frac{7.07s + 1}{70.7s + 1}$$

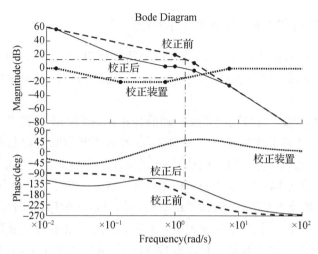

图 6.16 例 6.3 校正前后系统的伯德图

（5）确定滞后-超前网络中超前环节的角频率 $1/(\alpha T_1)$ 和 $1/T_1$。若在 $\omega=1.414$ rad/s 处，滞后-超前网络能够产生 -14 dB 的幅值，则 ω'_c 就是所要求的。根据这一要求，可以画一条经过点 $A(1.414$ rad/s，-14 dB$)$，斜率为 20 dB/dec 的直线，它与 $20\lg\beta=20\lg0.1=-20$ dB 线相交于 $\omega=0.709$ rad/s，与 0 dB 线相交于 $\omega=7.09$ rad/s，如图 6.16 所示，即

$$\frac{1}{\alpha T}=0.709 \text{ rad/s}$$

$$\frac{1}{T}=7.09 \text{ rad/s}$$

故超前环节的传递函数为

$$\frac{(\alpha T_1 s+1)}{(T_1 s+1)}=\frac{1.41s+1}{0.141s+1}$$

综上，可得校正装置的传递函数是

$$G_c(s)=\frac{(7.07s+1)(1.41s+1)}{(70.7s+1)(0.141s+1)}$$

（6）验算校正后系统的相位裕度 γ' 和幅值裕度 K'_g。校正后系统的开环传递函数为

$$G_c(s)G(s)=\frac{10(7.07s+1)(1.41s+1)}{s(s+1)(0.5s+1)(70.7s+1)(0.141s+1)}$$

其伯德图如图 6.16 所示，由系统设计过程可知，校正后系统的开环截止频率为 $\omega'_c=1.414$ rad/s，考虑到在该频率处，未校正系统的相角为 $\varphi(\omega'_c)=-180°$，因此，校正后系统的相位裕度

$$\gamma'=180°+\varphi(\omega'_c)+\varphi_c(\omega'_c)=\varphi_c(\omega'_c)=46.9°$$

满足设计要求。

6.3.4　超前、滞后和滞后-超前校正的比较

（1）超前校正通过其相位超前特性，获得所需要的结果；滞后校正则是通过其高频衰减特性，获得所需要的结果（在某些设计问题中，同时采用滞后校正和超前校正才能满足性能要求）。

（2）超前校正通常用来改善稳定裕度。超前校正比滞后校正能提供更高的幅值穿越频率。比较高的幅值穿越频率意味着比较大的带宽，大的带宽意味着调整时间的减小。具有超前校正的系统的带宽，总是大于具有滞后校正的系统的带宽。因此，如果需要具有大的带宽，或者说具有快速的响应特性，应当采用超前校正。当然，如果存在噪声信号，则不需要大的带宽，因为随着高频放大系数的增大，系统对噪声信号更加敏感，此时可以考虑滞后校正。

（3）超前校正需要有一个附加的放大器，以补偿超前网络本身的衰减。这表明超前校正比滞后校正需要更大的放大系数。在大多数情况下，放大系数越大，意味着系统的体积和重量越大，成本也越高。

（4）滞后校正降低了系统在高频段的放大系数，但是并不降低系统在低频段的放大系数。因为系统的带宽减小，所以系统具有较低的响应速度。因为降低了高频放大系数，系统的总放大系数可以增大，因此低频放大系数可以增加，故改善了稳态精度。此外，系统中包含的任何高频噪声，都可以得到衰减。

（5）如果需要获得快速响应特性，又需要获得良好的稳态精度，则可以采用滞后-超前校正装置，通过应用滞后-超前校正装置，低频放大系数增大（这意味着改善了稳态精度），也增大了系统的带宽和稳定裕度。

（6）虽然利用超前、滞后或滞后-超前校正装置可以完成大量的实际校正任务，但是对于复杂的系统，采用由这些校正装置组成的简单校正，可能得不到满意的结果。因此，必须采用其他各种不同的校正装置。

6.3.5　串联校正的期望对数频率特性设计法

1）基本概念

系统经串联校正后的结构图如图 6.1(a)所示，其中 $G_0(s)$ 是系统的固有部分的传递函数；$G_c(s)$ 是串联校正装置的传递函数，显然，系统的对数幅频特性为

$$L(\omega) = L_c(\omega) + L_0(\omega) \tag{6.29}$$

或

$$L_c(\omega) = L(\omega) - L_0(\omega) \tag{6.30}$$

式中：$L_0(\omega)$——系统固有部分的对数幅频特性；

$L_c(\omega)$——串联校正装置的对数幅频特性；

$L(\omega)$——系统校正后所期望的对数幅频特性，称为期望对数频率特性。

期望对数频率特性是指根据系统提出的稳态和瞬态性能要求，并考虑到未校正系统的特性而确定的一种期望的、校正后系统所应具有的开环幅频特性。

式(6.30)表明,一旦绘制出期望对数幅频特性 $L(\omega)$,将它与固有对数幅频特性 $L_0(\omega)$ 相减,即可获得校正装置的对数幅频特性 $L_c(\omega)$。在最小相位系统中,根据 $L_c(\omega)$ 的形状即可写出校正装置的传递函数,进而用适当的网络加以实现,这就是期望对数频率特性设计法的大致过程。

必须说明,因为期望对数频率特性仅考虑开环对数频率特性,而不考虑相频特性,所以此法仅适用于最小相位系统的设计。

2)典型的期望对数频率特性

对于调节系统和随动系统,期望对数幅频特性的一般形状如图 6.17 所示,其传递函数为

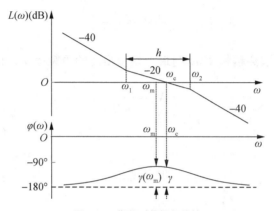

图 6.17 期望对数幅频特性

$$G(s)=\frac{K(T_1 s+1)}{s^2(T_2 s+1)} \tag{6.31}$$

其相频特性为

$$\varphi(\omega)=-180°+\arctan\omega T_1-\arctan\omega T_2 \tag{6.32}$$

设式(6.32)中,$\omega_1=1/T_1$;$\omega_2=1/T_2$,因而

$$\gamma(\omega)=180°+\varphi(\omega)=\arctan\frac{\omega}{\omega_1}-\arctan\frac{\omega}{\omega_2} \tag{6.33}$$

由 $\mathrm{d}\gamma(\omega)/\mathrm{d}\omega=0$,解出产生 γ_{max} 的角频率

$$\omega_m=\sqrt{\omega_1\omega_2} \tag{6.34}$$

式(6.34)表明 ω_m 正好是转折频率 ω_1 和 ω_2 的几何中心。将式(6.30)代入式(6.33),并由两角和三角函数公式,得

$$\tan\gamma(\omega_m)=\frac{\dfrac{\omega_m}{\omega_1}-\dfrac{\omega_m}{\omega_2}}{1+\dfrac{\omega_m^2}{\omega_1\omega_2}}=\frac{\omega_2-\omega_1}{2\sqrt{\omega_1\omega_2}}$$

因而

$$\sin\gamma(\omega_m) = \frac{\omega_2 - \omega_1}{\omega_2 + \omega_1} \tag{6.35}$$

若令 $h = \omega_2/\omega_1 = T_1/T_2$，这表示了开环幅频特性 $L(\omega)$ 上斜率为 -20 dB/dec 的中频区宽度，则式(6.35)可以写为

$$\gamma_{max} = \gamma(\omega_m) = \arcsin\frac{h-1}{h+1}$$

或者

$$\frac{1}{\sin\gamma(\omega_m)} = \frac{h+1}{h-1} \tag{6.36}$$

通常取 $\omega_m = \omega_c$，即取穿越频率 ω_c 与最大相位裕度的角频率 ω_m 相等，则 $\gamma \approx \gamma_{max}$。由于

$$M_p = \frac{1}{\sin\gamma} \tag{6.37}$$

故有

$$M_p = \frac{h+1}{h-1} \tag{6.38}$$

或者

$$h = \frac{M_p+1}{M_p-1} = \frac{1+\sin\gamma}{1-\sin\gamma} \tag{6.39}$$

式(6.39)说明，中频区宽度 h 和谐振峰值 M_p 一样，均是描述系统阻尼程度的性能指标。最大相位裕度与中频段长度有关，h 越大，中频段线段越长，最大相位裕度越大。按 $\omega_m = \sqrt{\omega_1\omega_2}$ 确定转折频率的系统，可以得到最大可能的相位裕度，常称为对称最佳系统；而当 $h = 4$ 时，常称为三阶工程最佳系统。

在图 6.17 中，转折频率 ω_1、ω_2 与穿越频率 ω_c 的关系，由于

$$\frac{\omega_c}{\omega_m} = \frac{M_p}{\sqrt{M_p^2-1}}, \quad M_p > 1 \tag{6.40}$$

将式(6.34)代入式(6.40)，得

$$\omega_c = \sqrt{\omega_1\omega_2} \times \frac{M_p}{\sqrt{M_p^2-1}} \tag{6.41}$$

$$\omega_1 = \omega_c\frac{2}{h+1} \tag{6.42}$$

$$\omega_2 = \omega_c\frac{2h}{h+1} \tag{6.43}$$

为了保证系统具有以 h 表征的阻尼程度,通常选取

$$\omega_1 \leqslant \omega_c \frac{2}{h+1} \tag{6.44}$$

$$\omega_2 \geqslant \omega_c \frac{2h}{h+1} \tag{6.45}$$

由式(6.38)知,

$$\frac{M_p - 1}{M_p} = \frac{2}{h+1}, \ \frac{M_p + 1}{M_p} = \frac{2h}{h+1} \tag{6.46}$$

因此参数 ω_1、ω_2 与幅值穿越频率 ω_c 的选择,若采用 M_p 最小法,即把闭环系统的振荡性能指标 M_p 放在开环系统的幅值穿越频率 ω_c 处,使期望对数幅频特性对应的闭环系统具有最小的 M_p 值,则各待选参数之间有如下关系:

$$\omega_1 \leqslant \omega_c \frac{M_p - 1}{M_p} \tag{6.47}$$

$$\omega_2 \geqslant \omega_c \frac{M_p + 1}{M_p} \tag{6.48}$$

3) 设计步骤

期望对数频率特性设计法的设计步骤如下:

(1) 根据系统稳态性能要求,绘制满足稳态性能的待校正系统的对数幅频特性 $L_0(\omega)$。

(2) 根据性能指标要求的开环放大系数和系统类型绘制期望对数频率特性低频部分。K 及 υ 符合性能指标要求时,其低频特性与 $L_0(\omega)$ 低频段重合。

(3) 绘制期望对数频率特性中频段幅值穿越频率 ω_c 附近的曲线。先根据性能指标求出幅值穿越频率 ω_c 和谐振峰值 M_p,在 0 dB 线上,过 ω_c 作斜率为 -20 dB/dec 的直线,止于转折频率 ω_1 和 ω_2 处,ω_1 和 ω_2 按式(6.47)和式(6.48)选择。

绘制期望对数频率特性低频段和中频段的衔接频段,一般用 -40 dB/dec 的直线连接。

根据系统幅值裕度及抑制高频噪声的要求,绘制期望对数频率特性的高频段,一般使其与待校正系统的高频段斜率一致或重合。

绘制期望对数频率特性中频段与高频段的衔接频段,一般用 -40 dB/dec 的直线连接。

(4) 由期望对数频率特性 $L(\omega) - L_0(\omega)$,得串联校正装置对数幅频段特性 $L_c(\omega)$。

(5) 验算校正后的系统是否满足性能指标的要求。若不满足,可降低低频段转折频率 ω_1,或提高高频段转折频率 ω_2。

【例6.4】 单位反馈系统的开环传递函数为

$$G_0(s) = \frac{K}{s(0.12s+1)(0.02s+1)}$$

试用期望对数频率特性法设计串联校正装置,使系统满足性能指标为:

$$K_v \geqslant 70 \ \text{s}^{-1}, t_s \leqslant 1 \ \text{s}, \sigma_p \leqslant 40\%$$

解　(1) 根据稳态指标要求,应取 $K=70$,画出未校正系统对数频率特性,如图 6.18 所示,求得未校正系统的幅值穿越频率为 $\omega_c=24$ rad/s。

(2) 绘制期望频率特性的主要参数低频段、中频段和高频段。

低频段:Ⅰ型系统,$\omega=1$ 时,有

$$L(\omega)=20\lg K=36.9 \text{ dB}$$

斜率为 -20 dB/dec,与 $L_0(\omega)$ 低频段重合。

中频及衔接段:由式(6.8)、式(6.9)和式(6.10),将 σ_p,t_s 转换为相应的频域指标,并取

$$M_p=1.6, \quad \omega_c=13 \text{ rad/s}$$

按式(6.47)和式(6.48)估算,应有

$$\omega_1\leqslant 4.88, \quad \omega_2\geqslant 21.13$$

在 $\omega_c=13$ rad/s,作 -20 dB/dec 的斜率直线,如图 6.18 所示。取

$$\omega_1=4, \quad \omega_2=45$$

此时,$h=\omega_2/\omega_1=11.25$。由式(6.36)可知,相应的

$$\gamma=\arcsin\frac{h-1}{h+1}=56.8°$$

在中频段过 $\omega_1=4$ 的横轴垂线上,作斜率为 -40 dB/dec 的直线,交期望对数频率特性低频段于 $\omega_3=0.75$ rad/s 处。

高频及衔接段:在 $\omega_2=45$ 的横轴垂线与中频段的交点上,作斜率为 -40 dB/dec 的直线,未校正系统的 $L_0(\omega)$ 于 $\omega_4=50$ rad/s,$\omega\geqslant\omega_4$ 时,取期望对数频率特性高频段 $L(\omega)$ 与 $L_0(\omega)$ 一致。

于是,期望对数频率特性的参数为

$$\omega_1=4, \quad \omega_2=45, \quad \omega_3=0.75, \quad \omega_4=50, \quad \omega_c=13, \quad h=11.25$$

(3) 计算 $L(\omega)-L_0(\omega)$,得串联校正装置的传递函数为

$$G_c(s)=\frac{(0.25s+1)(0.12s+1)}{(1.33s+1)(0.022s+1)}$$

(4) 验算性能指标:校正后系统开环传递函数为

$$G(s)=\frac{70(0.25s+1)}{s(1.33s+1)(0.022s+1)(0.02s+1)}$$

(5) 由式(6.8)~式(6.10)可以直接算得:

$$\omega_c=13 \text{ rad/s} \quad \gamma=45.7° \quad \sigma_p=32\% \quad t_s=0.73 \text{ s}$$

满足设计要求。

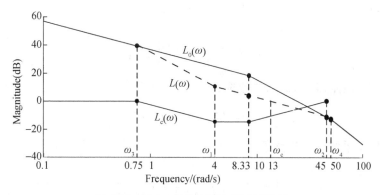

图 6.18　例 6.4 系统的期望对数幅频特性

6.3.6　串联工程设计法

在期望对数频率特性法的基础上,将期望对数频率特性进一步规范化和简单化,使系统期望开环对数幅频特性成为图 6.17 所示的形状,使系统开环期望传递函数如式(6.31),并以其特性所能取得的最佳性能来确定参数。这就是工程设计法的主导思想。

工程设计法的一般步骤是先设定串联校正装置 $G_c(s)$ 为 P、PI 或 PID 等控制器的形式,然后按最佳性能的要求,选择对应于 P、PI 或 PID 控制规律的 $G_c(s)$ 的参数。这种设计方法简单,易于工程实现,常用来设计自动调节系统和随动系统。常用的工程设计方法有三阶最佳设计法和最小 M_p 设计法

1）三阶最佳设计

按未校正系统不同的开环传递函数 $G_0(s)$,选择相应于 P、PI 或 PID 控制器为串联校正装置 $G_c(s)$,使校正后的开环传递函数 $G(s)$ 成为如式(6.31)的形式,然后以式(6.31)取得最大相位裕度,并以尽可能快的响应速度来选择期望对数频率特性的参数,一般取

$$h=\frac{\omega_2}{\omega_1}=4 \quad T_1=hT_2 \quad K=\frac{1}{8T_2^2} \tag{6.49}$$

较为适宜,从而校正后的期望开环传递函数为

$$G(s)=\frac{K(T_1s+1)}{s^2(T_2s+1)}=\frac{(4T_2s+1)}{8T_2^2s^2(T_2s+1)} \tag{6.50}$$

然后根据式(6.49)确定相应的 PID 控制器 $G_c(s)$ 的参数。常见的选择方式如下：

（1）若未校正系统的传递函数为

$$G_0(s)=\frac{K_0}{s(T_0s+1)}$$

则可选 PI 控制器,即

$$G_c(s)=\frac{\tau s+1}{Ts}$$

使得校正后系统

$$G(s) = \frac{K_0}{T} \frac{(\tau s + 1)}{s^2 (T_0 s + 1)}$$

根据式(6.49)，PI 控制器 $G_c(s)$ 的参数选为

$$\tau = 4T_0 \qquad T = 8K_0 T_0^2 \qquad\qquad (6.51)$$

（2）若未校正系统的传递函数为

$$G_0(s) = \frac{K_0}{s(T_{01}s+1)(T_{02}s+1)}$$

则可选 PID 控制器，即

$$G_c(s) = \frac{(\tau_1 s + 1)(\tau_2 s + 1)}{Ts}$$

并令 $\tau_1 = T_{01}$（或 T_{02}），使得校正后系统

$$G(s) = \frac{K_0}{T} \frac{(\tau_2 s + 1)}{s^2 (T_{02} s + 1)}$$

PID 控制器 $G_c(s)$ 的参数选为

$$\tau_2 = 4T_{02} \qquad \tau_1 = T_{01} \qquad T = 8K_0 T_{02}^2 \qquad\qquad (6.52)$$

2）最小 M_p 设计

这种设计方法与三阶最佳设计法基本相同，仅选择参数的出发点不同。此时，期望对数频率特性的选择是使式(6.31)对应的闭环系统具有最小的 M_p 值，并同时考虑对系统的响应速度和抗扰性能等要求。校正后系统的开环传递函数仍为

$$G(s) = \frac{K(T_1 s + 1)}{s^2 (T_2 s + 1)}$$

但参数的选择为

$$T_1 = hT_2, K = \frac{h+1}{2h^2 T_2^2} \qquad\qquad (6.53)$$

式(6.53)中，$h = \omega_1/\omega_2 = T_1/T_2$，一般取为 5。

【例 6.5】　设单位反馈未校正系统的开环传递函数为

$$G_0(s) = \frac{40}{s(0.003s + 1)}$$

试用工程设计法确定串联校正装置 $G_c(s)$。

解　（1）分析未校正系统的性能：因未校正系统为二阶系统，其

$$\zeta = 1.44, \ \omega_n = 115.5 \text{ rad/s}$$

说明未校正系统为过阻尼二阶系统,其性能为

$$\gamma = 83.2° \quad \omega_c = 40 \text{ rad/s} \quad t_s = 0.07 \text{ s}$$

由于未校正系统为 I 型系统,在斜坡输入作用下必然存在稳态误差。因此,可考虑采用工程设计方法,使系统成为 II 型系统。

(2) 采用三阶最佳设计法

可选 PI 控制器作为串联校正装置,其参数可按式(6.51)确定,得

$$\tau = 4T_0 = 4 \times 0.003 = 0.012 \text{ s}$$
$$T = 8K_0 T_0^2 = 8 \times 40 \times 0.003^2 = 0.002\ 9 \text{ s}$$

则 PI 控制器

$$G_c(s) = \frac{0.012s+1}{0.002\ 9s} = 4.14\left(1 + \frac{1}{0.012s}\right)$$

即 PI 控制器的比例系数 $K_p = 4.14$,积分时间常数 $T_i = 0.012s$。

校正后系统的开环传递函数为

$$G(s) = \frac{13\ 793.1(0.012s+1)}{s^2(0.003s+1)}$$

(3) 采用最小 M_p 设计法

利用式(6.53),取 $h = 5$,得 PI 控制器为

$$G_c(s) = \frac{0.015s+1}{0.003s} = 5\left(1 + \frac{1}{0.015s}\right)$$

6.4　反馈校正

1) 反馈校正的基本原理

设反馈系统校正如图 6.2(b)所示,$G_2(s)$ 是系统的固有部分,其传递函数为

$$\frac{C(s)}{R_1(s)} = \frac{G_2(s)}{1 + G_2(s)G_c(s)} \tag{6.54}$$

如果局部闭环本身是稳定的,则当 $|G_2(s)G_c(s)| \ll 1$ 时,

$$\frac{C(s)}{R_1(s)} \approx G_2(s) \tag{6.55}$$

当 $|G_2(s)G_c(s)| \gg 1$ 时,

$$\frac{C(s)}{R_1(s)} \approx \frac{1}{G_c(s)} \tag{6.56}$$

从式(6.55)、式(6.56)可以看出:当局部开环增益远小于 1 时,该反馈可认为开路,局部

闭环的传递函数近似等于前向通道的固有传递函数 $G_2(s)$,而当局部开环增益远大于 1 时,其传递函数几乎与固有特性 $G_2(s)$ 无关,仅取决于反馈通路的特性 $G_c(s)$ 的倒数,这说明通过选择 $G_c(s)$,能在一定的频率范围内改变系统的原有特性。这就是反馈校正的基本原理。

2) 反馈校正

上面介绍的式(6.55)、式(6.56)是设计反馈校正装置的根据。如果利用这一近似,则设计反馈校正装置的步骤就和串联校正装置的步骤完全一样了。

【例 6.6】 设系统结构图如图 6.19 所示,要求设计 $G_c(s)$ 使系统达到如下指标:稳态位置误差等于零,稳态速度误差系数 $K_v = 200 \text{ s}^{-1}$,相位裕度 $\gamma(\omega_c) \geqslant 40°$。

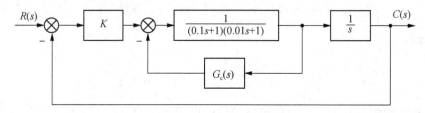

图 6.19　例 6.6 系统结构图

解　(1)根据系统的稳态误差要求,选 $K = 200$,绘制未校正系统的对数幅频特性如图 6.20 所示,其开环传递函数为

$$G_0(s) = \frac{200}{s(0.1s+1)(0.01s+1)}$$

其中,局部闭环部分的原系统传递函数为

$$G_2(s) = \frac{1}{(0.1s+1)(0.01s+1)}$$

由图 6.20 可见,$L_0(\omega)$ 以 -40 dB/dec 的斜率过零,系统的开环截止频率为 $\omega_{c0} = 44.7$ rad/s,对应的相位裕度为

$$\gamma = 180° - 90° - \arctan 0.1\omega_{c0} - \arctan 0.01\omega_{c0} = -11.5°$$

未校正系统不稳定,现在考虑采用反馈校正。

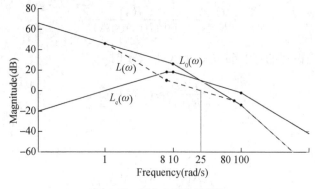

图 6.20　例 6.6 系统伯德图

（2）期望对数频率特性的设计。根据稳态精度的要求，低频段与未校正系统的低频段重合，即低频段不变，中频段由于指标中未提 ω_c 的要求，从近似设计在 $\omega = \omega_c$ 处的精度以及 ω_c 高些对系统快速性有利两者综合考虑，选 $\omega_c = 25$ rad/s。

过点（25 rad/s，0 dB）作斜率为 -20 dB/dec 的直线，与 $L_0(\omega)$ 相交于 $\omega_2 \approx 80$ rad/s 处，此时幅值 $L(\omega_2) = L_0(\omega_2) \approx -10$ dB，之后的高频段特性与 L_0 重合。

对于低中频段连线，考虑到中频区应有一定的宽度及 $\gamma(\omega_c) \geqslant 45°$ 的要求，预选 $\omega_1 = 8$ rad/s，则 $L(\omega_1) = 10$ dB，过 ω_1 作 -40 dB/dec 斜率的直线交 L_0 于 $\omega_0 \approx 1$ rad/s 处，于是整个期望对数频率特性设计完毕。

（3）检验。由校正后的期望特性可以求得校正后的开环传递函数为

$$G(s) = \frac{200(0.125s + 1)}{s(s+1)(0.012\,5s + 1)(0.01s + 1)}$$

从校正后的期望特性上求得 $\omega_c = 25$ rad/s，$\gamma(\omega_c) = 43.2° \geqslant 40°$，满足要求。

（4）校正装置的求取。

采用近似分析方法。对图 6.19 中的反馈校正系统，其开环传递函数为

$$G(s) = \frac{200G_2(s)/s}{1 + G_2(s)G_c(s)}$$

其频率特性为

$$G(j\omega) = \frac{200G_2(j\omega)/(j\omega)}{1 + G_2(j\omega)G_c(j\omega)}$$

当 $|G_2(j\omega)G_c(j\omega)| > 1$ 时，有

$$G(j\omega) \approx \frac{200/(j\omega)}{G_c(j\omega)} = \frac{G_0(j\omega)}{G_2(j\omega)G_c(j\omega)} = \frac{G_0(j\omega)}{G_c'(j\omega)}$$

式中，$G_c'(j\omega) = G_2(j\omega)G_c(j\omega)$。因此，其对数幅频特性为

$$L_c'(\omega) = L_0(\omega) - L(\omega)$$

而当 $|G_2(j\omega)G_c(j\omega)| < 1$ 时，

$$G(j\omega) \approx 200G_2(j\omega)/(j\omega) = G_0(j\omega)$$

对数幅频特性 $L(\omega) = L_0(\omega)$，表明此时反馈校正环节对系统特性无影响，为简化校正装置，此时在低频段 $L_c'(\omega)$ 特性可简单看成原特性的延伸，在高频段，为了包含 $G_2(s)$ 的转折频率，在 $\omega = 100$ 处斜率转换成 -40 dB/dec。通过作图可以求得 $L_c'(\omega)$ 曲线，如图 6.20 所示，由 $L_c'(\omega)$ 曲线可以求出其对应的传递函数为

$$G_c'(s) = G_2(s)G_c(s) = \frac{s}{(0.125s + 1)(0.1s + 1)(0.01s + 1)}$$

于是

$$G_c(s) = \frac{s}{(0.125s+1)}$$

3）反馈校正的作用

（1）减小时间常数

反馈校正（一般指负反馈校正）有减小被包围环节时间常数的能力，这是反馈校正的重要特点。若传递函数 $G(s)=1/(Ts+1)$ 为惯性环节，其时间常数 T 较大，影响整个系统的响应速度，则可用传递函数为 $G_c(s)=K_H$ 的反馈校正装置（位置反馈）包围 $G(s)$，其中 K_H 为常数，称为位置反馈系数。作放大系数补偿后，结构如图 6.21 所示，传递函数为

$$G(s) = \frac{\dfrac{1}{1+K_H}}{\dfrac{T}{1+K_H}s+1} \tag{6.57}$$

式(6.57)表明，位置反馈校正包围惯性环节后，等效环节仍为惯性环节，但其传递系数和时间常数都减小$(1+K_H)$倍，传递系数的下降可通过提高前级放大器的放大系数来弥补，而时间常数的下降却有利于加快整个系统的响应速度。如放大倍数高的放大器，采用深度负反馈后，不但使其放大系数比较稳定，而且使放大器的惯性减小到可略去不计的程度。相应的惯性环节频带宽度由原来的 $1/T$ 增加为 $(1+K_H)/T$，其伯德图如图 6.21(c)所示。反馈校正的这种优点，与改变环节的固有特性相同，但主要应用在执行机构的频带宽度不够的场合，如阀门的驱动，电压-电流转换器等。

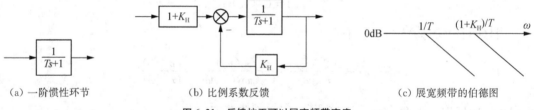

(a) 一阶惯性环节　　　　　(b) 比例系数反馈　　　　　(c) 展宽频带的伯德图

图 6.21　反馈校正可以展宽频带宽度

如果用传递函数为 $G_c(s)=K_t s$ 的测速发电机及分压器（速度反馈）包围传递函数为

$$G_2(s) = \frac{K_m}{s(T_m s+1)}$$

的电动机。其中 K_t 是与测速发电机输出斜率有关的常数，一般称为测速反馈系数。此时内回路传递函数为

$$\frac{C(s)}{R_1(s)} = \frac{K_m}{1+K_m K_t} \times \frac{1}{s\left(\dfrac{T_m}{1+K_m K_t}s+1\right)} \tag{6.58}$$

式(6.58)表明，电动机采用速度反馈后，其传递函数形式与校正前相同，仍包含一个积分环节，这是很可贵的一点，而传递系数和时间常数同样减小 $1+K_m K_t$ 倍。因此有不少控制系统均采用电动机-测速发电机组作为执行机构。有时，由于动态性能的限制，速度反馈

造成的放大系数下降无法全部补偿,采用速度反馈校正就会影响系统的稳态精度。

（2）降低系统对参数变化的敏感性

在控制系统中,为了减弱系统参数变化对性能的敏感程度,除可采用鲁棒控制技术外,通常最有效的措施之一,就是采用负反馈校正的方法。

对于开环系统来说,设由于参数的变化,系统传递函数 $G(s)$ 的变化量为 $\Delta G(s)$,其相应的输出量变化为 $\Delta C(s)$。这时开环系统的输出为

$$C(s)+\Delta C(s)=[G(s)+\Delta G(s)]R(s)$$

因为 $C(s)=G(s)R(s)$,则有

$$\Delta C(s)=\Delta G(s)R(s) \tag{6.59}$$

式(6.59)说明,对开环系统来说,参数的变化对系统输出的影响与传递函数的变化成正比。

对于采用单位负反馈后的闭环系统来说,如果发生上述的参数变化,则闭环系统的输出为

$$C(s)+\Delta C(s)=\frac{G(s)+\Delta G(s)}{1+[G(s)+\Delta G(s)]}R(s)$$

通常 $|G(s)|\gg|\Delta G(s)|$,于是近似有

$$\Delta C(s)\approx\frac{\Delta G(s)}{1+G(s)}R(s) \tag{6.60}$$

式(6.60)说明,因参数变化,闭环系统输出的变化将是开环传递函数的 $1/[1+G(s)]$ 倍。由于常有 $1+G(s)$ 的值远远大于1,所以负反馈能够大大地削减参数变化对控制系统性能的影响。因此,如果为了提高开环控制系统抑制参数变化这种类型的干扰能力,必须选择高精度的元件的话,那么对于采用单位负反馈后的闭环系统来说,基于式(6.60),可以选用精度较低的元件。

反馈校正的这一特点是十分重要的。一般来说,系统不可变部分的特性,包括被控对象特性在内,其参数稳定性大都与被控对象自身的因素有关,无法轻易改变;而反馈校正装置的特性则是由设计者确定的,其参数稳定性取决于选用元部件的质量,若加以精心挑选,可使其特性基本不受工作条件改变的影响,从而降低系统对参数变化敏感性。

（3）积分负反馈代替纯微分环节

前向通路中如果含有纯微分环节,将会对高频噪声干扰极其敏感。若用积分负反馈来实现纯微分环节,会有效地减少高频干扰的影响,其结构图、伯德图如图 6.22 所示。

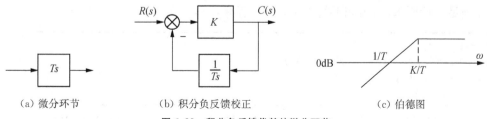

（a）微分环节　　　　　　（b）积分负反馈校正　　　　　　（c）伯德图

图 6.22　积分负反馈代替纯微分环节

积分负反馈的传递函数为

$$G(s) = \frac{K}{1 + \frac{1}{Ts}K} = \frac{Ts}{\frac{T}{K}s + 1} \tag{6.61}$$

可以明显看出,频率低于 $\omega = K/T$ 时,其传输为微分特性,但高于 $\omega = K/T$ 时则衰减为水平值。因此,与纯微分特性相比,高频干扰分量得到抑制,改善了前向通路的传输特性。

(4) 负反馈可以消除系统不可变部分中不希望有的特性

根据以上的分析,采用负反馈的内反馈回路特性当满足式(6.56)所示条件时,近似地由反馈通道的倒数加以描述。基于此结论,假如在图 6.2(b)所示系统中,不可变部分的特性 $G_2(s)$ 是不希望的,那么通过适当地选择反馈通道的传递函数 $G_c(s)$,使其倒数 $1/G_c(s)$ 代替原来的 $G_2(s)$,并使之具有需要的特性,则可以通过这种"置换"的方法来改善系统的性能。

反馈作用还可以应用于许多场合,如削弱系统的非线性影响和正反馈放大系数提升等。

6.5 基于 MATLAB 的校正装置频域设计

6.3 中给出了超前校正、滞后校正以及滞后-超前校正设计步骤,根据这些步骤,很容易利用 MATLAB 语言编程设计控制系统的串联校正装置。下面举例说明。

【例 6.7】 已知单位负反馈系统被控对象的传递函数为

$$G_0(s) = \frac{K_0}{s(0.1s+1)(0.001s+1)}$$

试设计串联超前校正环节,使得:

(1) 在斜坡信号 $r(t) = v_0 t$ 作用下,系统的稳态误差 $e_{ss} \leqslant 0.001 v_0$;

(2) 系统校正后,相位裕度 $43° < \gamma < 48°$。

解 (1) 求 K_0。根据稳态误差要求,可知在斜坡信号 $r(t) = v_0 t$ 作用下,

$$e_{ss} = \frac{v_0}{K_v} = \frac{v_0}{K} = \frac{v_0}{K_0} \leqslant 0.001 v_0$$

于是可以求得 $K_0 \geqslant 1\,000$,取 $K_0 = 1\,000$,可得未校正系统的开环传递函数为

$$G_0(s) = \frac{1\,000}{s(0.1s+1)(0.001s+1)}$$

(2) 根据系统超前校正设计的步骤,作未校正系统的 Bode 图,并求出其相位裕度,检查是否能满足设计要求,给出如下的 MATLAB 程序:

```
s=tf('s');
g=1000/(s*(0.1*s+1)*(0.001*s+1));
[mag,pha,w]=bode(g);
figure(1);margin(g);
```

这段程序运行后,可得如图 6.23 所示的未校正系统的 Bode 图及其稳定裕度。由图可

知,未校正系统的幅值裕度 $G_m \approx 0.1$ dB,相位裕度 $P_m \approx 0.06°$,开环截止频率(增益穿越频率)为 $\omega_{cp} = 99.5$ rad/s,$-180°$穿越频率为 $\omega_{cg} = 100$ rad/s。由结果可以发现,未校正系统的幅值裕度和相位裕度几乎为0,这样的系统基本上处于稳定和不稳定的临界点,不能正常工作。为此,可以采用超前校正来提高系统的相位裕度。

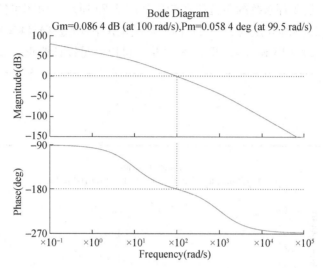

图 6.23 例 6.7 未校正系统的伯德图

(3) 求取超前校正装置的传递函数。

由于未校正系统的固有缺陷,要想达到设计指标,必须对系统进行校正,即设计补偿器。

根据所要求的相位裕度范围,取 $\gamma = 45°$,并加上 $5°\sim10°$,以补偿采用超前校正后,由于开环截止频率的增加而导致的相角的减小。这里,取 $\gamma = 45°+5° = 50°$作为设计参数。

设超前校正装置的传递函数为

$$G_c(s) = \frac{\alpha Ts + 1}{Ts + 1}, \alpha > 1$$

按照 6.3.1 中超前校正的设计过程,可以编制如下的 MATLAB 程序:

```
s=tf('s');
g=1000/(s*(0.1*s+1)*(0.001*s+1));
[mag,pha,w]=bode(g);
gamma=50;
[gm,pm,wcg,wcp]=margin(g);
gam=(gamma-pm)*pi/180;
alpha=(1+sin(gam))/(1-sin(gam));
adb=20*log10(mag);
am=10*log10(alpha);
wc=spline(adb,w,-am);
T=1/(wc*sqrt(alpha));
Gc=tf([alpha*T,1],[T,1]);
```

程序运行后,即可得到校正装置的传递函数

$$G_c(s) = \frac{\alpha Ts + 1}{Ts + 1} = \frac{0.016\,69s + 1}{0.002\,218s + 1}$$

（4）校验校正后系统是否满足性能要求。

根据校正后系统的结构和参数，用以下程序可以得到校正后系统的 Bode 图和稳定裕度，如图 6.24 所示，校正后闭环系统的单位阶跃响应如图 6.25 所示。由图可知，校正后系统的幅值裕度为 $G_m = 17.3$ dB，相位裕度为 $P_m = 44.1°$，开环截止频率（增益穿越频率）为 $\omega_{cp} = 164$ rad/s，$-180°$ 穿越频率为 $\omega_{cg} = 615$ rad/s。可见，相位裕度可以满足设计要求。

```
Go=Gc * g;
margin(Go);
G2=feedback(Go,1);
step(G2);
```

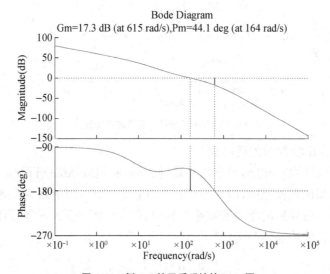

图 6.24　例 6.7 校正后系统的 Bode 图

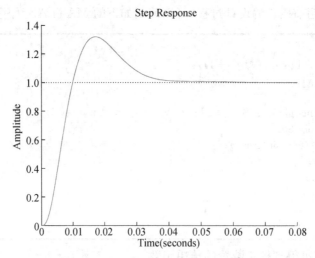

图 6.25　例 6.7 校正后系统的单位阶跃响应

【例 6.8】 已知单位负反馈系统被控对象的传递函数为

$$G_0(s) = \frac{K_0}{s(0.1s+1)(0.2s+1)}$$

试设计串联滞后校正环节,使得:

(1) 在斜坡信号 $r(t)=t$ 作用下,系统的速度误差系数 $K_v \geqslant 30$;

(2) 系统校正后的截止频率 $\omega_c \geqslant 2.3$ rad/s;

(3) 系统校正后的相位裕度 $\gamma > 40°$。

解 (1) 求 K_0。根据稳态误差要求,可知在斜坡信号 $r(t)=t$ 作用下,$K_v = K_0 \geqslant 30$,取 $K_v = 30$,可得未校正系统的开环传递函数为

$$G_0(s) = \frac{30}{s(0.1s+1)(0.2s+1)}$$

(2) 根据系统滞后校正设计的步骤,作未校正系统的 Bode 图,并求出其相位裕度,检查是否能满足设计要求,给出如下的 MATLAB 程序:

```
s=tf('s');
g=30/(s*(0.1*s+1)*(0.2*s+1));
[mag,pha,w]=bode(g);
figure(1);margin(g);
```

这段程序运行后,可得如图 6.26 所示的未校正系统的 Bode 图及其稳定裕度。由图可知,未校正系统的幅值裕度 $G_m = -6.02$ dB,相位裕度 $P_m = -17.2°$,开环截止频率(增益穿越频率)为 $\omega_{cp} = 9.77$ rad/s,$-180°$穿越频率为 $\omega_{cg} = 7.07$ rad/s。由结果可以发现,未校正系统的幅值裕度和相位裕度都为负值,系统不稳定,不能正常工作。为此,可以采用滞后校正来提高系统的相位裕度。

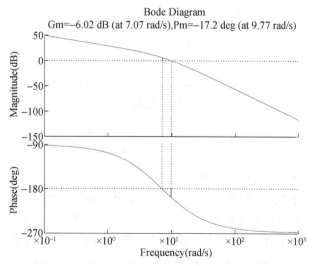

图 6.26 例 6.8 未校正系统的伯德图

（3）求取滞后校正装置的传递函数。

取校正后系统的开环截止频率为 $\omega_{c2}=2.3$ rad/s，根据滞后校正的原理，设滞后校正装置的传递函数为

$$G_c(s)=\frac{\beta Ts+1}{Ts+1},\beta<1$$

给出滞后校正装置设计的 MATLAB 程序如下：

```
s=tf('s');
g0=30/(s*(0.1*s+1)*(0.2*s+1));
wc=2.3;
[mag,pha]=bode(g0,wc);
beta=1/mag;
bt=1/(0.1*wc);
T=bt/beta;
gc=tf([beta*T,1],[T,1]);
```

程序运行后，即可得到校正装置的传递函数

$$G_c(s)=\frac{\beta Ts+1}{Ts+1}=\frac{4.348s+1}{50.21s+1} \tag{6.62}$$

以上是按照开环截止频率的要求来设计滞后校正装置，如用相位裕度来进行设计，则 MATLAB 程序如下：

```
s=tf('s');
g0=30/(s*(0.1*s+1)*(0.2*s+1));
gamma=40+6;
[mag,pha,w]=bode(g0);
wc=spline(pha,w,gamma-180);
[m1,p1]=bode(g0,wc);
beta=1/m1;
bt=1/(0.1*wc);
T=bt/beta;
gc=tf([beta*T,1],[T,1]);
```

该程序运行后，可得到校正装置的传递函数为

$$G_c(s)=\frac{\beta Ts+1}{Ts+1}=\frac{3.654s+1}{33.89s+1} \tag{6.63}$$

（4）校验校正后系统是否满足性能要求。

根据校正后系统的结构和参数，用以下程序可以得到校正后系统的 Bode 图和稳定裕度。图 6.27 所示为采用式（6.62）校正后的 Bode 图和稳定裕度，图 6.28 所示为采用式（6.63）校正后的 Bode 图和稳定裕度。由图可知，用这两种方法设计的滞后校正装置均满足了设计要求。

```
go=gc*g0;
margin(go);
```

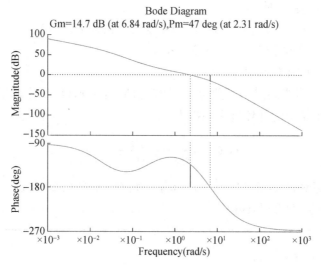

图 6.27　例 6.8 校正后系统的 **Bode** 图和稳定裕度（采用式（6.62））

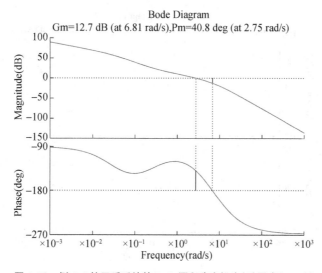

图 6.28　例 6.8 校正后系统的 **Bode** 图和稳定裕度（采用式（6.62））

　　例 6.8 中，对于未校正系统，在期望的开环截止频率 $\omega_c = 2.3$ rad/s 处，其相位满足相位裕度的要求，因此，可以利用滞后网络的高频幅值衰减特性，使得校正后的开环截止频率位于期望位置，从而满足设计要求；另一方面，未校正系统的相频特性曲线上，满足相位裕度要求（需加上一定的裕量，见 6.3.2）的频率也可以满足期望的开环截止频率的要求，根据相位裕度的要求也可以设计出滞后校正网络的传递函数。但是，如果这两个条件不满足，那么只采用滞后校正则无法实现设计要求，此时，需要考虑采用滞后-超前校正。

　　【例 6.9】　已知单位负反馈系统被控对象的传递函数为

$$G_0(s) = \frac{K_0}{s(s+1)(0.5s+1)}$$

试设计串联校正装置,使得:

(1) 在斜坡信号 $r(t)=t$ 作用下,系统的速度误差系数 $K_v \geqslant 10$;

(2) 系统校正后的截止频率 $\omega_c \geqslant 1.5$ rad/s;

(3) 系统校正后的相位裕度 $\gamma \geqslant 45°$。

解 (1) 求 K_0。根据稳态误差要求,可知在斜坡信号 $r(t)=t$ 作用下,$K_v=K_0 \geqslant 10$,取 $K_0=10$,可得未校正系统的开环传递函数为

$$G_0(s) = \frac{10}{s(s+1)(0.5s+1)}$$

(2) 作未校正系统的 Bode 图,并求出其相位裕度,如图 6.29 所示,检查是否能满足设计要求。给出如下的 MATLAB 程序:

```
s=tf('s');
g0=10/(s*(s+1)*(0.5*s+1));
margin(g0);
```

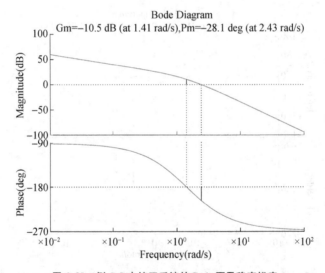

图 6.29　例 6.9 未校正系统的 Bode 图及稳定裕度

由图 6.29 可知,未校正系统的幅值裕度 $G_m=-10.5$ dB,相位裕度 $P_m=-28.1°$,开环截止频率(增益穿越频率)为 $\omega_{cp}=2.43$ rad/s,$-180°$穿越频率为 $\omega_{cg}=1.41$ rad/s。由结果可以发现,未校正系统的幅值裕度和相位裕度都为负值,系统不稳定,不能正常工作。若用超前校正,由于所需的相位太大,一级超前校正不够,需要多级超前校正,这样会导致开环截止频率过大,而若采用滞后校正,要满足相角裕度要求,则开环截止频率必须小于 1.41 rad/s,无法满足要求,如要满足截止频率要求,则相位裕度又无法满足。因此,本例需要采用滞后-超前校正。

(3) 设计滞后-超前校正网络。设校正网络的传递函数为

$$G_c(s) = \frac{(\beta T_1 s+1)(\alpha T_2 s+1)}{(T_1 s+1)(T_2 s+1)}, \alpha>1, \alpha\beta=1$$

根据滞后-超前网络的设计步骤(见 6.3.3),可以编写以下的 MATLAB 程序:

```
s=tf('s');
g0=10/(s*(s+1)*(0.5*s+1));
wc=1.5;
[m1,p1]=bode(g0,wc);
bt=1/(0.1*wc);
beta=1/10;
T=bt/beta;
m=20*log10(m1);
w2=wc*m1;
T2=1/w2;
gc1=tf([bt 1],[T,1]);
gc2=tf([T2/beta 1],[T2 1]);
gc=gc1*gc2;
```

程序运行后,得到滞后-超前校正网络的传递函数为

$$G_c(s)=\frac{(6.667s+1)(2.253s+1)}{(66.67s+1)(0.225\ 3s+1)}$$

(4)校验。校正后,系统的开环传递函数为

$$G(s)=G_c(s)G_0(s)=\frac{(6.667s+1)(2.253s+1)}{(66.67s+1)(0.225\ 3s+1)}\frac{10}{s(s+1)(0.5s+1)}$$

绘制校正后系统的 Bode 图并求相位裕度,如图 6.30 所示。由图可见,系统的设计指标已经满足。

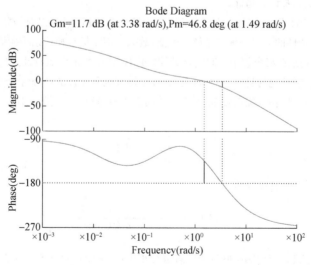

图 6.30 例 6.9 校正后系统的 Bode 图和稳定裕度

小　结

(1) 在控制系统中,常常需要通过增加附加环节的手段来改善系统的性能,这叫做系统的校正。校正装置的引入,是解决动态性能与稳态性能互相矛盾的有效方法。根据校正装置引入位置的不同,校正分为串联校正和并联校正两大类。

(2) 串联校正分为超前校正、滞后校正、滞后-超前校正等三种。串联校正装置的设计方法较多,但最常用的是采用伯德图的频率特性设计法。此外,计算机辅助设计亦日趋成熟,越来越受到人们的关注和欢迎。计算机辅助设计能把设计者分析、推理和决策能力和计算机的快速、准确的信息处理能力和存贮能力结合起来,共同有效地完成高质量的设计任务。

(3) 串联校正装置的高质量设计,是以充分了解校正网络的特性为前提的。

① 串联超前校正能够提供超前相位,以提高系统的相对稳定性和响应速度。但可能放大高频噪声。超前校正装置的传递函数为$(\alpha Ts+1)/(Ts+1)$,其中,$\alpha>1$。参数 α 决定了最大超前相位的大小。调整它可调整补偿的最大正相位的大小。进行超前校正的基本方法是首先调整开环放大系数以满足稳态误差指标。然后按相位裕度要求增加的正相位确定参数 α。最后调整参数 T,使最大超前相位出现在校正后的幅值穿越频率处。如果在增益穿越频率附近,相位曲线下降陡峭,则超前校正可能无效。这种情况下,可尝试采用滞后校正来达到性能指标。

② 串联滞后校正能够在保持同样的相对稳定性的前提下,提高系统的稳态准确性;或者在保持同样稳态误差的情况下,提高相对稳定性,但可能降低响应速度。滞后校正利用的是它所提供的高频幅值衰减而不是其相位滞后。相反,应尽可能避免其相位滞后的影响。滞后校正装置的传递函数为$(\beta Ts+1)/(Ts+1)$,其中,$\beta<1$。参数 β 决定了高频幅值的最大衰减量。设计时首先调整开环放大系数满足稳态误差指标,然后根据希望的相位裕量所要求的幅值衰减,调整 β 使相位裕量满足要求;如有必要,可将超前校正和滞后校正联合使用,以满足系统设计指标。

(4) 期望对数频率特性设计法是工程上较常用的设计方法,设计时是以时域指标 σ_p 和 t_s 为依据的。由于该法仅按对数幅频特性的形状来确定系统的性能,故只适用于最小相位系统的设计。

(5) 并联校正的本质是在某个频率区间内,以反馈通道传递函数的倒数特性来代替原系统中的不希望的特性,以期达到改善控制性能的目的。并联(反馈)校正还可减弱被包围部分特性参数变化对系统性能的不良影响。反馈校正的效果明显,优点较多,在电气传动系统中得到了广泛的采用。

习　题

6.1　设单位反馈系统的开环传递函数为

$$G_0(s)=\frac{10}{s(0.1s+1)(0.5s+1)}$$

今采用 $G_c(s)=\dfrac{(0.23s+1)}{(0.023s+1)}$ 的串联校正装置进行校正,试求校正后系统的性能指标,并与原系统的性能指标相比较,说明校正后的性能是否有改善。

6.2　反馈控制系统的开环传递函数为

$$G(s)=\frac{400}{s^2(0.01s+1)}$$

试在三种串联校正网络中选择一种网络,使校正后系统的稳定程度最好(画出伯德图草图,说明理由)。

6.3　设一单位反馈系统,其开环传递函数为

$$G(s) = \frac{K}{s(s+1)}$$

要求校正后系统的幅值穿越频率 $\omega_c \geqslant 4.4$ rad/s,相位裕度 $\gamma \geqslant 45°$,系统在单位斜坡函数输入作用下的稳态速度误差 $e_{ss} \leqslant 0.1$,试求串联超前校正装置。

6.4　单位反馈系统的开环传递函数为

$$G(s) = \frac{40}{s(0.2s+1)(0.062\ 5s+1)}$$

要求校正后系统的相位裕度 $\gamma = 30°$,$K_g = 10 \sim 12$ dB,试求串联超前校正装置。

6.5　设某系统与 6.4 题相同,要求校正后系统的相位裕度 $\gamma = 50°$,幅值裕度 $K_g = 30 \sim 40$ dB,试求串联滞后校正装置。

6.6　试分析比较 6.4 题与 6.5 题两种校正方式的特点和由此得出的结论。

6.7　设一单位反馈系统,其开环传递函数为

$$G(s) = \frac{K}{s(s+1)(s+5)}$$

要求系统校正后稳态速度误差系数 $K_v = 10$,$\gamma \geqslant 35°$。

6.8　设单位反馈系统,其开环传递函数为

$$G(s) = \frac{126}{s(0.1s+1)(0.001\ 66s+1)}$$

要求校正后系统的相位裕度 $\gamma = 40°$,幅值裕度 $K_g = 10$ dB,幅值穿越频率 $\omega_c \geqslant 1$ rad/s,试求串联滞后校正装置。

6.9　设一单位反馈系统,其开环传递函数为

$$G(s) = \frac{4}{s(2s+1)}$$

试设计串联滞后校正装置,使系统具有 $\gamma \geqslant 40°$,并保持原有传递系数不变。

6.10　设一单位反馈系统,其开环传递函数为

$$G(s) = \frac{10}{s(0.2s+1)(0.5s+1)}$$

要求具有相位裕度等于 45° 及幅值裕度等于 6 dB 的性能指标,试分别采用串联超前校正和串联滞后校正两种方法,确定校正装置。

6.11　设一单位反馈系统,其开环传递函数为

$$G(s) = \frac{K}{s(s+1)}$$

要求设计串联校正装置,使系统具有 $K = 12$ 及 $\gamma = 40°$ 的性能指标。

6.12　设一单位反馈系统,其开环传递函数为

$$G(s) = \frac{10}{s(0.1s+1)(0.05s+1)}$$

试求满足下列条件的串联校正装置：速度误差系数 $K_v \geqslant 50$；$\gamma = 40° \pm 3°$；幅值穿越频率 $\omega_c = (10 \pm 0.5)\text{s}^{-1}$

6.13 某系统开环传递函数为

$$G(s) = \frac{25}{s^2(0.025s+1)}$$

若要求不改变开环放大系数而提高系统性能指标，试用期望对数频率特性法确定串联校正装置。

6.14 某单位反馈系统开环传递函数为

$$G(s) = \frac{1}{s(0.2s+1)(s+1)}$$

试确定串联校正装置的特性，使谐振幅值 $M_p = 1.3$，谐振频率 $\omega_p = 2.1 \text{ rad/s}$。

6.15 已知一单位反馈系统，其开环传递函数为

$$G(s) = \frac{K}{s(0.5s+1)(0.05s+1)}$$

要求系统的输出跟随斜坡输入产生 2 r/min 的速度，最大稳态误差 2°，$\gamma \geqslant 45°$。

（1）试确定满足上述指标的最小 K 值。

（2）利用 MATLAB 作出（1）题 K 值的系统伯德图，并计算系统的幅值裕度、相位裕度。

（3）在系统中串联一相位超前校正，确定校正网络的传递函数。

（4）用 MATLAB 画出未校正和校正后系统的根轨迹。

（5）若采用相位滞后校正是否能满足设计要求？若可以，试设计之。

7 非线性控制系统分析

在本章,你将学习
- 描述函数的基本概念和应用条件以及典型非线性环节的描述函数
- 相平面图的基本概念以及非线性系统的典型相平面图
- 如何运用典型非线性特性的串并联分解求取复杂非线性特性的描述函数
- 如何运用描述函数法分析非线性系统的稳定性
- 如何运用相平面法分析非线性系统的动态响应

7.1 非线性控制系统的基本概念和特点

前面几章所讨论的系统都是基于线性系统的分析设计方法,但实际控制系统在某种程度上均不可避免地具有某种程度的非线性特性,系统中只要具有一个非线性环节,就称之为非线性系统,因此实际的控制系统大都是非线性系统。前面章节中所讨论的系统的线性特性很多情况下是将系统的非线性特性在工作点附近进行泰勒级数展开,忽略变量增量的高次项,仅取变量增量的一次项而使其在小范围内线性化。

例如,某非线性特性为 $y = f(x)$,x_0 为工作点,则有

$$y = f(x) = f(x_0) + f'(x_0) \cdot (x - x_0) + \frac{1}{2} f''(x_0) \cdot (x - x_0)^2 + \cdots$$

忽略高次项后有

$$\Delta y = f'(x_0) \cdot \Delta x$$

式中,$\Delta y = f(x) - f(x_0)$ 为函数增量,$\Delta x = x - x_0$ 为变量增量。这时 Δy 与 Δx 是线性关系,经过这样处理的系统可以近似当作线性系统来研究。

但并不是所有的非线性特性都可以进行如上处理。若 $y = f(x)$ 在工作点 x_0 处不具有任意阶导数,就不能进行泰勒级数展开。如果控制系统的非线性特性不能采用线性化的方法来处理,称这类非线性为本质非线性,首先来看一看常见本质非线性环节。

7.1.1 典型非线性环节

为简化对问题的分析,通常将本质非线性特性用简单的折线来代替,称为典型非线性特性。常见典型非线性环节主要有:

1) 饱和特性

其数学表达式为

$$y=\begin{cases} M & x>a \\ kx & |x|\leqslant a \\ -M & x<-a \end{cases} \qquad (7.1)$$

式(7.1)中,a 为线性区宽度;k 为线性区斜率。饱和特性的特点是,输入信号超过某一范围后,输出不再随输入的变化而变化,而是保持在某一常值上。饱和特性在控制系统中是普遍存在的,常见的调节器就具有饱和特性。当输入信号较小而工作在线性区时,可视为线性元件。但当输入信号较大而工作在饱和区时,就必须作为非线性元件来处理。在实际系统中,有时还人为地引入饱和特性,以便对控制信号进行限幅,保证系统或元件在额定或安全情况下运行。

饱和特性曲线如图 7.1 所示。

2）死区特性

其数学表达式为

$$y=\begin{cases} 0 & |x|\leqslant a \\ k(x-a\mathrm{sign}(x)) & |x|>a \end{cases} \qquad (7.2)$$

式(7.2)中,$\mathrm{sign}(x)$ 为符号函数。死区特性常见于许多控制设备与控制装置中,如各种测量元件的不灵敏区,在死区内虽有输入信号,但其输出为零。当死区很小,或对系统的性能不会产生不良影响时,可以忽略不计。否则,必须将死区特性考虑进去。在工程实践中,为了提高系统的抗干扰能力,有时又故意引入或增大死区。

死区特性曲线如图 7.2 所示。

3）滞环特性

又称间隙特性,其数学表达式为

$$y=\begin{cases} k(x-a\mathrm{sign}(x)) & \dot{y}\neq 0 \\ b\cdot\mathrm{sign}(x) & \dot{y}=0 \end{cases} \qquad (7.3)$$

这类特性表现为正向与反向特性不是重叠在一起,而是在输入/输出曲线上出现闭合环路。滞环特性表示,当输入信号小于间隙 a 时,输出为零。只有当 $x>a$ 后,输出随输入而线性变化。当输入反向时,其输出则保持在方向发生变化时的输出值上,直到输入反向变化 $2a$ 后,输出才线性变化。例如,铁磁元件的磁滞,齿轮传动中的齿隙,液压传动中的油隙等均属于这类特性。

滞环特性曲线如图 7.3 所示。

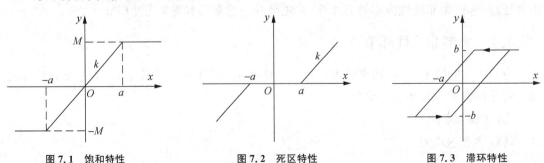

图 7.1　饱和特性　　　　　　图 7.2　死区特性　　　　　　图 7.3　滞环特性

4）继电特性

其数学表达式为

$$y=\begin{cases} 0 & -ma<x<a,\dot{x}>0 \\ 0 & -a<x<ma,\dot{x}<0 \\ b\mathrm{sign}x & |x|\geqslant a \\ b & x\geqslant ma,\dot{x}<0 \\ -b & x\leqslant -ma,\dot{x}>0 \end{cases} \tag{7.4}$$

继电特性曲线如图 7.4 所示，这类特性不仅包含有死区特性，而且具有滞环特性。若分别取 $a=0,m=1,m=-1$ 时继电特性表现为不同的特殊情况，图 7.4 所示分别为这三种特殊情况下的继电特性。

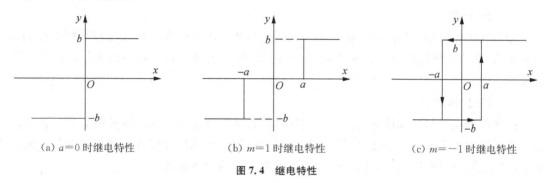

（a）$a=0$ 时继电特性　　　　　（b）$m=1$ 时继电特性　　　　　（c）$m=-1$ 时继电特性

图 7.4　继电特性

7.1.2　非线性系统的特点

与线性系统相比，非线性系统具有以下几个方面的特点：

1）不具有叠加性和均匀性（齐次性）

线性系统具备叠加性和均匀性，但对非线性系统，这两个性质都不具备。

2）稳定性

线性系统的稳定性，只取决于系统的结构和参数，与初始状态无关，但非线性系统的稳定性，除与系统的结构、参数有关外，还和初始状态有关。初始条件不同，非线性系统的稳定性就可能不一样。所以不能笼统地说某个非线性系统稳定与否，必须声明是在什么条件、什么范围下的稳定性。

3）运动形式

线性系统在任何初始偏移下的时间响应曲线都具有相同的形式。非线性系统则不同，当初始偏移变化以后，其时间响应曲线可以发生很大变化，可能由原来的振荡收敛形式变为非周期形式，甚至出现发散的情况。

4）自激振荡

如果线性系统有一对闭环纯虚极点，其他闭环极点均在左半 s 平面，则该系统会出现等幅周期运动，但这种周期运动是不稳定的，其振幅和频率在扰动影响下均会发生变化，由等幅振荡变为收敛或发散振荡。在非线性系统中,却可能出现稳定的周期运动,称之为自激振荡。自激振荡是系统内部产生的一种稳定的周期运动,当扰动的幅值在一定范围内时,这种周期运动的振幅和频率依靠系统内部非线性特性的调节,仍能维持不变。

　　5)频率响应

　　对于线性系统,当输入信号为正弦函数时,其稳态输出也是同频率的正弦量,可以用频率特性来描述。但在非线性系统中,输入是正弦信号时,其稳态输出通常是非正弦周期函数,甚至还会出现分谐波振荡或跳跃谐振等现象。

7.1.3　非线性系统的研究方法

　　非线性系统要比线性系统复杂得多,因此到目前为止对非线性系统尚无通用的分析和设计方法,目前常用的方法有以下几种:

　　1)相平面法

　　相平面法是时域分析法推广应用的一种图解分析方法。该方法通过在相平面上绘制相轨迹曲线,确定非线性微分方程在不同初始条件下解的运动形式。相平面法仅适用于一阶和二阶系统。

　　2)描述函数法

　　描述函数法是基于频域分析法和非线性特性谐波线性化的一种图解分析方法。该方法对于满足结构要求的一类非线性系统,通过谐波线性化,将非线性特性近似表示为复变增益环节,然后推广应用频率法,分析非线性系统的稳定性或自激振荡。

　　3)计算机求解法

　　用模拟计算机或数字计算机直接求解非线性微分方程,对于分析和设计复杂的非线性系统是非常有效的方法。

　　4)逆系统法

　　逆系统法是在原系统的基础上构造其逆系统,组合成伪线性系统,并以此为基础,设计外环控制网络。该方法应用数学工具直接研究非线性控制问题,不必求解非线性系统的运动方程,是非线性系统控制研究的一个发展方向。

　　鉴于篇幅所限,这一章我们重点介绍相平面法和描述函数法。

7.2　描述函数法

7.2.1　描述函数的基本思想与应用前提

　　描述函数的基本思想是用非线性元件的输出信号中的基波分量,替代非线性元件在正弦输入作用下的实际输出。所以这种方法又称为一次谐波法,或称为谐波平衡法、谐波线性化方法等。

　　显然,描述函数法的准确度依赖于基波分量是否比高次谐波分量大得多。应用描述函数法时,一定要注意这一条件,否则会导致错误的结果,多数实际工程系统都满足该条件。

从上述分析可见,描述函数法的应用条件是:

（1）非线性系统的结构图可以简化成只有一个非线性环节 N 和一个线性部分 $G(s)$ 串联的闭环结构,如图 7.5 所示。

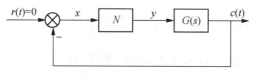

图 7.5　非线性系统典型结构图

（2）非线性环节的输入/输出静特性曲线是奇对称的,即 $y(x)=-y(-x)$。

（3）系统的线性部分 $G(s)$ 具有良好的低通滤波特性。这样,非线性环节正弦输入下的输出中,本来幅值相对不大的那些高次谐波分量将被大大削弱。因此,可以近似地认为在闭环通道内只有基波分量在流通,此时应用描述函数法所得的分析结果才比较准确。对于实际的非线性系统来说,由于 $G(s)$ 通常具有低通特性,因此这个条件是满足的。

7.2.2　描述函数的定义

设非线性环节输入/输出描述为 $y=f(x)$,当输入信号为

$$x(t)=A\sin\omega t \tag{7.5}$$

时,输出量 $y(t)$ 一般都不是同频率的正弦波,而是一个非正弦的周期函数,其周期与输入信号的周期相同,一般可以展开为傅里叶级数

$$y(t) = A_0 + \sum_{i=1}^{\infty} (A_i\cos i\omega t + B_i\sin i\omega t) \tag{7.6}$$

式中

$$A_i = \frac{1}{\pi}\int_0^{2\pi} y(t)\cos i\omega t\, \mathrm{d}(\omega t); \qquad i=0,1,2,\cdots$$

$$B_i = \frac{1}{\pi}\int_0^{2\pi} y(t)\sin i\omega t\, \mathrm{d}(\omega t); \qquad i=0,1,2,\cdots$$

设非线性特性是关于原点对称的,则 $A_0=0$,$y(t)$ 基波分量为

$$y_1(t)=A_1\cos\omega t+B_1\sin\omega t=Y_1\sin(\omega t+\varphi_1) \tag{7.7}$$

式中

$$A_1 = \frac{1}{\pi}\int_0^{2\pi} y(t)\cos\omega t\, \mathrm{d}(\omega t)$$

$$B_1 = \frac{1}{\pi}\int_0^{2\pi} y(t)\sin\omega t\, \mathrm{d}(\omega t)$$

$$Y_1 = \sqrt{A_1^2+B_1^2}$$

$$\varphi_1 = \arctan\frac{A_1}{B_1}$$

类似于线性系统理论中的频率特性的概念,把非线性环节输出的基波分量的复向量与正弦输入的复向量之比,定义为该非线性环节的描述函数,记为 $N(A, j\omega)$。如果非线性环节没有储能元件,则描述函数仅是输入幅值 A 的函数,与 ω 无关,可记为 $N(A)$,

$$N(A) = |N(A)| e^{j\underline{/N(A)}} = \frac{Y_1}{A} e^{j\varphi_1} = \frac{B_1}{A} + j\frac{A_1}{A} \tag{7.8}$$

由描述函数的定义可以看出,求描述函数的步骤为:

(1) 绘制非线性特性曲线,画出正弦信号输入下的输出波形,且写出波形 $y(t)$ 的数学表达式。

(2) 利用傅氏级数求出 $y(t)$ 的基波分量。

(3) 将求得的基波分量代入定义式(7.8),即得 $N(A)$。

7.2.3 典型非线性特性的描述函数

1) 理想继电器特性

当输入为 $x(t) = A\sin\omega t$ 时,理想继电器特性的输出波形如图 7.7 所示。

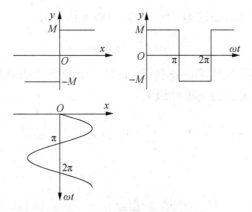

图 7.6 理想继电特性输出波形

由于输出周期方波信号是奇函数,则傅氏级数中的直流分量与基波偶函数分量系数为零而基波奇函数分量为

$$A_0 = A_1 = 0$$

$$B_1 = \frac{1}{\pi}\int_0^{2\pi} y(t)\sin\omega t\,d(\omega t)$$

$$= \frac{2}{\pi}\int_0^{\pi} y(t)\sin\omega t\,d(\omega t)$$

$$= \frac{2}{\pi}\int_0^{\pi} M\sin\omega t\,d(\omega t) = \frac{4M}{\pi}$$

所以基波分量为

$$y_1(t) = \frac{4M}{\pi}\sin\omega t$$

则理想继电特性描述函数为

$$N(A) = \frac{Y_1}{A} \angle \varphi_1 = \frac{4M}{\pi A} \tag{7.9}$$

2）饱和特性

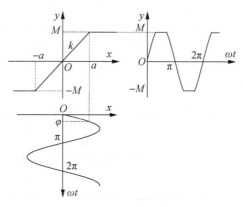

图 7.7 饱和特性输出波形

当输入为 $x(t) = A\sin\omega t$，且 A 大于线性区宽度 a 时，饱和特性的输出波形如图 7.7 所示：显然其输出信号也是奇函数，因此 $A_0 = A_1 = 0$，而

$$
\begin{aligned}
B_1 &= \frac{1}{\pi} \int_0^{2\pi} y(t) \sin\omega t \, \mathrm{d}(\omega t) \\
&= \frac{4}{\pi} \int_0^{\varphi_1} kA \, \sin^2\omega t \, \mathrm{d}(\omega t) + \frac{4}{\pi} \int_{\varphi_1}^{\frac{\pi}{2}} kA \sin\omega t \, \mathrm{d}(\omega t) \\
&= \frac{2kA}{\pi} \left[\arcsin \frac{a}{A} + \frac{a}{A} \sqrt{1 - \left(\frac{a}{A}\right)^2} \right]
\end{aligned}
$$

式中：$\varphi_1 = \arcsin \dfrac{a}{A}$，因此饱和特性描述函数为

$$N(A) = \frac{B_1}{A} = \frac{2kA}{\pi} \left[\arcsin \frac{a}{A} + \frac{a}{A} \sqrt{1 - \left(\frac{a}{A}\right)^2} \right] \quad (A \geqslant a) \tag{7.10}$$

表 7.1 给出了刚才推导的一些描述函数，再加上其他一些常用的描述函数。

表 7.1 非线性特性及其描述函数

非线性特性	描述函数 $N(A)$
	$\dfrac{2k}{\pi} \left(\arcsin \dfrac{a}{A} + \dfrac{a}{A} \sqrt{1 - \left(\dfrac{a}{A}\right)^2} \right), \ A \geqslant a$

非线性特性	描述函数 $N(A)$
	$\dfrac{2k}{\pi}\left(\dfrac{\pi}{2}-\arcsin\dfrac{a}{A}-\dfrac{a}{A}\sqrt{1-\left(\dfrac{a}{A}\right)^2}\right),\ A\geqslant a$
	$\dfrac{4M}{\pi A}$
	$\dfrac{4M}{\pi A}\sqrt{1-\left(\dfrac{e_0}{A}\right)^2},\ A\geqslant e_0$
	$\dfrac{4M}{\pi A}\sqrt{1-\left(\dfrac{e_0}{A}\right)^2}-\mathrm{j}\dfrac{4Me_0}{\pi A^2},\ A\geqslant e_0$
	$\dfrac{2M}{\pi A}\left(\sqrt{1-\left(\dfrac{me_0}{A}\right)^2}+\sqrt{1-\left(\dfrac{e_0}{A}\right)^2}\right)+\mathrm{j}\dfrac{2Me_0}{\pi A^2}(m-1),\ A\geqslant e_0$
	$\dfrac{k}{\pi}\left(\dfrac{\pi}{2}+\arcsin\left(1-\dfrac{2\varepsilon}{A}\right)+2\left(1-\dfrac{2\varepsilon}{A}\right)\sqrt{\dfrac{\varepsilon}{A}\left(1-\dfrac{2\varepsilon}{A}\right)}\right)+\mathrm{j}\dfrac{4k\varepsilon}{\pi A}\left(\dfrac{\varepsilon}{A}-1\right),\ A\geqslant\varepsilon$
	$k_2+\dfrac{2}{\pi}(k_1-k_2)\left[\arcsin\dfrac{a}{A}+\dfrac{a}{A}\sqrt{1-\left(\dfrac{a}{A}\right)^2}\right],\ A\geqslant a$

7.2.4　组合非线性环节的描述函数

非线性系统中出现多个非线性环节时,不能简单地按照线性环节的串、并联求取总的描述函数,而必须根据具体情况来求取。

1) 非线性环节并联

非线性环节并联时,结构如图 7.8 所示,总的描述函数等于各个非线性环节的描述函数之和。

当输入为 $x(t)=A\sin\omega t$ 时,则两个环节输出的基波分量分别为输入信号乘以各自的描述函数,即:

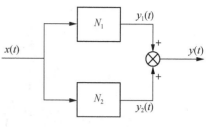

图 7.8 两个非线性环节并联

$$y_1(t)=N_1 A\sin\omega t$$

$$y_2(t)=N_2 A\sin\omega t$$

总的输出基波分量为

$$y(t)=(N_1+N_2)A\sin\omega t$$

总的描述函数为

$$N=N_1+N_2 \tag{7.11}$$

2) 非线性环节串联

若两个非线性环节串联,其总的描述函数不等于两个非线性环节描述函数的乘积。处理方法之一是忽略一些对系统影响较小的非线性特性。例如当系统含有小信号非线性特性(如死区特性等),又含有大信号非线性(如饱和特性等),那么,若系统工作信号幅值较大,则可忽略小信号非线性特性,若系统工作信号幅值较小则可忽略大信号非线性特性。方法之二是首先求出这两个非线性环节串联后的等效非线性特性,然后根据等效的非线性特性求出总的描述函数,如图 7.9 所示。

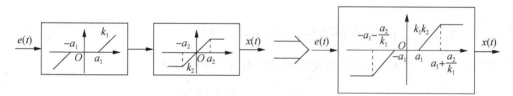

图 7.9 两个非线性环节串联

【例 7.1】 试求图 7.10 所示非线性环节的描述函数

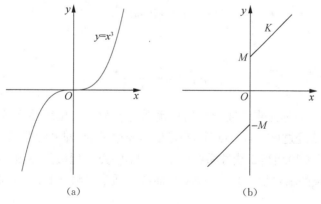

图 7.10 非线性环节

解 (1)(a) 因为 $y=x^3$ 为单值奇对称,故

$$A_1 = 0$$

$$B_1 = \frac{1}{\pi}\int_0^{2\pi} y\sin\omega t \cdot \mathrm{d}\omega t = \frac{1}{\pi}\int_0^{2\pi} x^3 \sin^4\omega t \cdot \mathrm{d}\omega t$$

$$= \frac{4}{\pi}\int_0^{\frac{\pi}{2}} x^3 \sin^4\omega t \cdot \mathrm{d}\omega t = \frac{3}{4}x^3$$

$$N(A) = \frac{B_1}{A} + \mathrm{j}\frac{A_1}{A} = \frac{3}{4}x^3$$

（2）（b）因为图 7.10(b)所示非线性可以分解为图 7.11 所示两个环节并联，所以

$$N(A) = N_1(A) + N_2(A) = \frac{4M}{\pi A} + K$$

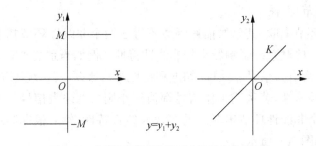

图 7.11　非线性环节分解为两个并联非线性环节

7.2.5　基于描述函数的非线性系统稳定性分析

由图 7.5 可得到整个系统线性化后的闭环系统频率特性为

$$M(\mathrm{j}\omega) = \frac{C(\mathrm{j}\omega)}{R(\mathrm{j}\omega)} = \frac{N(A)G(\mathrm{j}\omega)}{1 + N(A)G(\mathrm{j}\omega)} \tag{7.12}$$

闭环特征方程为

$$1 + N(A)G(\mathrm{j}\omega) = 0 \tag{7.13}$$

或

$$G(\mathrm{j}\omega) = -\frac{1}{N(A)} \tag{7.14}$$

式(7.14)中，$-1/N(A)$ 称为非线性特性的负倒描述函数。应用线性系统中的奈氏判据，当线性系统的奈化曲线经过 $(-1,0\mathrm{j})$ 点时，系统是临界稳定的，即系统是等幅振荡状态。因此式(7.14)中的 $-1/N(A)$ 相当于线性系统中的 $(-1,0\mathrm{j})$ 点。但线性系统的临界状态是 $(-1,0\mathrm{j})$ 点，而非线性系统的临界状态是 $-1/N(A)$ 曲线。通常又将 $-1/N(A)$ 曲线称为负倒特性曲线。

将线性系统的奈氏判据进行推广，可以得到非线性系统的稳定性判别方法：首先求出非线性环节的描述函数 $N(A)$，然后分别画出线性部分的 $G(\mathrm{j}\omega)$ 曲线和非线性部分的 $-1/N(A)$ 曲线，并假设 $G(s)$ 的极点均在左半 s 平面，有

(1) 如图 7.12(a) 所示,如果 $G(j\omega)$ 曲线不包围 $-1/N(A)$ 曲线,则非线性系统是稳定的。

(2) 如图 7.12(b) 所示,如果 $G(j\omega)$ 曲线包围 $-1/N(A)$ 曲线,则非线性系统是不稳定的。

(3) 如图 7.12(c) 所示,如果 $G(j\omega)$ 曲线与 $-1/N(A)$ 曲线相交,则在交点处将产生等幅振荡,称为自振荡或周期运动。

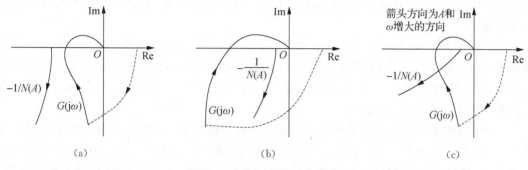

图 7.12 非线性系统的稳定性分析

7.2.6 非线性系统存在周期运动时的稳定性分析

当式(7.13)有解时,即 $G(j\omega)$ 曲线和 $-1/N(A)$ 轨迹有交点,这个解(交点)对应于稳定的还是不稳定的振荡条件呢?如果振幅受到干扰发生一个小的变化时,该振幅能够恢复到原来的状态,则该振荡称为是稳定的;如果振幅继续远离它原来的状态,则振荡是不稳定的。不稳定的周期运动是很难观察到的,因为系统中的任何扰动都将阻止不稳定的周期运动维持稳态振荡,不稳定的周期运动将或者收敛,或者发散,或者转移到另一个周期运动。

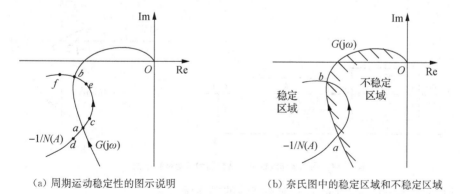

(a) 周期运动稳定性的图示说明   (b) 奈氏图中的稳定区域和不稳定区域

图 7.13 周期运动的稳定性

如图 7.13(a) 所示,如果 $G(j\omega)$ 曲线和 $-1/N(A)$ 轨迹相交于 a、b 两点,由式(7.13)可得

$$\text{Re}[G(j\omega)N(A)] = -1$$
$$\text{Im}[G(j\omega)N(A)] = 0 \qquad (7.15)$$

由式(7.15)可解得交点处的频率 ω 和幅值 A。系统处于周期运动时,非线性环节的输入近

似为等幅振荡 $x(t)=A\sin\omega t$。下面以奈氏判据为准则,分析产生于 a、b 两点处的周期运动。

设系统工作于 a 点,若受到一微小的扰动,使非线性元件正弦输入的幅值略有增大。工作点由 $-1/N(A)$ 轨迹上的 a 点移动到 c 点。由于 c 点被 $G(j\omega)$ 曲线所包围,因而相应的系统是不稳定的,从而导致系统振荡的加剧,振幅继续增大,工作点由 c 点向 b 点移动。反之,若在 a 点处受到的扰动使非线性元件输入的幅值略有减小,如使工作点从 $-1/N(A)$ 轨迹上的 a 点偏移到 d 点。由于 d 点未被 $G(j\omega)$ 曲线包围,故此时系统处于稳定状态,系统的振荡将减弱,振幅会不断地自减,使工作点向左下方移动。由此可见,在 a 点处产生的周期运动是不稳定的。

用同样的方法,可判别系统在 b 点处产生的自振荡是稳定的。这表示系统工作在 b 点处即使受到干扰的作用,使非线性元件正弦输入的幅值不论是增大还是减小(由 b 点偏移到 e 点或 f 点),只要干扰信号一消失,系统最后仍能回到原来的工作状态 b 点。由此可见,在 b 点处产生的周期运动是稳定的。

一种类似的图解判别方法在确定周期运动的稳定性时更为方便。奈奎斯特平面可以如图 7.13(b)所示分为两个部分:稳定区域和不稳定区域。对于像图 7.13(a)中交点 b 所对应的稳定的周期运动,随着幅值 A 的增大,$-1/N(A)$ 轨迹应当从不稳定区域进入稳定区域。至于像图 7.13(a)中交点 a 所对应的不稳定的周期运动,随着幅值 A 的增大,$-1/N(A)$ 轨迹应当从稳定区域进入不稳定区域。而且,在 $G(j\omega)$ 和 $-1/N(A)$ 之间没有交点的情况下,假设 $G(j\omega)$ 是最小相位的,如果 $-1/N(A)$ 轨迹位于稳定区域内则非线性系统稳定;如果 $-1/N(A)$ 轨迹位于不稳定区域内则非线性系统不稳定。

一般来说,控制系统不希望有自振荡现象产生,为此在设计系统时,应通过对参数的调整和加校正装置等方法,尽量避免这种现象的出现。

【例 7.2】　分析图 7.14(a)所示系统的稳定性。

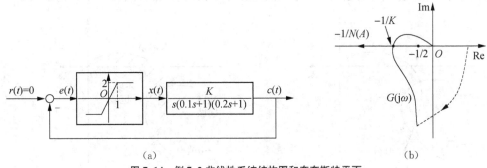

图 7.14　例 7.2 非线性系统结构图和奈奎斯特平面

解　(1) 对于这一系统,由表 7.1 饱和特性的描述函数为

$$N(A)=\frac{2k}{\pi}\left(\arcsin\frac{a}{A}+\frac{a}{A}\sqrt{1-\left(\frac{a}{A}\right)^2}\right),\ A\geqslant a$$

令 $u=a/A$ 并取 $N(u)=N(a/A)$ 关于 u 的导数得到

$$\frac{\mathrm{d}N(u)}{\mathrm{d}u}=\frac{2k}{\pi}\left(\frac{1}{\sqrt{1-u^2}}+\sqrt{1-u^2}-\frac{u^2}{\sqrt{1-u^2}}\right)=\frac{4k}{\pi}\sqrt{1-u^2}$$

注意,当 $A>a$ 时 $u=a/A<1$,因此 $N(u)$ 是一个关于 u 的递增函数,即 $N(A)$ 是一个关于 A 的递减函数。对于线性运行极限值 $A=1$ 的情况,有

$$-1/N(A)=-1/2$$

而且 $A \to \infty$ 时 $-1/N(A)=-\infty$。由此可以有图 7.14(b) 所示 $-1/N(A)$ 的轨迹。在该图中还显示有 $G(j\omega)$ 曲线。通过观察可以看到,在 $G(j\omega)$ 和 $-1/N(A)$ 轨迹之间有一个交点,而且该交点对应于一个稳定的周期运动,即该系统存在一个自振荡。

令线性部分的相位穿越频率为 ω_g 可以得到

$$-90°-\arctan 0.1\omega_g-\arctan 0.2\omega_g=-180°$$

即

$$\omega_g=\sqrt{50} \text{ rad/s}$$

注意到

$$|G(j\omega_g)|=\frac{K}{\sqrt{50}\times\sqrt{0.5+1}\times\sqrt{2+1}}=\frac{K}{15}$$

我们看到,当 $K>7.5$ 时可以预期有一个稳定的周期运动。

例如,假设给定的 K 值为 15,那么预期的自振荡的频率为 $\omega=\sqrt{50} \text{ rad/s}$,对于振荡幅值,考虑到此时 $|G(j\omega_g)|=1$,因此有 $|N(A)|=1$,即

$$\frac{2k}{\pi}\left(\arcsin\frac{a}{A}+\frac{a}{A}\sqrt{1-\left(\frac{a}{A}\right)^2}\right)=1$$

将 $a=1,k=2$ 代入,用试凑法,可解得 $A=2.47$。

【例 7.3】 分析图 7.15(a) 所示系统的稳定性,图中非线性特性是一个死区。

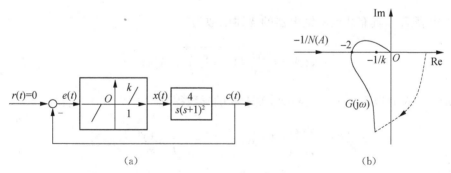

图 7.15 例 7.3 系统结构图和奈奎斯特平面

解 由表 7.1,该非线性特性的描述函数为

$$N(A)=\frac{2k}{\pi}\left(\frac{\pi}{2}-\arcsin\frac{1}{A}-\frac{1}{A}\sqrt{1-\left(\frac{1}{A}\right)^2}\right), A\geqslant 1$$

比较饱和特性和死区特性的描述函数很容易看到,现在 $N(A)$ 是一个关于 A 的递增函数。

由于

$$\lim_{A\to 1}[-1/N(A)]=-\infty,\ \lim_{A\to\infty}[-1/N(A)]=-1/k$$

我们有 $-1/N(A)\leqslant-1/k$。$k>0.5$ 时的描述函数分析见图 7.15(b)，图中 $G(\mathrm{j}\omega)$ 的相位穿越频率为 $\omega_g=1$ rad/s，而且 $|G(\mathrm{j}\omega_g)|=2$。$-1/N(A)$ 和 $G(\mathrm{j}\omega)$ 之间的交点对应于一个周期运动。我们可以看到，幅值 A 的增大使得系统变为不稳定，然后 A 继续增大；幅值 A 的减小使得系统变为稳定，然后 A 继续减小。因此，该周期运动是不稳定的。

　　这一不稳定的周期运动可以根据信号的物理特性考虑给予说明。对于 $|e(t)|\leqslant1$ 的小信号，没有信号通过死区，系统当然是稳定的。对于稍大一点的信号，非线性特性的等效增益很小，系统仍然是稳定的。对于很大的信号，死区的影响可以忽略不计，非线性特性看上去就像一个线性增益。对于这一线性增益，该系统是不稳定的，系统的响应将无限制地增大。

　　【例 7.4】　考虑图 7.16(a) 所示非线性系统。对于以下情况应用描述函数法分析系统的稳定性。(a) $G_c(s)=1$，(b) $G_c(s)=\dfrac{0.25s+1}{8.3(0.03s+1)}$。

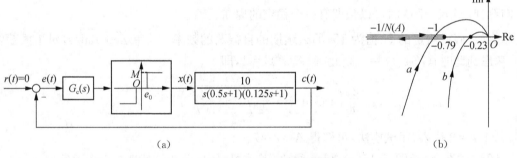

(a)　　　　　　　　　　　　　　　　　　　　　　(b)

图 7.16　例 7.4 系统结构图和奈奎斯特平面

　　解　由表 7.1，具有死区的继电器的描述函数为

$$N(A)=\frac{4M}{\pi A}\sqrt{1-\left(\frac{e_0}{A}\right)^2},\ A\geqslant e_0$$

　　令 $u=e_0/A$ 并取 $N(u)=N(e_0/A)$ 关于 u 的导数得到

$$\frac{\mathrm{d}N(u)}{\mathrm{d}u}=\frac{4M}{\pi e_0}\left(\sqrt{1-u^2}-\frac{u^2}{\sqrt{1-u^2}}\right)=\frac{4M}{\pi e_0}\frac{1-2u^2}{\sqrt{1-u^2}}$$

　　求解 $\mathrm{d}[N(u)]/\mathrm{d}u=0$ 结果为

$$u_m=\frac{e_0}{A_m}=\frac{1}{\sqrt{2}}$$

　　由于 $e_0\leqslant A<A_m$ 时 $\mathrm{d}[N(u)]/\mathrm{d}u>0$ 且 $A>A_m$ 时 $\mathrm{d}[N(u)]/\mathrm{d}u<0$，$N(A)$ 和 $-1/N(A)$ 两者都在 $A=A_m$ 时有极大值。这样我们就有

$$-\frac{1}{N(A)}=-\frac{\pi e_0}{2M}=-0.785$$

注意到

$$\lim_{A\to e_0}-\frac{1}{N(A)}=-\infty,\lim_{A\to\infty}-\frac{1}{N(A)}=-\infty$$

然后就可以画出 $-1/N(A)$ 的轨迹如图 7.16(b) 所示。

情况 a: $G_c(s)=1$。线性特性部分的幅相特性曲线见图 7.16(b) 中曲线 a, 图中增益穿越频率为 $\omega_g=4$ rad/s, 而相应的幅值则为 $|G(j\omega_g)|=1$。由观察可知, 在 $G(j\omega)$ 和 $-1/N(A)$ 轨迹之间有两个交点。由式 (7.13) 我们可以得到周期解

$$\begin{cases}\omega_1=4\ \text{rad/s}\\A_1=1.1\end{cases}\text{或}\begin{cases}\omega_2=4\ \text{rad/s}\\A_2=2.3\end{cases}$$

根据稳定性判据, 幅值为 A_2 的周期运动是稳定的, 而幅值为 A_1 的周期运动则是不稳定的。因此我们可以得出结论, 如果初始条件或者扰动使得 $A<A_1$ 则系统内没有自振荡; 如果初始条件或者扰动使得 $A>A_1$ 则存在自振荡 $e(t)=2.3\sin4t$。

情况 (b): $G_c(s)=\dfrac{0.25s+1}{8.3(0.03s+1)}$。现在线性特性部分的极坐标图见图 7.16(b) 中的曲线 b, 图中增益穿越频率为 $\omega_g=11.97$ rad/s, 相应的幅值为 $|G(j\omega_g)|=0.226$。由观察可知, 该系统是稳定的。

7.3　相平面法

7.3.1　基本概念

相平面法是非线性控制系统常用的分析方法之一, 是状态空间分析法在二维空间特殊情况下的应用。它以时域分析法为基础, 分析非线性反馈控制系统在阶跃输入下的瞬态响应, 以确定系统的稳定性、稳态误差或求解初始条件问题。相平面法适用于二阶以下的线性控制系统和非线性控制系统。

假设二阶系统用下述微分方程来描述

$$\ddot{x}+f(\dot{x},x)=0$$

式中, $f(\dot{x},x)$ 是 x 和 $\dot{x}$ 的线性函数或非线性函数。该系统的时间解, 可以用 x 同 t 的关系图来表示, 也可以用 t 为参变量, 然后用 $\dot{x}$ 与 x 的关系图来表示。如果以 x 和 $\dot{x}$ 作平面图的直角坐标轴, 则系统在每一时刻的状态均对应于该平面上的一个点, 当时间 t 变化时, 这一点在 $x-\dot{x}$ 平面上便描绘出一条相应的轨迹曲线。该轨迹线表征系统状态的变化过程, 称为相轨迹。由 $x-\dot{x}$ 所组成的平面称为相平面, x 和 $\dot{x}$ 为相变量, $(x,\dot{x})$ 为相点。这种用相轨迹表示系统动态过程的几何方法, 叫做系统的相平面表示法。初始条件不同, 描述系统动态特性的相轨迹也不同。

7.3.2　相平面图绘制方法

常见的绘制相平面图的方法有两种:解析法和图解法。

解析法是一种最基本的方法。当系统的微分方程比较简单,或者系统中非线性特性可以分段线性化时,可以用解析法绘制相平面图。如果用解析法是比较困难、甚至不可能的,则常用图解法。

1)解析法

应用解析法求取相轨迹,一般有两种方法,一是求出 x 和 $\dot{x}$ 对 t 的函数关系,然后从这两个方程中消去 t,从而得到相轨迹方程。这种方法实用价值不大,因为假如微分方程是可积的,就不必用相平面表示其解。

常见的一种方法是利用关系式

$$\frac{\ddot{x}}{\dot{x}} = \frac{\dfrac{\mathrm{d}\dot{x}}{\mathrm{d}t}}{\dfrac{\mathrm{d}x}{\mathrm{d}t}} = \frac{\mathrm{d}\dot{x}}{\mathrm{d}x}$$

将二阶微分方程 $\ddot{x} = f(\dot{x}, x)$ 变成一阶微分方程

$$\frac{\mathrm{d}\dot{x}}{\mathrm{d}x} = \frac{f(\dot{x}, x)}{\dot{x}} \tag{7.16}$$

若该式可以分解为

$$g(\dot{x})\mathrm{d}\dot{x} = h(x)\mathrm{d}x \tag{7.17}$$

两端积分

$$\int_{\dot{x}_0}^{\dot{x}} g(\dot{x})\mathrm{d}\dot{x} = \int_{x_0}^{x} h(x)\mathrm{d}x \tag{7.18}$$

由此可得 x 和 $\dot{x}$ 的解析关系式,其中 x_0 和 $\dot{x}_0$ 为初始条件,据此便可画出相应的相轨迹。这种方法只有当该一阶微分方程可积时才适用。

【**例 7.5**】　某弹簧—质量运动系统如图 7.17(a)所示,图中 m 为物体的质量,k 为弹簧的弹性系数,若初始条件为 $x(0) = x_0, \dot{x}(0) = \dot{x}_0$,试确定系统自由运动的相轨迹。

解　描述系统自由运动的微分方程式为

$$\ddot{x} + x = 0$$

上式可以写成

$$\dot{x}\frac{\mathrm{d}\dot{x}}{\mathrm{d}x} = -x$$

令 $g(\dot{x}) = \dot{x}, h(x) = -x$,则按式(7.18),有

$$\int_{\dot{x}_0}^{\dot{x}} g(\dot{x})\mathrm{d}\dot{x} = \int_{\dot{x}_0}^{\dot{x}} \dot{x}\mathrm{d}\dot{x} = \frac{1}{2}(\dot{x}^2 - \dot{x}_0^2)$$

$$\int_{x_0}^{x} h(x)\mathrm{d}x = \int_{x_0}^{x} - x\mathrm{d}x = -\frac{1}{2}(x^2 - x_0^2)$$

整理得

$$x^2 + \dot{x}^2 = x_0^2 + \dot{x}_0^2$$

该系统自由运动的相轨迹为以坐标原点为圆心、$\sqrt{x_0^2 + \dot{x}_0^2}$ 为半径的圆,如图 7.17(b) 所示。

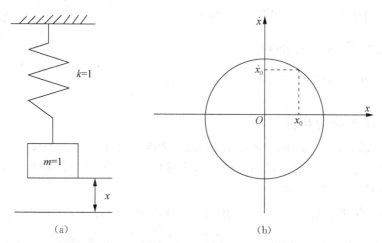

图 7.17　弹簧—质量运动系统及其相轨迹图

2) 作图法

目前比较常用的图解法有等倾线法和 δ 法,本章主要介绍等倾线法。

等倾线法是求取相轨迹的一种作图方法,不需求解微分方程。对于求解困难的非线性微分方程,图解方法显得尤为实用。等倾线法的基本思想是采用直线近似。先确定相轨迹的等倾线,进而绘出相轨迹的切线方向场,如果我们能用简便的方法确定出相平面中任意一点相轨迹的斜率,则该点附近的相轨迹便可用过这点的相轨迹切线来近似。然后从初始条件出发,沿方向场逐步绘制相轨迹。

设系统的微分方程为

$$\frac{\mathrm{d}\dot{x}}{\mathrm{d}x} = \frac{f(\dot{x}, x)}{\dot{x}} \tag{7.19}$$

式(7.19)中,$\mathrm{d}\dot{x}/\mathrm{d}x$ 表示相平面上相轨迹的斜率,若取斜率为常数,则式(7.19)可改写成

$$\alpha = \frac{f(\dot{x}, x)}{\dot{x}} \tag{7.20}$$

式(7.20)为等倾线方程。对于相平面上满足上式的各点,经过它们的相轨迹的斜率都等于 α,若将这些具有相同斜率的点连成一线,则此线称为相轨迹的等倾线。给定不同的 α 值,则可在相平面上画出相应的等倾线。利用等倾线法绘制相轨迹的一般步骤是:

(1) 首先根据式(7.20)求系统的等倾线方程;

（2）根据等倾线方程在相平面上画出等倾线分布图；

（3）利用等倾线分布图绘制相轨迹。即从由初始条件确定的点出发，近似地用直线段画出到相邻一条等倾线之间的相轨迹。该直线段的斜率为相邻两条等倾线斜率的平均值。这条直线段与相邻等倾线的交点，就是画下一段相轨迹的起始点。如此继续做下去，即可绘出整个相轨迹曲线，如图 7.18 所示。

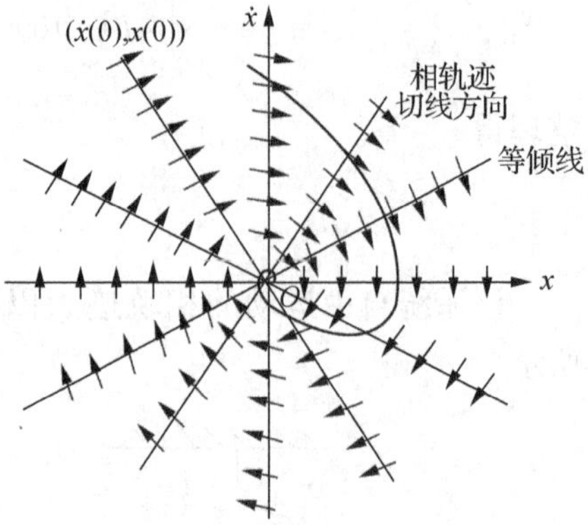

图 7.18　用等倾线绘制相轨迹

7.3.3　相平面、相轨迹的特点

由相平面、相轨迹的定义我们可知其具有以下特点：

1）相平面图的对称性

相轨迹有可能对称于 x 轴、$\dot{x}$ 轴或坐标原点。相轨迹的这个特点有助于简化绘图过程。由图形对称的条件可知，相轨迹的对称性可以从对称点上相轨迹的斜率来判断。

2）相轨迹与 x 轴正交

相轨迹与 x 轴的相交点在 x 轴上，在相交点处，$\dot{x}\equiv 0$，由式（7.20）可见，除了 $f(0,x)=0$ 点外，相轨迹在与 x 轴相交点处的斜率为 $\dfrac{\mathrm{d}\dot{x}}{\mathrm{d}x}=-\dfrac{f(\dot{x},x)}{\dot{x}}=\infty$，即相轨迹与 x 轴正交。

3）系统状态沿相轨迹运动的方向

在相平面图上，为了表示状态随时间 t 的变化方向，在相轨迹上标上箭头，表示随着时间 t 的增加，状态沿箭头方向运动。在相平面的上半平面，$\dot{x}>0$，x 随着 t 的增加而增加，所以，系统的状态是沿相轨迹从左向右运动。而在下半平面，$\dot{x}<0$，x 随着 t 的增加而减少，所以，系统的状态是沿相轨迹从右向左运动。

7.3.4　线性系统基本的相轨迹

相平面法特别适合于包含分段直线非线性特性的系统的分析，同时，许多高阶系统常常可以近似为一阶或者二阶的模型。因此，熟悉一阶和二阶线性系统的相轨迹是很重要的。

1）一阶系统的相轨迹

考虑由以下方程描述的一阶自治系统

$$T\dot{x}+x=0$$

相轨迹方程为

$$\dot{x}=-\frac{1}{T}x$$

假设 $x(0)=x_0$，则结果有 $\dot{x}(0)=\dot{x}_0=-x_0/T$。如图 7.19 所示，在相平面上的轨迹只是一条斜率为 $-1/T$、通过原点的直线。如果 $T>0$，那么相平面上的轨迹沿着该直线收敛到原点；如果 $T < 0$，那么相平面上的轨迹沿着该直线离原点而去。

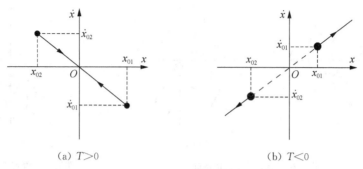

(a) $T > 0$ 　　　　　　　　　　　　　　　　(b) $T < 0$

图 7.19　一阶系统的相轨迹

2）二阶系统的相轨迹

考虑由以下方程描述的二阶系统

$$\ddot{x} + 2\zeta\omega_n\dot{x} + \omega_n^2 x = 0 \tag{7.22}$$

相轨迹的斜率方程为

$$\frac{\mathrm{d}\dot{x}}{\mathrm{d}x} = \frac{-2\zeta\omega_n\dot{x} - \omega_n^2 x}{\dot{x}}$$

相轨迹可以用解析法或者图解法绘制。

在相轨迹的分析中，我们对于 $\mathrm{d}\dot{x}/\mathrm{d}x$ 为 $0/0$ 型的点，即在它们上面轨迹的斜率不确定的点特别感兴趣。这些点称之为奇点。显然，系统在奇点上可以处于一种平衡状态。对于由方程（7.22）给出的线性系统，唯一的奇点位于原点。

二阶系统的行为明显地与其特征根有关。下面将研究如方程（7.22）所示的二阶系统以及其他一些特殊二阶系统在奇点附近的相轨迹。这些奇点可以按照在它们附近的相轨迹的图形进行分类。

（1）两个负实根

在 $\zeta \geqslant 1$ 且 $\omega_n > 0$ 的情况下，方程（7.22）的两个特征根

$$s_{1,2} = -\zeta\omega_n \pm \omega_n\sqrt{\zeta^2 - 1}$$

都是负实数。

对于 $\zeta > 1$ 时过阻尼系统的相轨迹见图 7.20(a)。可以看到，所有的轨迹都以非振荡衰减的形式趋向并终止于原点，也就是奇点。在相轨迹中，有两条特殊的轨迹是斜率分别为 s_1 和 s_2 的直线，它们是其他所有轨迹的渐近线。在靠近原点的地方，各条轨迹与其中一条渐近线相切。当 $\zeta = 1$ 即临界阻尼时的相轨迹，如图 7.20(b)所示，除了只有一条渐近线外，相轨迹与(a)中的情况相似。过阻尼响应（和临界阻尼）的奇点称之为稳定节点。

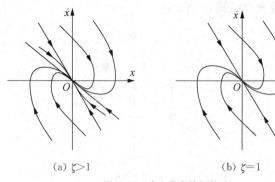

(a) $\zeta>1$ (b) $\zeta=1$

图 7.20 稳定节点的相轨迹

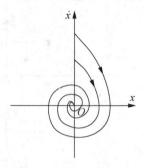

图 7.21 稳定焦点的相轨迹

（2）一对负实部的复根

在 $0<\zeta<1$ 且 $\omega_n>0$ 的情况下，方程（7.22）的特征根

$$s_{1,2}=-\zeta\omega_n\pm j\omega_n\sqrt{1-\zeta^2}$$

是具有负实部的复根。由时域分析可知，零输入响应呈现为有阻尼振荡的形式。

欠阻尼二阶系统的相轨迹见图 7.21。它的特征是所有轨迹都是收敛的对数螺旋线。沿着轨迹的运动随时间的增大以顺时针方向趋向于原点。欠阻尼响应的奇点称之为稳定焦点。

（3）一对纯虚根

在 $\zeta=0$ 且 $\omega_n\neq0$ 的情况下，方程(7.22)的特征根为

$$s_{1,2}=\pm j\omega_n$$

其零输入响应为无阻尼振荡。相轨迹如图 7.22 所示。在这种情况下，所有的轨迹都是以原点，也就是奇点为中心的椭圆，此时，奇点(0,0)称之为中心点。

（4）两个正实根

在 $\zeta\leqslant-1$(负阻尼)且 $\omega_n>0$ 的情况下，方程(7.22)的两个特征根

$$s_{1,2}=-\zeta\omega_n\pm\omega_n\sqrt{\zeta^2-1}$$

都是具有正实部的实根，系统不稳定。

相轨迹如图 7.22 所示。在这一情况下，所有轨迹都离开原点并趋向于无穷远处，这种奇点称之为不稳定节点。

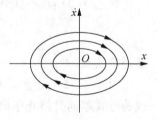

图 7.22 中心点的相轨迹

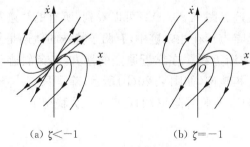

(a) $\zeta<-1$ (b) $\zeta=-1$

图 7.23 不稳定节点的相轨迹

（5）一对正实部的复根

对于方程（7.22）中 $-1<\zeta<0$ 的负阻尼情况，特征根

$$s_{1,2}=\zeta\omega_{n}\pm j\omega_{n}\sqrt{1-\zeta^{2}}$$

是具有正实部的共轭复数，系统不稳定。

相轨迹如图 7.24 所示。在这种情况下，所有的轨迹都是离原点而去发散的对数螺旋线，奇点称为不稳定焦点。

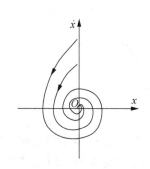

图 7.24　不稳定焦点的相轨迹

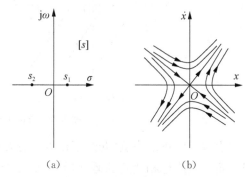

（a）　　　　　　（b）

图 7.25　鞍点的相轨迹

（6）符号相反的实根

考虑由以下微分方程描述的二阶系统

$$\ddot{x}+2\zeta\omega_{n}\dot{x}-\omega_{n}^{2}x=0$$

其特征根 $s_{1,2}=-\zeta\omega_{n}\pm\omega_{n}\sqrt{\zeta^{2}+1}$ 是两个符号相反的实数，特征根在根平面上的分布如图 7.25(a)所示，显然，这个系统是不稳定的。

相轨迹如图 7.25(b)所示。几乎所有的轨迹都是离原点而去的双曲线。在相轨迹中有两条特殊的轨迹是斜率分别为 s_1 和 s_2 的直线，它们是所有其他轨迹的渐近线。这种情况下的奇点称之为鞍点。

（7）一个零根和一个非零根

考虑由以下方程描述的系统

$$\ddot{x}+T\dot{x}=0$$

其特征根 $s_1=0$，$s_2=-\dfrac{1}{T}$。由相轨迹的斜率方程

$$\frac{\mathrm{d}\dot{x}}{\mathrm{d}x}=\frac{\ddot{x}}{\dot{x}}=\frac{-T\dot{x}}{\dot{x}}$$

相轨迹方程由下式给出为

$$\dot{x}\left(\frac{\mathrm{d}\dot{x}}{\mathrm{d}x}+T\right)=0$$

该方程意味着对应于方程 $\mathrm{d}\dot{x}/\mathrm{d}x=-T$ 的轨迹是一簇斜率为 $-T$ 的直线，而且 x 轴是相轨

迹的一部分。相轨迹如图 7.26 所示,图中每一条轨迹都是从起始点$(x_0, \dot{x}_0)$出发,并终止于 x 轴,即直线 $\dot{x}=0$。在这种情况下,x 轴上的每一点都可以看作奇点,或者说,直线 $\dot{x}=0$ 称 之为奇线。

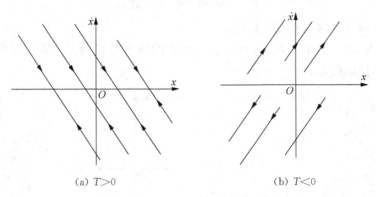

(a) $T>0$ (b) $T<0$

图 7.26 方程 $\ddot{x}+T\dot{x}=0$ 的相轨迹

以上以二阶系统为例,介绍了奇点的分类情况。当非线性系统存在多个奇点时,奇点类 型只决定奇点附近相轨迹的运动形式,而整个系统的相轨迹,特别是离奇点较远的部分,还 取决于多个奇点的共同作用。有时会产生特殊的相轨迹,将相平面划分为具有不同运动特 点的多个区域。这种特殊的相轨迹称为奇线,最常见的奇线是极限环。极限环是非线性系 统中的特有现象,它只发生在非守恒系统中,产生的原因是由于系统中非线性特性的作用, 使得系统能从非周期性的能源中获取能量,从而维持周期运动形式。极限环把相平面的某 个区域划分为内部平面和外部平面两部分,见图 7.27 所示。

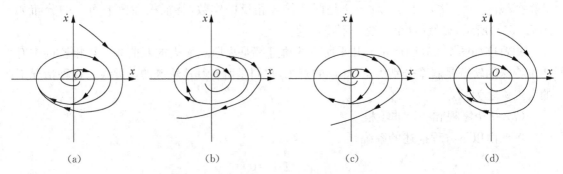

(a)   (b)   (c)   (d)

图 7.27 极限环的类型

根据稳定性的不同,极限环又可以分为三种:

图 7.27(a)为稳定的极限环。当 $t\to\infty$ 时,无论是从极限环内部还是从外部起始的相轨 迹均渐近地趋向这个极限环,任何较小的扰动使系统的状态离开极限环后,最后仍将回到这 个极限环,这样的极限环称为稳定的极限环。这时,系统具有稳定的固定周期的等幅振荡状 态,即稳定的自振荡。

图 7.27(b)为不稳定极限环。当 $t\to\infty$ 时,极限环内外两侧的相轨迹均以螺旋状从极限 环离开,任何较小的扰动都会使系统的状态远离极限环,即相轨迹或收敛于原点,或发散至 无穷,所以称为不稳定极限环。

图 7.27(c)和图 7.27(d)为半稳定极限环。极限环一侧的相轨迹是离开极限环,另一侧是趋向极限环的,它对应于半稳定的自振荡,这种振荡实际上也是不能保持的。

7.3.5　非线性系统的相平面分析

对于非线性系统的各个平衡点,若描述非线性过程的函数解析时,可以通过平衡点处的线性化方程,根据线性系统特征根的分布来确定奇点的类型,进而确定平衡点附近相轨迹的运动形式,对于常微分方程 $\ddot{x}=f(\dot{x},x)$,若 $f(\dot{x},x)$ 解析,设 $(\dot{x}_0,x_0)$ 为非线性系统的某个奇点,则可将 $f(\dot{x},x)$ 在 $(\dot{x}_0,x_0)$ 奇点处展开成泰勒级数,在奇点的小邻域内,略去 $\Delta x=x-x_0$ 和 $\Delta\dot{x}=\dot{x}-\dot{x}_0$ 的高次项,即取一次近似,则得到奇点附近关于 x 增量 Δx 的线性二阶微分方程

$$\Delta\ddot{x}=\frac{\partial f(\dot{x},x)}{\partial x}\bigg|_{\substack{x=x_0\\ \dot{x}=\dot{x}_0}}\Delta x+\frac{\partial f(\dot{x},x)}{\partial\dot{x}}\bigg|_{\substack{x=x_0\\ \dot{x}=\dot{x}_0}}\Delta\dot{x} \tag{7.23}$$

【例 7.6】　已知非线性系统的微分方程为

$$\ddot{x}+0.5\dot{x}+2x+x^2=0$$

试求系统的奇点,并绘制系统的相平面图。

解　系统相轨迹方程为

$$\frac{\mathrm{d}\dot{x}}{\mathrm{d}x}=\frac{-(0.5\dot{x}+2x+x^2)}{\dot{x}}$$

令 $\dfrac{\mathrm{d}\dot{x}}{\mathrm{d}x}=\dfrac{0}{0}$,则求得系统的两个奇点

$$x_1=0 \qquad x_2=-2$$
$$\dot{x}_1=0 \qquad \dot{x}_2=0$$

为确定奇点的类型,需计算各奇点处的一阶偏导数及增量线性化方程。

在奇点(0,0)处

$$\frac{\partial f(\dot{x},x)}{\partial x}\bigg|_{\substack{x=0\\ \dot{x}=0}}=-2 \qquad \frac{\partial f(\dot{x},x)}{\partial\dot{x}}\bigg|_{\substack{x=0\\ \dot{x}=0}}=-0.5$$

$$\Delta\ddot{x}+0.5\Delta\dot{x}+2\Delta x=0$$

特征根为 $s_{1,2}=-0.25\pm1.39\mathrm{j}$,故奇点(0,0)为稳定焦点,

在奇点(-2,0)处

$$\frac{\partial f(\dot{x},x)}{\partial x}\bigg|_{\substack{x=-2\\ \dot{x}=0}}=2$$

$$\frac{\partial f(\dot{x},x)}{\partial\dot{x}}\bigg|_{\substack{x=-2\\ \dot{x}=0}}=-0.5$$

$$\Delta\ddot{x}+0.5\Delta\dot{x}-2\Delta x=0$$

特征根为 $s_1=1.19,s_2=-1.69$，故奇点 $(-2,0)$ 为
鞍点。

　　根据奇点的位置和奇点类型，结合线性系统奇点
类型和系统运动形式的对应关系，绘制本系统在各奇
点附近的相轨迹，再绘制其他区域的相轨迹，获得系
统的相平面图，如图 7.27 所示。图中相交于鞍点
$(-2,0)$ 的两条相轨迹将相平面划分为两个区域，又
称为分隔线。初始状态位于相平面阴影线内时，系统
的运动均收敛至原点，区域为稳定区域；初始条件位
于阴影线外区域时，系统的运动发散至无穷大，区域
为不稳定区域。

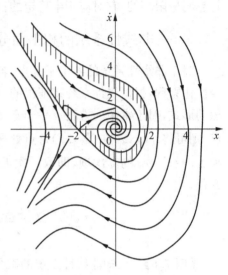

图 7.28　例 7.6 系统的相平面图

7.3.6　非线性系统相平面分区线性化方法

　　对于一般的非线性系统，如果完全依赖于解析法
或图解法来绘制相轨迹有时会比较困难。如果非线性特性可以分段用线性微分方程描述，
那么，可以把相平面划分为几个区域，在各个区域中的相轨迹就对应于各段的线性微分方
程；而相平面区域的分界线称为开关线。根据该微分方程的奇点的性质，则可以绘制该区域
的相轨迹，然后将各区域的相轨迹自然连接，便得到整个系统的相轨迹。如果非线性特性不
能用分段线性方程描述，也需首先求出奇点，然后绘制各奇点附近的相轨迹。下面举例说明
用相平面法分析非线性系统的具体方法，同时也有助于加深理解某些非线性特性对系统性
能的影响。

　　【例 7.7】　非线性系统动态框图如图 7.29(a) 所示，其中非线性特性示于图 7.29(b)。
试绘出 $r(t)=1(t)$ 作用下 e 的相轨迹大致图形。已知 $c(0)=\dot{c}(0)=0,e_0<1$。

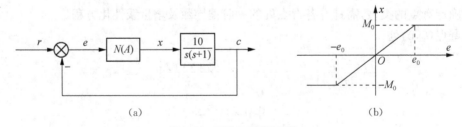

(a)　　　　　　　　　　　　　　　(b)

图 7.29　例 7.7 非线性系统

　　解　系统的微分方程为

$$\begin{cases}\ddot{c}+\dot{c}=10x\\ c=r-e\end{cases}\qquad\begin{cases}x=e & |e|\leqslant e_0\\ x=\begin{cases}M_0 & e>e_0\\ -M_0 & e<-e_0\end{cases}\end{cases}$$

以 e 为输出变量的运动方程为

$$\ddot{e}+\dot{e}+10x=\ddot{r}+\dot{r} \tag{7.24}$$

若 $r(t)=1(t)$，则式(7.24)为

$$\ddot{e}+\dot{e}+10x=0$$

开关线为

$$e=e_0$$
$$e=-e_0$$

(1) $|e|\leqslant e_0$，运动方程为

$$\ddot{e}+\dot{e}+10e=0$$
$$\ddot{e}=\dot{e}=0$$
$$e=0$$

奇点是$(0,0)$，特征方程为

$$s^2+s+10=0$$

该方程有 2 个负实部复数极点，奇点是稳定焦点。

(2) $e>e_0$，运动方程为

$$\ddot{e}+\dot{e}+10M_0=0$$

设 $\dfrac{\mathrm{d}\dot{e}}{\mathrm{d}e}=k$，则有

$$\ddot{e}=\dfrac{\mathrm{d}\dot{e}}{\mathrm{d}e}\times\dfrac{\mathrm{d}e}{\mathrm{d}t}=k\,\dot{e}=-(\dot{e}+10M_0)$$

$$\dot{e}=\dfrac{-10M_0}{k+1} \tag{7.25}$$

这是等倾线方程，其斜率为 0，故渐近线斜率 $k=0$，由式(7.25)可得渐近线方程为

$$\dot{e}=-10M_0$$

(3) $e<-e_0$，运动方程为

$$\ddot{e}+\dot{e}-10M_0=0$$

同理可得渐近线方程为

$$\dot{e}=10M_0$$

初始点：

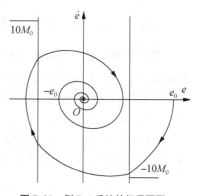

图 7.30 例 7.6 系统的相平面图

$$e(0^+)=r(0^+)-c(0^+)=1$$

$$\dot{e}=\dot{r}(0^+)-\dot{c}(0^+)=0$$

综上分析可以得到系统整个相平面图,如图 7.30 所示。从相轨迹图看出,在阶跃信号作用下,相轨迹收敛到原点,因此,系统是稳定的,而且稳态误差为零。

7.4　用 MATLAB 进行非线性控制系统分析

利用 MATLAB 对非线性系统进行分析,可以用 MATLAB 提供的函数将非线性环节线性化,再采用成熟的线性系统的分析方法对其进行控制设计;或者可以直接求解非线性微分方程,这对于分析和设计复杂的非线性系统是非常有效的方法。但这两种方法都是基于系统的状态空间描述基础的。因此我们这里重点介绍另一种方法,即用 Simulink 提供的丰富的非线性模块直接进行非线性系统的分析。

7.4.1　非线性系统的线性化

系统的线性化是提取线性特征的一种有效方法,实际上是在系统的工作点附近的邻域内提取系统的线性特征,从而对系统进行分析设计的一种方法。Simulink 中提供了系统线性化的实用函数,其中 trim() 函数可以用来求解系统的工作点,其调用格式为

$$[x,u,y,dx]=\text{trim}(model\_name,x0,u0)$$

说明:model_name 为 Simulink 模型的文件名,变量 x0,u0 为数值算法所要求的起始搜索点,是用户应该指定的状态初值和工作点的输入信号,对不含有非线性环节的系统来说,则不需要初始值 x0,u0 的设定。调用函数后,实际的工作点在 x,u,y 变量中返回,而状态变量的导数值在变量 dx 中返回。从理论上讲,状态变量在工作点的一阶导数都应该等于零。

对于线性化以后的系统,可以采样线性系统的分析方法来进行分析设计。这是一种近似处理的方法,另外也可以采用直接求解的方法。

7.4.2　直接求解非线性微分方程

求取常微分方程数值解的算法是多种多样的,比较常用的有 Runge-Kutta 算法 Adams 多步法等。变步长的 Runge-Kutta 4/5 阶算法是一种非常有效的算法,可以比较满意地求解大多数的问题,如果该算法在数值解中出现问题,还可以用鲁棒性更强的、专门适用于刚性方程的 ode15s() 函数来求解.

使用 Runge-Kutta 4/5 阶算法,我们可以得出方程数值解的表达式。在 MATLAB 中提供了一个标准的 ode45() 函数,其调用格式为

$$[t,x]=\text{ode45}(fcn\_name,tspan,x0,options)$$

其中在用户自己编写的 MATLAB 函数中可以描述非线性系统特性。描述系统模型的文件名可以由字符串变量名 fcn_name 给出,参数 tspan 可以由初始时间和终止时间构成向量给出。变量 x0 为系统的状态变量初值,其默认的值是一个空矩阵,本函数

的附加条件在 options 变量中给出。在函数调用后，将返回系统的时间向量 t 和状态变量 x。

7.4.3　运用 Simulink 分析非线性系统时域响应

Simulink 是系统模型处理和仿真的十分有用的工具，在 Simulink 环境下提供了多种非线性环节模块，用户可以由这些图标来组合输入信号，Simulink 还很多的输入信号图标，除此之外，还允许用户直接输入如锯齿波、方波和正弦波等常用输入信号，应用 Simulink 为非线性系统的仿真提供了很大便利。

例如考虑图 7.31 中给出的系统结构。由系统框图结构可以容易地建立起 Simulink 模型，如图 7.32 所示，系统中的非线性饱和环节的参数可以设置为[−0.5,0.5]。用户用鼠标左键双击"Signal"图标，则可以得出如图 7.33 所示的对话框，在这个对话框中我们可以选择输入信号类型并指定相应的参数。

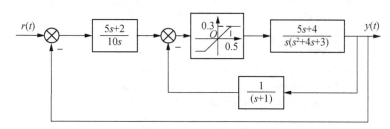

图 7.31　非线性系统模型

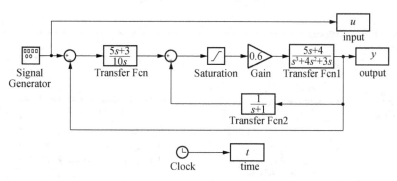

图 7.32　系统模型的 Simulink 表示

要想对系统进行仿真分析，我们首先应该设置仿真控制参数，这些参数可以通过选择 Simulation Parameters 菜单项来设置，该菜单项将给出如图 7.34 所示的对话框，用户可以自己选择仿真终止时间、仿真算法及其他仿真所需要的控制参数，这里变步长算法是默认的选择。选择了这些参数后，可以按下 Close 按钮来确认，然后选择 Simulation Start 菜单项来进行仿真分析，仿真的结果将返回到 MATLAB 工作空间，我们可以对之进行进一步处理。

如果用户选择了锯齿波输入信号，则仿真结束后系统的时域响应会返回到 MATLAB 工作空间，这样我们可以由下面的命令

$$plot(t,u,t,y)$$

来绘制系统的输入和输出响应曲线。锯齿波激励下系统的输入信号和时域响应在图 7.35(a)中给出,若用户将锯齿波的频率设置为 3,再重新对系统进行仿真分析,则得出的输入和输出信号将如图 7.35(b)所示。若用户选择方波输入信号,并选择频率为 1,则得出系统的时域响应如图 7.36(a)所示。若选择正弦信号为输入信号,则系统的响应如图 7.36(b)所示。

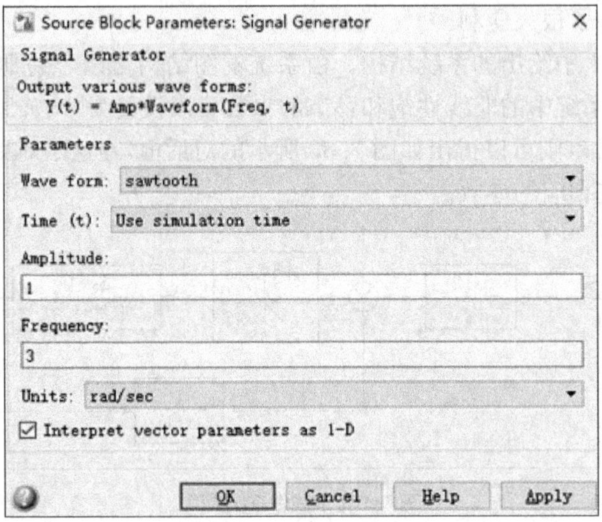

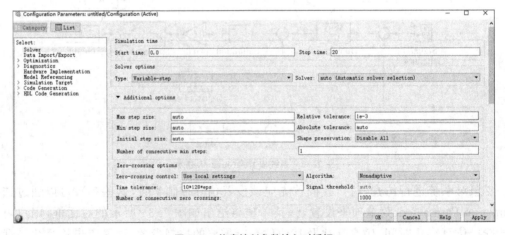

图 7.33　信号发生器对话框

图 7.34　仿真控制参数输入对话框

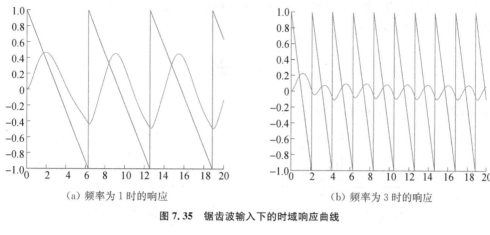

(a) 频率为 1 时的响应   (b) 频率为 3 时的响应

图 7.35   锯齿波输入下的时域响应曲线

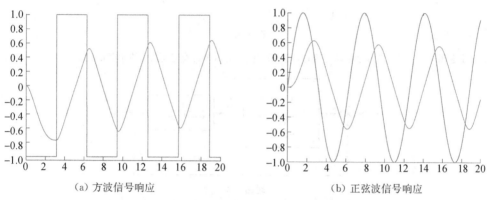

(a) 方波信号响应   (b) 正弦波信号响应

图 7.36   方波和正弦波信号输入下系统时域响应

小　结

本章介绍了常用非线性系统的分析设计方法,重点介绍了描述函数法和相平面法。

(1) 描述函数法是在满足一定的条件下,对元件的非线性特性进行谐波线性化处理,使非线性系统变为一个近似的线性系统,从而可用奈氏稳定判据判别系统的稳定性和是否有自振荡产生。

描述函数法虽对系统的阶次没有限制,但当系统中的非线性特性不满足求描述函数时所假设的条件时,这种方法就不能应用。

(2) 对于不适合用描述函数的一、二阶非线性系统,一般可以用相平面法进行分析。相平面法是适用于分析一、二阶非线性系统动态性能的一种有效方法。

绘制相轨迹的方法有两种:一种是解析法,它只适用于一些简单的场合;另一种是图解法。常用的图解法有等倾线法和 δ 法。本章主要介绍了等倾线法,它虽然作图工作量较大,但能求得任何初始条件下的相轨迹。

用相平面法分析非线性系统时,通常会涉及两类非线性系统。一类是系统的非线性方程可解析处理的,即在奇点附近将非线性方程进行线性化处理,然后根据线性化方程式根的性质去确定相应奇点的类型,并用图解法或解析法画出奇点附近的相轨迹。另一类是系统的非线性方程不可解析处理的。对于这类系统,一般将非线性特性作分段线性化处理,即把相平面分成若干个区域,使每个区域成为系统一个独立的线性工作区,且有相应的微分方程。只要作出每个区域内的相轨迹,并把它们在区域的边界线上依次连接起来,就能得到系统完整的相轨迹。

习　题

7.1　试求题图 7.1 所示非线性特性的描述函数。

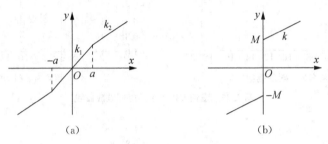

题图 7.1

7.2　试确定题图 7.2 所示的非线性系统是否有自振荡产生? 如有,则需确定其振荡的频率和振幅。

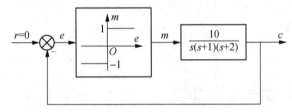

题图 7.2

7.3　一非线性系统如题图 7.3 所示。设 $a=1,b=3$,试用描述函数法分析该系统的稳定性。为使系统稳定,继电器的参数 a、b 应如何调整?

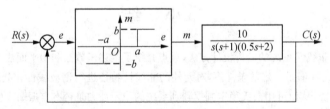

题图 7.3

7.4　已知非线性系统的框图如题图 7.4 所示,试用描述函数法确定自振荡的频率和幅值。

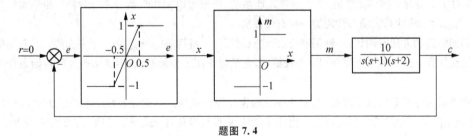

题图 7.4

7.5 试用描述函数法分析题图 7.5 所示非线性系统的稳定性。若有自振荡产生,试求该自振荡的频率和振幅。

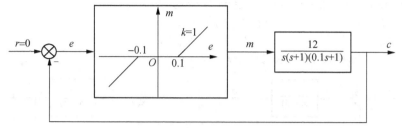

题图 7.5

7.6 判断题图 7.6 所对应的系统是否稳定；$-1/N(A)$ 与 $G(j\omega)$ 的相交点是否为稳定的自振荡点。

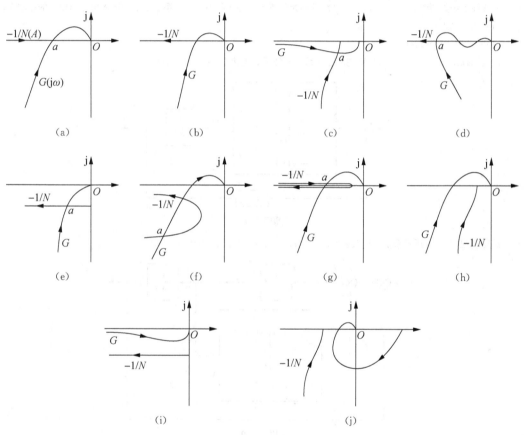

题图 7.6

7.7 画出由下列方程描述的系统的相平面图。

$$\dot{x}_1 = x_1 + x_2$$
$$\dot{x}_2 = 2x_1 + x_2$$

7.8 用等倾线法画出由下列方程描述的系统的相平面图。

$$\ddot{\theta} + \dot{\theta} + \sin\theta = 0$$

7.9 设一阶非线性系统的微分方程为

$$\dot{x} = -x + x^3$$

试确定系统有几个平衡状态,分析各平衡状态的稳定性,并作出系统的相轨迹。

7.10 判别下列方程奇点的性质和位置,并画出相应相轨迹的大致图形。

(1) $\ddot{e}+\dot{e}+e=0$ (2) $\ddot{e}+\dot{e}+e=1$

(3) $\ddot{e}+1.5\dot{e}+0.5e=0$ (4) $\ddot{e}+1.5\dot{e}+0.5e+0.5=0$

7.11 试绘制题图 7.7 所示系统的相轨迹图。已知 $r(t)=0,e(0)=2,\dot{e}(0)=3$

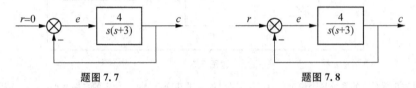

题图 7.7   题图 7.8

7.12 一线性系统如题图 7.8 所示,已知该系统的初始位置处于静止状态。试求系统在下列输入信号作用下的相轨迹。

(1) $r(t)=2\times1(t)$

(2) $r(t)=t+2\times1(t)$

7.13 试绘制题图 7.9 所示系统的相轨迹。已知系统原处于静止状态,$r(t)=3\times1(t)$。

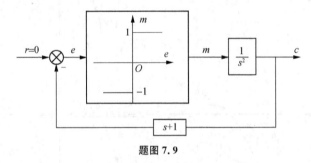

题图 7.9

7.14 试绘制题图 7.10 所示系统的相轨迹。已知 $r(t)=0,e(0)=3.5,\dot{e}(0)=0$。

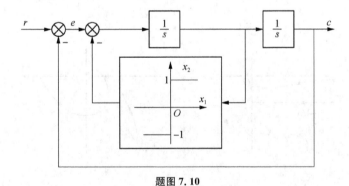

题图 7.10

附录 A　拉普拉斯变换

A.1　拉氏变换的概念

对于一个自动控制系统进行分析和研究,首先要建立该系统的数学表达式,在许多场合,这个数学表达式是一个微分方程,直接通过求解微分方程来求结果比较麻烦。通常是先取拉氏变换把微分方程化为象函数的代数方程,根据代数方程求出象函数,然后再通过拉氏反变换求出原来微分方程的解,这种解法见附录图 1 所示。

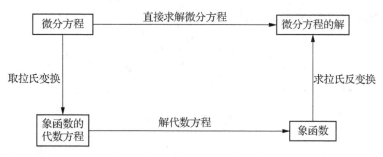

附录图 1　通过拉氏变换法求解微分方程

A.1.1　拉氏变换的定义式

当 $t \geqslant 0$ 时,$f(t)$ 有定义,且积分

$$F(s) = \int_0^\infty f(t) \mathrm{e}^{-st} \mathrm{d}t \tag{A.1}$$

存在,则称 $F(s)$ 为 $f(t)$ 的拉氏变换或称为象函数,$f(t)$ 为 $F(s)$ 的拉氏反变换或称原函数。

A.1.2　常用函数的拉氏变换

(1) 阶跃函数 $f(t) = 1(t)$ 的拉氏变换

$$L[1(t)] = \int_0^\infty 1(t) \mathrm{e}^{-st} \mathrm{d}t = \int_0^\infty \mathrm{e}^{-st} \mathrm{d}t = -\frac{1}{s} \mathrm{e}^{-st} \Big|_0^\infty = \frac{1}{s}$$

$$L[1(t)] = \frac{1}{s} \tag{A.2}$$

(2) 指数函数 $f(t) = \mathrm{e}^{-at}$ 的拉氏变换

$$F(s) = \int_0^\infty e^{-at} \cdot e^{-st} dt = \int_0^\infty e^{-(a+s)t} dt$$

令

$$u = (a+s)t$$

则

$$du = (a+s)dt$$

得

$$F(s) = \frac{1}{a+s} \int_0^\infty e^{-u} du = -\frac{1}{a+s} e^{-(a+s)t} \Big|_0^\infty = \frac{1}{a+s}$$

$$L[e^{-at}] = \frac{1}{s+a} \tag{A.3}$$

（3）线性函数 $f(t) = t$ 的拉氏变换

$$F(s) = \int_0^\infty t e^{-st} dt$$

根据分部积分公式

$$\int u dv = uv - \int v du$$

令

$$u = t, dv = e^{-st} dt$$

则

$$du = dt, v = -\frac{1}{s} e^{-st}$$

所以

$$F(s) = -\frac{t}{s} e^{-st} \Big|_0^\infty - \int_0^\infty \left(-\frac{1}{s} e^{-st}\right) dt = -\frac{1}{s^2} e^{-st} \Big|_0^\infty = \frac{1}{s^2}$$

$$L[t] = \frac{1}{s^2} \tag{A.4}$$

（4）正弦函数 $f(t) = \sin\omega t$ 的拉氏变换

由

$$e^{j\omega t} = \cos\omega t + j\sin\omega t, e^{-j\omega t} = \cos\omega t - j\sin\omega t,$$

得

$$\sin\omega t = \frac{1}{2j}(e^{j\omega t} - e^{-j\omega t})$$

所以

$$F(s) = \int_0^\infty \frac{1}{2j}(e^{j\omega t} - e^{-j\omega t})e^{-st}\,dt = \frac{1}{2j}\left[\int_0^\infty e^{-(s-j\omega t)}\,dt - \int_0^\infty e^{-(s+j\omega t)}\,dt\right]$$

$$= \frac{1}{2j}\left(\frac{1}{s-j\omega} - \frac{1}{s+j\omega}\right) = \frac{\omega}{s^2+\omega^2} \tag{A.5}$$

$$L[\sin\omega t] = \frac{\omega}{s^2+\omega^2}$$

A.2 拉氏变换的性质

A.2.1 线性性质

设

$$L[f_1(t)] = F_1(s),\ L[f_2(t)] = F_2(s)$$

则

$$L[af_1(t) \pm bf_2(t)] = aF_1(s) \pm bF_2(s) \tag{A.6}$$

证明

$$L[af_1(t) \pm bf_2(t)]$$
$$= a\int_0^\infty f_1(t)e^{-st}\,dt + b\int_0^\infty f_2(t)e^{-st}\,dt$$
$$= aF_1(s) \pm bF_2(s)$$

A.2.2 微分性质

设

$$L[f(t)] = F(s)$$

则

$$L\left[\frac{d}{dt}f(t)\right] = sF(s) - f(0) \tag{A.7}$$

证明 令

$$u = e^{-st},\ dv = f'(t)\,dt$$

则

$$du = -se^{-st}\,dt,\ v = f(t)$$

根据分部积分公式

$$\int u\mathrm{d}v = uv - \int v\mathrm{d}u$$

得

$$L\left[\frac{\mathrm{d}}{\mathrm{d}t}f(t)\right] = \int_0^\infty f'(t)\mathrm{e}^{-st}\mathrm{d}t = \mathrm{e}^{-st}f(t)\Big|_0^\infty - \int_0^\infty f(t)(-s\mathrm{e}^{-st})\mathrm{d}t$$
$$= -f(0) + sL[f(t)] = sF(s) - f(0)$$

A.2.3　积分性质

设 $L[f(t)] = F(s)$　且　$f(t) = 0$

则

$$L\left[\int_0^t f(t)\mathrm{d}t\right] = \frac{1}{s}F(s) \tag{A.8}$$

证明　设

$$h(t) = \int_0^t f(t)\mathrm{d}t$$

则 $h'(t) = f(t)$，且 $h(0) = 0$
根据微分性质，有

$$L[h'(t)] = sL[h(t)] - h(0) = sL[h(t)]$$

即

$$L\left[\int_0^t f(t)\mathrm{d}t\right] = \frac{1}{s}L[f(t)] = \frac{1}{s}F(s)$$

A.2.4　位移性质

设

$$L[f(t)] = F(s)$$

则

$$L[\mathrm{e}^{at}f(t)] = F(s-a) \tag{A.9}$$

证明

$$L[\mathrm{e}^{at}f(t)] = \int_0^\infty \mathrm{e}^{at}f(t)\mathrm{e}^{-st}\mathrm{d}t = \int_0^\infty f(t)\mathrm{e}^{-(s-a)t}\mathrm{d}t \tag{A.10}$$

令

$$s - a = u$$

则式(A.10)

$$\int_0^\infty f(t)\mathrm{e}^{-(s-a)t}\mathrm{d}t = F(u) = F(s-a)$$

A.2.5 延迟性质

设 $L[f(t)]=F(s)$,且 $t<0$ 时,$f(t)=0$,则

$$L[f(t-\tau)]=\mathrm{e}^{-s\tau}F(s) \tag{A.11}$$

证明

$$
\begin{aligned}
L[f(t-\tau)] &= \int_0^\infty f(t-\tau)\mathrm{e}^{-st}\mathrm{d}t \\
&= \int_0^\tau f(t-\tau)\mathrm{e}^{-st}\mathrm{d}t + \int_\tau^\infty f(t-\tau)\mathrm{e}^{-st}\mathrm{d}t = 0 + \int_\tau^\infty f(t-\tau)\mathrm{e}^{-st}\mathrm{d}t
\end{aligned}
$$

令

$$t-\tau=u$$

$$\int_0^\infty f(t-\tau)\mathrm{e}^{-st}\mathrm{d}t = \int_0^\infty f(u)\mathrm{e}^{-s(u+\tau)}\mathrm{d}u = \mathrm{e}^{-s\tau}\int_0^\infty f(u)\mathrm{e}^{-su}\mathrm{d}u = \mathrm{e}^{-s\tau}F(s)$$

A.2.6 相似性质

设

$$L[f(t)]=F(s)$$

则

$$L\left[f\left(\frac{t}{a}\right)\right]=aF(as) \tag{A.12}$$

证明 令

$$\frac{t}{a}=u$$

则

$$t=au,\mathrm{d}t=a\mathrm{d}u$$

$$L\left[f\left(\frac{t}{a}\right)\right]=\int_0^\infty f\left(\frac{t}{a}\right)\mathrm{e}^{-st}\mathrm{d}t = \int_0^\infty f(u)\mathrm{e}^{-sau}a\mathrm{d}u = aF(as)$$

A.2.7 初值定理

设

$$L[f(t)]=F(s)$$

则

$$\lim_{t \to 0} f(t) = \lim_{s \to \infty} s F(s) \tag{A.13}$$

证明 根据微分性质,有

$$L\left[\frac{\mathrm{d}}{\mathrm{d}t} f(t)\right] = s F(s) - f(0) \tag{A.14}$$

式(A.14)两边取 $s \to \infty$ 的极限,得

$$\lim_{s \to \infty} L\left[\frac{\mathrm{d}}{\mathrm{d}t} f(t)\right] = \lim_{s \to \infty}[s F(s) - f(0)] = \lim_{s \to \infty} s F(s) - f(0)$$

又因为

$$\lim_{s \to \infty} L\left[\frac{\mathrm{d}}{\mathrm{d}t} f(t)\right] = \lim_{s \to \infty} \int_0^\infty \frac{\mathrm{d}f(t)}{\mathrm{d}t} \mathrm{e}^{-st} \, \mathrm{d}t = \int_0^\infty \lim_{s \to \infty} \frac{\mathrm{d}f(t)}{\mathrm{d}t} \mathrm{e}^{-st} \, \mathrm{d}t = 0$$

所以

$$\lim_{s \to \infty} s F(s) - f(0) = 0$$

即

$$\lim_{t \to 0} f(t) = \lim_{s \to \infty} s F(s)$$

A.2.8 终值定理

设

$$L[f(t)] = F(s)$$

则

$$\lim_{t \to \infty} f(t) = \lim_{s \to 0} s F(s) \tag{A.15}$$

证明 根据微分性质,有

$$L\left[\frac{\mathrm{d}}{\mathrm{d}t} f(t)\right] = s F(s) - f(0) \tag{A.16}$$

式(A.16)两边取 $s \to 0$ 的极限,得

$$\lim_{s \to 0} L\left[\frac{\mathrm{d}}{\mathrm{d}t} f(t)\right] = \lim_{s \to 0}[s F(s) - f(0)] = \lim_{s \to 0} s F(s) - f(0)$$

由于

$$\lim_{s \to 0} L\left[\frac{\mathrm{d}}{\mathrm{d}t} f(t)\right] = \lim_{s \to 0} \int_0^\infty \frac{\mathrm{d}f(t)}{\mathrm{d}t} \mathrm{e}^{-st} \, \mathrm{d}t = \int_0^\infty \lim_{s \to 0} \mathrm{e}^{-st} \frac{\mathrm{d}f(t)}{\mathrm{d}t} \, \mathrm{d}t$$

$$= \int_0^\infty \frac{\mathrm{d}f(t)}{\mathrm{d}t} \, \mathrm{d}t = f(t)\Big|_0^\infty = \lim_{t \to \infty} f(t) - f(0)$$

所以

$$\lim_{t \to \infty} f(t) - f(0) = \lim_{s \to 0} sF(s) - f(0)$$

即

$$\lim_{t \to \infty} f(t) = f(\infty) = \lim_{s \to 0} sF(s)$$

A.3 拉氏反变换

拉氏反变换定义:由象函数 $F(s)$ 求原函数 $f(t)$ 叫拉氏反变换。

设

$$F(s) = \frac{b_m s^m + b_{m-1} s^{m-1} + b_{m-2} s^{m-2} + \cdots + b_1 s + b_0}{a_n s^n + a_{n-1} s^{n-1} + a_{n-2} s^{n-2} + \cdots + a_1 s + a_0} = \frac{B(s)}{A(s)} \tag{A.17}$$

式中 $B(s)$、$A(s)$ 都是 s 的多项式,且 $m \leqslant n$。

求 $f(t)$ 时,先用部分分式展开法将 $F(s)$ 化为一些简单分式之和,然后由拉氏变换表查得这些简单分式的原函数。

A.3.1 $F(s)$ 的所有极点都是不相等的实数

设

$$F(s) = \frac{B(s)}{A(s)} = \frac{B(s)}{(s + p_1)(s + p_2) \cdots (s + p_n)}$$

先将 $F(s)$ 展开成部分分式

$$F(s) = \frac{c_1}{s + p_1} + \frac{c_2}{s + p_2} + \cdots + \frac{c_n}{s + p_n} \tag{A.18}$$

式中

$$c_i = (s + p_i) F(s) \big|_{s = -p_i} \tag{A.19}$$

则

$$f(t) = L^{-1}[F(s)] = c_1 e^{-p_1 t} + c_2 e^{-p_2 t} + \cdots + c_n e^{-p_n t} \tag{A.20}$$

【例 A.1】 求 $F(s) = \dfrac{s}{(s+1)(s+2)}$ 的原函数。

解 先用部分分式展开法将 $F(s)$ 化为一些简单分式之和

设

$$F(s) = \frac{s}{(s+1)(s+2)} = \frac{c_1}{s+1} + \frac{c_2}{s+2}$$

由

$$c_1 = (s+1) \times \frac{s}{(s+1)(s+2)}\Big|_{s=-1} = \frac{s}{s+2}\Big|_{s=-1} = -1$$

$$c_2 = (s+2) \times \frac{s}{(s+1)(s+2)}\Big|_{s=-2} = \frac{s}{s+1}\Big|_{s=-2} = 2$$

得

$$f(t) = L^{-1}[F(s)] = L^{-1}\left[\frac{-1}{s+1}\right] + L^{-1}\left[\frac{2}{s+2}\right] = -\mathrm{e}^{-t} + 2\mathrm{e}^{-2t}$$

A.3.2　$F(s)$ 的极点包含有共轭复数

设

$$F(s) = \frac{B(s)}{A(s)} = \frac{B(s)}{(s+p_1)(s+p_2)\cdots(s+p_n)}$$

在 $F(s)$ 的 n 个极点中，假定 p_1、p_2 是共轭复数极点，其他极点均为不相等的实数。先将 $F(s)$ 展开成部分分式

$$F(s) = \frac{c_1 s + c_2}{(s+p_1)(s+p_2)} + \frac{c_3}{s+p_3} + \cdots + \frac{c_n}{s+p_n} \tag{A.21}$$

为了简便，不必将共轭复数极点展开成部分分式，而将其展开成正弦函数与余弦函数之和。式中

$$c_i = (s+p_i)F(s)\big|_{s=-p_i} \qquad (i \geqslant 3) \tag{A.22}$$

而

$$\frac{c_1 s + c_2}{(s+p_1)(s+p_2)} \tag{A.23}$$

一般采用配方法求其拉氏反变换。

【例 A.2】　求 $F(s) = \dfrac{s+1}{s(s^2+2s+2)}$ 的原函数。

解　设 $F(s) = \dfrac{s+1}{s(s^2+2s+2)} = \dfrac{c_1 s + c_2}{s^2+2s+2} + \dfrac{c_3}{s}$

由

$$(c_1 s + c_2)s + c_3(s^2+2s+2) = s+1$$

得

$$c_1 = -\frac{1}{2}, c_2 = 0, c_3 = \frac{1}{2}$$

所以

$$F(s) = -\frac{1}{2} \times \frac{s}{s^2+2s+2} + \frac{1}{2s} = -\frac{1}{2} \times \frac{s}{(s+1)^2+1} + \frac{1}{2s}$$

$$= -\frac{1}{2}\left[\frac{s+1}{(s+1)^2+1} - \frac{1}{(s+1)^2+1}\right] + \frac{1}{2s}$$

$$f(t) = -\frac{1}{2}\mathrm{e}^{-t}\cos t + \frac{1}{2}\mathrm{e}^{-t}\sin t + \frac{1}{2} \times 1(t) = \frac{1}{2}\left[-\mathrm{e}^{-t}\cos t + \mathrm{e}^{-t}\sin t + 1(t)\right]$$

A.3.3 $F(s)$的极点包含有相等的实数

设

$$F(s) = \frac{B(s)}{A(s)} = \frac{B(s)}{(s+p_1)(s+p_2)\cdots(s+p_n)}$$

在 $F(s)$ 的 n 个极点中，假定有 r 个相等的实数极点 p_1，则

$$F(s) = \frac{c_r}{(s+p_1)^r} + \frac{c_{r-1}}{(s+p_1)^{r-1}} + \cdots + \frac{c_1}{s+p_1} + \frac{c_{r+1}}{s+p_{r+1}} + \cdots + \frac{c_n}{s+p_n} \tag{A.24}$$

式中

$$c_r = \left[(s+p_1)^r F(s)\right]\big|_{s=-p_1}$$

$$c_{r-1} = \frac{\mathrm{d}}{\mathrm{d}s}\left[(s+p_1)^r F(s)\right]\big|_{s=-p_1}$$

$$\cdots\cdots$$

$$c_{r-j} = \frac{1}{j!} \times \frac{\mathrm{d}^j}{\mathrm{d}s^j}\left[(s+p_1)^r F(s)\right]\big|_{s=-p_1}$$

$$\cdots\cdots$$

$$c_1 = \frac{1}{(r-1)!} \times \frac{\mathrm{d}^{r-1}}{\mathrm{d}s^{r-1}}\left[(s+p_1)^r F(s)\right]\big|_{s=-p_1}$$

$$c_i = (s+p_i)F(s)\big|_{s=-p_i} \qquad (i \geqslant r+1)$$

【例 A.3】 求 $F(s) = \dfrac{1}{s^2(s+1)}$ 的原函数。

解 设

$$F(s) = \frac{1}{s^2(s+1)} = \frac{c_1}{s^2} + \frac{c_2}{s} + \frac{c_3}{s+1}$$

（1）求 c_1

$$c_1 = \left[s^2 F(s)\right]\big|_{s=0} = s^2 \times \frac{1}{s^2(s+1)}\bigg|_{s=0} = \frac{1}{s+1}\bigg|_{s=0} = 1$$

（2）求 c_2

$$c_2 = \frac{\mathrm{d}}{\mathrm{d}s}\left[s^2 F(s)\right]\big|_{s=0} = \frac{\mathrm{d}}{\mathrm{d}s}\left[s^2 \times \frac{1}{s^2(s+1)}\right]_{s=0} = \frac{-1}{(s+1)^2}\bigg|_{s=0} = -1$$

（3）求 c_3

$$c_3 = \left[\frac{1}{s^2(s+1)}(s+1) \right]_{s=-1} = 1$$

因此可得

$$F(s) = \frac{1}{s^2} - \frac{1}{s} + \frac{1}{s+1}$$

对上式作拉氏反变换，可得

$$f(t) = L^{-1}\left[\frac{1}{s^2}\right] - L^{-1}\left[\frac{1}{s}\right] + L^{-1}\left[\frac{1}{s+1}\right] = t - 1(t) + e^{-t}$$

附录 B　常用函数的拉普拉斯变换

序号	$f(t)$	$F(s)$
1	$\delta(t)$	1
2	$\delta(t-nT)$	e^{-nTs}
3	$1(t)$	$\dfrac{1}{s}$
4	t	$\dfrac{1}{s^2}$
5	t^2	$\dfrac{2}{s^3}$
6	e^{-at}	$\dfrac{1}{s+a}$
7	$t\mathrm{e}^{-at}$	$\dfrac{1}{(s+a)^2}$
8	$t^2\mathrm{e}^{-at}$	$\dfrac{2}{(s+a)^3}$
9	$1-\mathrm{e}^{-at}$	$\dfrac{a}{s(s+a)}$
10	$\sin\omega t$	$\dfrac{\omega}{s^2+\omega^2}$
11	$\cos\omega t$	$\dfrac{s}{s^2+\omega^2}$
12	$\mathrm{e}^{-at}\sin\omega t$	$\dfrac{\omega}{(s+a)^2+\omega^2}$
13	$\mathrm{e}^{-at}\cos\omega t$	$\dfrac{s+a}{(s+a)^2+\omega^2}$

参 考 文 献

[1] 胡寿松. 自动控制原理(第六版)[M]. 北京:科学出版社,2013

[2] 胡寿松. 自动控制原理习题解析(第 3 版)[M]. 北京:科学出版社,2018

[3] 梅晓榕. 自动控制原理(第 4 版)[M]. 北京:科学出版社,2017

[4] 陈丽兰. 自动控制原理教程(第 2 版)[M]. 北京:电子工业出版社,2010

[5] 孙亮,杨鹏. 自动控制原理(修订版)[M]. 北京:北京工业大学出版社,2006

[6] 王划一,杨西侠. 自动控制原理(第 3 版)[M]. 北京:国防工业出版社,2017

[7] 刘超,高双. 自动控制原理的 MATLAB 仿真与实践[M]. 北京:机械工业出版社,2015

[8] 苏鹏声. 自动控制原理(第 2 版)[M]. 北京:电子工业出版社,2017

[9] 毕效辉,于春梅. 自动控制原理[M]. 北京:科学出版社,2014

[10] 黄勤珍. 自动控制原理[M]. 成都:电子科技大学出版社,2012

[11] 张冬妍,周修理. 自动控制原理[M]. 北京:机械工业出版社,2011

[12] 夏超英. 自动控制原理[M]. 北京:科学出版社,2010

[13] 卢京潮,赵忠,刘慧英,等. 自动控制原理习题解答[M]. 北京:清华大学出版社,2013

[14] 薛安克,彭冬亮,陈雪亭. 自动控制原理[M]. 西安:西安电子科技大学出版社,2012

[15] 周武能. 自动控制原理[M]. 北京:机械工业出版社,2011

[16] 杨智,范正平. 自动控制原理[M]. 北京:清华大学出版社,2010

[17] 宋建梅,王正杰. 自动控制原理[M]. 北京:电子工业出版社,2012

[18] 田玉平,蒋珉,李世华,等. 自动控制原理(第 2 版)[M]. 北京:科学出版社,2018

[19] 胥布工,莫鸿强,谢巍. 自动控制原理(第 2 版)[M]. 北京:电子工业出版社,2016

[20] 孙炳达. 自动控制原理(第 4 版)[M]. 北京:机械工业出版社,2016

[21] 孙优贤. 自动控制原理学习辅导[M]. 北京:化学工业出版社,2017